학교보건학

이선기 · 박동수 · 김명일 저

도서출판 진 영 사

학교보건학

이선기 · 박동수 · 김명일 공저

2011년 01월 28일 초판인쇄
2011년 01월 30일 발　　행
발행인　박 진 영
발행처　도서출판 진영사
인천광역시 부평구 삼산동 200-2 대림하이츠빌라 301-401호
전화 : 032)505-4207
팩스 : 032)505-4206
E-mail : 0183734207@hanmail.net
등록 : 122-91-77317

ISBN 978-89-6541-025-6　　93690
값 22,000원

저자의 말

질병과 사고는 인류가 존재할 때까지 어떠한 형식이든 접하게 되어 있고, 불행하게도 인간의 중요한 건강 문제는 고통으로 항시 상존한다. 따라서 우리는 그러한 고통에 대하여 만성적이고 퇴행성 질환이나 공해와 정신적인이 스트레스, 약물의 과잉 복용, 폭음 폭식 등이 건강관리와 생활형태에 어떠한 영향을 미칠 것인가? 어떠한 방법으로 건강을 유지, 증진하며 보람된 삶을 영위할 것인가를 생각하지 않으면 안 된다.

또한 건강교육의 중요한 본질은 보건지식에 있는 것이 아니라 건강행위에서 비롯된다는 것이다. 즉 건강관리에 대한 내용을 알고 있다는 것은 건강행위에 아무런 효과를 가져다주지는 못한다는 것이다.

특히, 의학을 전공하지 아니한 학생이나 일반인에게 보건교육을 통하여 올바른 예방지식을 갖게 한다는 것은 병에 걸리지 않고 건강을 증진시키는데 있어서 매우 중요한 일이라 생각된다.

각종 질병에 대한 예방지식이 없기 때문에 병에 걸려도 그것을 알아내지 못하고, 결국 생명을 잃게 되는 예는 현대의학 발달에도 불구하고 얼마든지 볼 수 있다.

따라서 각자 개개인의 평소 건강관리를 통한 병의 예방이야말로 치료보다 훨씬 중요하다고 하겠다. 이 책이 충분한 이해와 활용이 된다면 신체적 생활력과 건강증진에 도움이 되리라 생각한다.

이 책이 출판되기까지 수고하여 주신 출판사 관계자 여러분께 감사드린다.

2011년 1월 저자 올림

차 례

제 1 장
우리 몸 형태를 만드는 것

인체의 골격은 연골과 뼈로 구성되어 있다.

- 연골 : 연골은 뼈보다 연하고, 견고성이 덜하며 탄력성이 있다. 성장하는 태아의 골격은 연골로 일시적으로 구성되어 있다가 점차적으로 뼈로 바뀐다. 코, 후두음, 기관지, 늑골 및 대부분의 관절뼈 표면에 있는 연골은 평생 동안 있다.
- 뼈 : 모든 뼈의 표층은 밀집된 골세포로 구성되어 이는 단단하고 불투명하다. 밀집골(compact bone)은 중앙에 있는 다공질의 뼈(cancellous bone)를 감싸고 있다. 다공질의 뼈 속에 있는 공간은 적색골수로 채워져 있다. 그러나 장골은 황색 골수로 채워져 있다.

1. 뼈의 역할

1) 지탱－가동할 수 있는 범위 내에서 서로 연결이 되어 있다.
2) 보호－내장을 보호한다.
3) 움직임－지렛대 역할로 근육이 움직일 수 있게 된다.
4) 저장－무기질로 저장
5) 혈구조성(적색혈구 조성)－이 적색골수에 의해서 생체의 진행이 이루어지는 것이다.

2. 뼈의 종류

1) 장골(long bones)

-대퇴골, 상완골, 경골 등

* 특 징

- 팔, 다리에서 볼 수 있다
- 속이 비어있음.
- 표층은 밀집골(compact bone)으로 되어 있고 굉장히 견고하다.
- 뼈와 뼈 사이에는 관절이 있다.
- 관절의 표면은 연골로 되어 있다.(연골은 신체가 움직일 때에 마모를 억제하고, 마찰 없이 움직일 수 있게 해준다.)
- 피질(periosteum)이라는 단단한 표층 골질로 쌓여있다.

혈액공급을 한다.

힘줄, 인대에 접합을 제공한다.

조직은 매우 관다발적이다.

- 장골은 12세까지 성장하며 18세-25세에 남아있던 연골이 조직으로 변환되어 성장이 마치게 된다.

2) 단골(short bones)

-수근골, 족근골 등

* 특 징

- 유사한 넓이를 갖고 있다.
- 단골 중앙에는 cancellous bone이 있고 밀집된 뼈(compact bone)가 감싸고 있다.

3) 편평골(flat bones)

-두개골, 견갑골, 흉골, 늑골

* 특 징
- 두 개의 밀집된 골층 사이에 다공질의 골층이 연결하고 있다.

4) 불규칙골(irregular bones)

-좌골, 척추골

* 특 징
- 척추골, 사골, 일부의 상악골들이다.

5) 종자골(sesamoid bones)

-슬개골, 두상골

* 특 징
- 동그랗게 생기고, 다른 뼈와 근접해 있는 특정 힘줄 속에 박혀 있다.
- 보호기능을 하며 : 손과 발의 관절 부분에서 볼 수 있다.

3. 뼈의 종류에 의한 구성

1) 장골 : 상완골(humerus), 요골(radius), 척골(ulna), 장골(metacarpal bone), 지골(phalanges), 대퇴골(femur), 경골(tibia)
2) 단골 : 수근골(carpals), 족근골(tarsals)
3) 편평골 : 견갑골(scapula), 흉골(sternum), 늑골(ribs)
4) 불규칙골 : 척추(vertebrae), 무명골(innominate bones)
5) 종자골 : 무릎뼈(patella), 두상골(pisiform)

* 우리 몸의 뼈를 상지와 하지로 구분하여 살펴보자.

▣ 상지(the upper limb)

- 쇄골(clavicle) : 견갑골 고정, 팔의 받침 역할
- 견갑골(scapula) : 삼각 모양, 상지운동의 근본, 유동성 많음
- 흉골(sternum) : 형태는 납작하고 다소 길다(가슴뼈). 흉골의 상단은 쇄골을 받치고 있다.
- 상완골(humerus) : 팔 상단에 있는 뼈. 견갑골과 접합되어 있음. 팔꿈치 부분은 요골과 척골과 접합되어 있다.
- 요골과 척골(radius and ulna) : 팔뚝에 같이 놓여 있다. 상완골과 접합. 손목부분은 수근골과 접합
- 수골(hand) : 8개의 작은 수근골
- 흉곽(rib cage) : 심장과 폐를 감싼다. 12쌍의 늑골로 되어 있다. 앞부분 7쌍은 흉골과 접합. 늑골의 11과 12번은 floating ribs라고 한다.
- 척주(spine) : 33개의 고르지 않은 뼈 기둥이다.

• 서로 단단히 고정되어 있고 움직임 범위도 제한됨
• 7개의 경추, 12개의 흉추, 5개의 요추, 5개의 천골척추 : 4개의 미골척추로 구성

▣ 하지(the lower limb)

- 대퇴골(femur) : 가장 긴 뼈이다. 상단은 고관절(hip joint)에 연결되어 있다. 하단은 경골에 연결이 되어 있고 무릎 관절이 형성된다.
- 경골(tibia) : 다리의 형태를 이룬다. (장골) 체중을 support 하는 역할. 경골의 상단은 넓적하게 되어있다.
- 비골(fibula) : 다리의 바깥쪽 부분에 있다. 발 근육 부착
- 무릎뼈(patella) : 대퇴골 하단에 부착
- 발(foot) : 불규칙 뼈들로 구성.

4. 뼈의 명칭과 기능

우리 몸 전체가 한 인간인 나를 만들고 있고, 그것이 인간의 모든 행동을 일으키고 있다.

인간의 뼈는 신생아 때는 약 306개이지만 성장함에 따라 뼈끼리 융합하여 수가 감소되어 성인이 되었을 때 약 206개가 된다.

포유동물의 골격은 인간이나, 돼지, 기린조차도 목뼈의 수는 7개로 정해져 있다.

- 두개골(cranial bone, cranium) – 머리를 이루는 뼈, 뇌와 그와 연관된 구조를 보호하는 기능을 한다. 여러 개의 뼈가 모여서 이루어진다. 머리를 형성하고 있으며, 뇌와 특수 감각기, 소화기 및 호흡기의 일부를 보호하고 있다.

- 하악골(mandibular bone) – 턱을 이루는 뼈, 우리 몸에서 가장 강한 단일 골로서, 다른 두개골과는 달리 좌우 악관절에서 두개골 양측의 측두골두가 가동적으로 결합한다. 발생초기에 상악골과 같이 좌우의 것이 생후 1~2년에 정중선에서 융합하는 하악골결합에 의해 하나로 된다.

- 쇄골/빗장뼈((clavicle) – 상지를 체간에서 떼어내어 들어 올리는 지수역할 외에, 상지에서 나오는 힘을 체축(인간의 머리와 다리를 연결하는 선) 골격으로 전달하는 장치가 되기도 하며, 또한 여러 근에 부착부위를 제공하는 역할도 한다.

- 견갑골/어깨뼈(scapula) – 흉골 팔을 가슴 쪽으로 안정시키는 역할을 한다. 견갑골은 쇄골, 상완골과 함께 어깨관절을 형성하는데 어깨의 바깥쪽 끝에는 견봉이 있어 쇄골과 연결되어 견봉쇄골 관절을 이루고, 팔 쪽으로는 위 팔 뼈와 연결되어 있다.

- 상완골/위팔뼈(humerus)

  늑골/갈비뼈(rib) – 늑골은 심장, 폐, 간 등의 내장기관을 보호하고 호흡할 때 늑골 사이의 막이 줄어들거나 늘어나 호흡을 돕

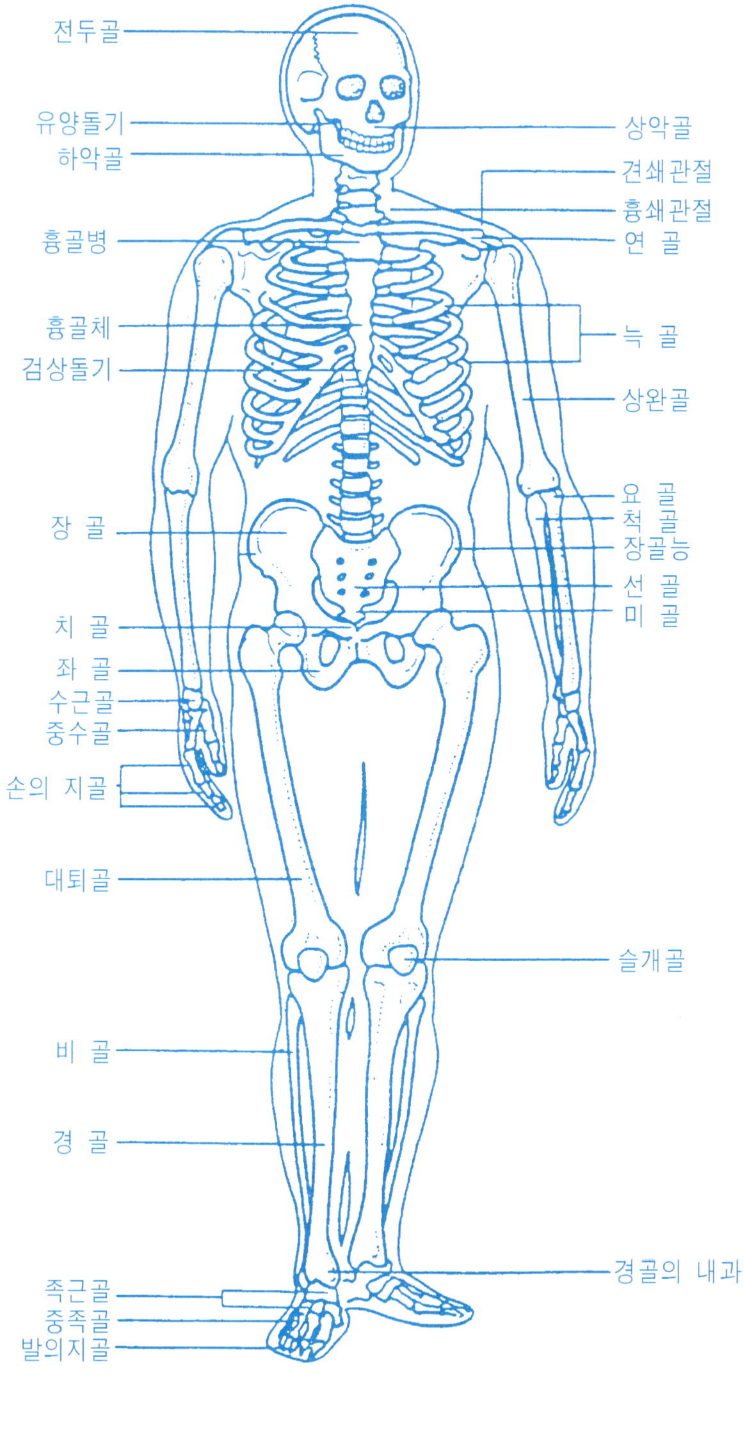
전두골
유양돌기
하악골
흉골병
흉골체
검상돌기
장 골
치 골
좌 골
수근골
중수골
손의 지골
대퇴골
비 골
경 골
족근골
중족골
발의지골
상악골
견쇄관절
흉쇄관절
연 골
늑 골
상완골
요 골
척 골
장골능
선 골
미 골
슬개골
경골의 내과

그림 1-1 뼈의 명칭(전면)

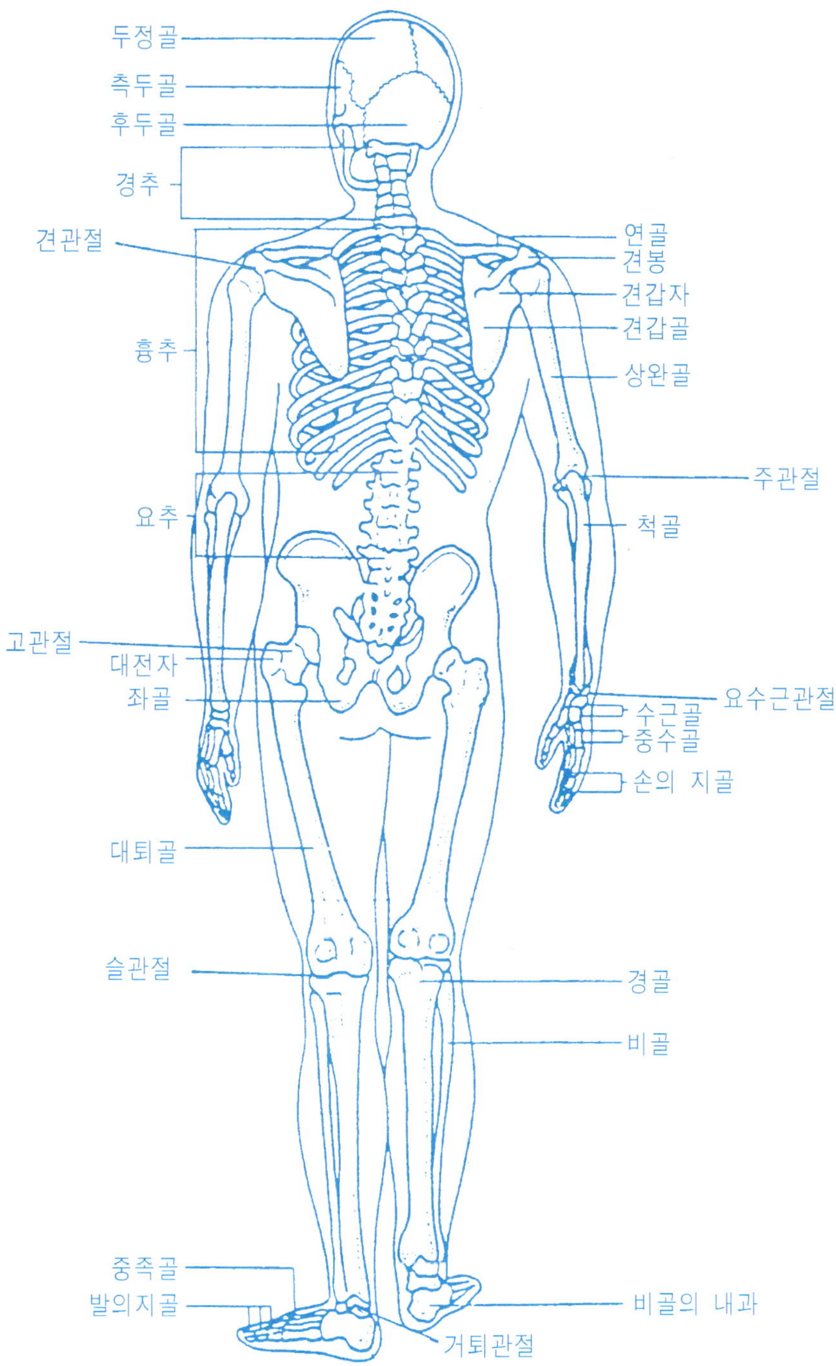

두정골
측두골
후두골
경추
견관절
흉추
요추
고관절
대전자
좌골
대퇴골
슬관절
중족골
발의지골
연골
견봉
견갑자
견갑골
상완골
주관절
척골
요수근관절
수근골
중수골
손의 지골
경골
비골
비골의 내과
거퇴관절

그림 1-2 뼈의 명칭(전면)

는다.

- 척주(vertebral column) – 척주(vertebral column)는 척수(spinal cord)를 둘러싸고 우리 몸을 지탱해주는 골기둥을 말한다.

  우리가 흔히 척추(vertebra, vertebraea←vertebra의 복수형)라고 하는 것은 척주를 구성하는 뼈마디 하나하나를 가리키는 것입니다. 등뼈 혹은 추골이라고도 합니다.

- 요골/노뼈(radius) – 척골과 함께 아래팔을 형성한다. 요골의 근위부는 상완골 및 척골과 함께 주관절(팔꿈치 관절)을 이루고, 요골의 원위부는 수근골 및 척골과 함께 완관절(손목 관절)을 형성한다.

- 척골/자뼈(ulna) – 척수의 보호를 담당

- 관골/볼기뼈(hip bone) – 대퇴골두를 싸는 장골이 둥글게 들어간 부위

- 수골–8개의 작은 수근골

- 대퇴골/넙다리뼈(femur) – 대퇴골(femur)이란 사람 뼈 중에서 가장 긴 뼈(약40cm)로, 발이 직접적으로 신체 체중을 받도록 안쪽으로 비스듬히 굽어 있다. 대퇴골 3부위로 나누어진다.
  1. 대퇴골 근위부(골반에 가까운 부분) : 대퇴골두, 대퇴골 경부, 대퇴골 전자부를 포함
  2. 대퇴골 간부(중간부) : 근위부와 원위부사이의 부분
  3. 대퇴골 원위부(무릎에 가까운 부분) : 대퇴양과와 과상부 포함

  기능 : 대퇴골두(head)는 거의 구형에 가까운 형태를 가지고 있으며 관골의 관골구와 고관절을 형성한다. 몸통 쪽으로는 골반의 비구와 연결되고 발쪽으로는 무릎과 연결되는 허벅지 뼈이다.

- 슬개골/무릎뼈(patella) – 슬개골은 무릎 관절의 전방에 위치하는

동그란 뼈로, 무릎을 펴주는 기능을 하는 전방 허벅지 근육(대퇴사두근)과 무릎 전방 힘줄(슬개골건) 사이에 위치한다. 슬개골의 뒷면은 4mm 내지 6mm 두께의 연골로 덮여 있으며, 무릎을 구부리고 펴는 과정에서 허벅지 뼈(대퇴골)의 말단부 전방의 관절 면을 위아래로 이동하면서(슬개 - 대퇴 관절) 대퇴사두근의 무릎을 펴주는 힘을 향상시켜 준다. 평지를 걸을 때 슬개-대퇴 관절에 가해지는 압력은 몸무게의 반에 해당하며, 층계를 올라갈 때는 몸무게의 3배, 쪼그리고 앉았다가 일어날 때는 몸무게의 8배의 힘이 가해진다.

경골슬개골 연골 연화증이란 정상적인 관절연골은 단단하고 백색이며 반짝이는 표면을 가지고 있다. 연골 연화증 이란 정상적인 관절연골에 병변이 발생하여 초기에는 연골이 단단함을 잃고 말랑 말랑하게 연해지고 흰색이 변색되며, 병변이 진행되면 연골 표면이 갈라지고 닳아서 너덜너덜 해지며, 말기에는 연골이 소실되어 연골 아래 뼈가 노출되는 질환이다..

슬개골 연골 연화증의 원인슬개골 연골에 외상에 의한 손상을 입거나 비정상적인 압력이 반복하여 가해질 때 발생된다. 외상에 의한 원인으로는 무릎 전방 부위를 강하게 부딪치거나 슬개골이 골절 또는 탈구된 경우에 발생 할 수 있다. 그러나 대부분의 경우 특별한 외상이 없이 증상이 발생할 수 있으며 그 원인으로는 슬개-대퇴 관절의 구조적 기능적 이상이 있는 경우이다. 다리가 비정상적으로 바깥쪽으로 휜 경우나 발이 심하게 바깥쪽으로 돌아있는 경우에 슬개-대퇴 관절에 무리한 힘이 반복적으로 가해져 관절연골의 연화증이 발생 할 수 있다. 장기긴 무릎 관절을 사용하지 않은 경우도 대퇴사두근 약화 및 구축으로 인하여 발생할 수 있다. **슬개골 연골 연화증은 누구에게 많이 발생하는가** 슬개골 연골 연화증은 여성에 많으며 청장년 기에 많다. 직업적으로 또는 일상생활 중 무릎

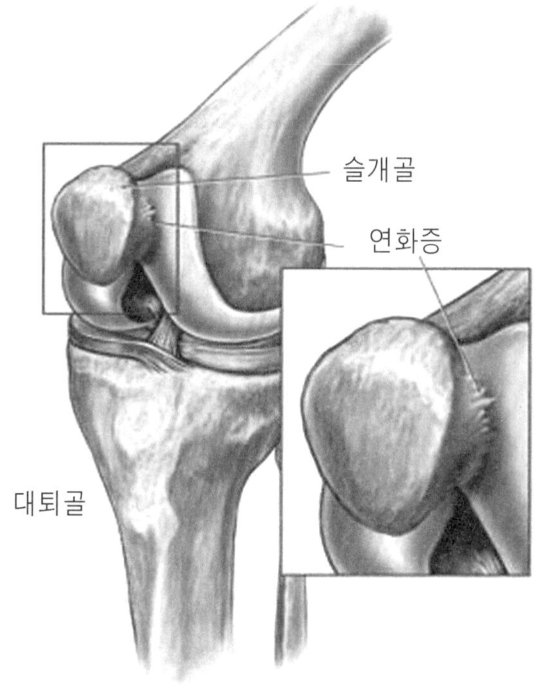

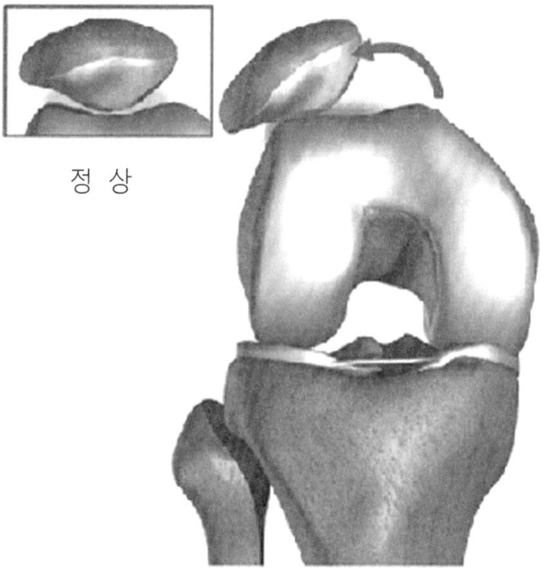

그림 1-3 **슬개골 연골 연화증**

을 꿇고 또는 쪼그리고 앉은 자세에서 일하는 경우, 층계나 언덕을 오르내리며 많이 걷는 경우 발생할 수 있다. 사무직에 근무하는 사람이 갑자기 등산이나 운동을 한 경우와 직업상 운전을 많이 하는 경우에 많으며, 달리기나 점프를 한 후 증상이 악화될 수 있다.

슬개골 연골 연화증의 증상 슬개골 연골 연화증은 일종의경미한 관절염이나, 무릎관절에 영구적인 심한장애를 남기는 경우는 드물다. 대게의 경우 특정한 활동에 따라 증상의 악화 및 호전이 반복되는 경우가 많다. 가장 흔한 증상은 무릎 전방의 뻐근한 통증이다. 특정한 자세나 활동중 또는 활동 후에 악화될 수 있으며 무릎 운동 시 거친 소리가 날수 있다. 장시간 차를 타고 여행을 하거나 극장에서 영화를 보는 경우처럼 장시간 무릎을 구부리고 앉았다가 일어나 걷는 경우 무릎이 굳어있고 통증이 있어 걷지 못할 수 있다(cinema sign). 쪼그리고 앉거나 층계를 오르내릴 때 통증이 발생된다.

슬개골 연골 연화증의 진단 대게 환자의증상과 의사의 진찰소견으로 진단이 가능하다. 슬개-대퇴 관절의 구조적 이상이 있는 경우는 방사선촬영(X-ray)이 진단에 도움이 된다. 진단이 불확실한 슬관절 통증 시 관절경 검사 상 진단될 수 있으나 슬개골 연골 연화증의 진단을 위하여 관절경 검사를 하는 경우는 거의 없다.

슬개골 연골 연화증의 치료 증상을 악화시키는 자세나 활동을 피함으로써 슬개골 연골에 가해지는 비정상적인 압력을 줄여주어 손상된 연골 표면이 다시 매끄러워지고 증상이 호전될 수 있다. 이를 위해선 쪼그리고 앉는 자세나 양반 자세 및 장시간 무릎을 구부리고 있는 자세를 피해야 한다. 층계를 오르내리거나 등산과 같이 언덕이나 비탈을 오르내리는 것도 증상이 호전될 때까지는 금하는 것이 좋다. 허벅지 전방 근육

(대퇴사두근)과 후방 근육(슬괵근) 강화 운동을 시행하여 증상을 호전 시킬 수 있다. 매시간당 10회 이상 양쪽 허벅지 근육에 10초씩 알통이 생기도록 힘주는 운동을 반복하여 대퇴사두근의 힘이 강화되면 슬개-대퇴 관절에 압력을 줄여주어 증상이 호전될 수 있다. 구축된 대퇴사두근에 대한 신장 운동을 동시에 시행한다. 급성 통증이 호전된 후 자전거를 타게 되면 대퇴사두근과 슬개근이 동시에 강화되고 거칠어진 슬개골 연골 표면이 다시 매끄러워지는데 도움을 줄 수 있다. 그 외 수영도 증상을 호전 시켜줄 수 있다. 통증이 심한 경우는 초기 1-2일간 얼음찜질과 수 주간의 약물 치료가 도움이 된다. 슬개-대퇴 관절에 구조적 이상이 있는 경우 슬개골을 안정시켜 주는 보조기를 착용할 수 있다. 슬개골 연골 연화증에 대하여 수술 적 치료를 요하는 경우는 매우 드물다. 장기간의 보존적 치료로 호전되지 않고 증상의 정도가 일상생활에 심한 지장을 주는 경우 수술 적 치료를 요하게 된다. 수술 적 치료 방법 중 슬개-대퇴 관절에 구조적 이상이 없는 경우는 관절경을 이용한 병변에 대한 변연절제술 또는 외측 지지대 절개술이 도움이 될 수 있다.

- 비골/종아리뼈(fibula) – 다리의 바깥쪽 부분에 있다, 발 근육 부착

5. 근육의 명칭과 기능

- 흉쇄유돌근(목빗근)-한쪽이 수축하면 머리를 반대로 돌리고 턱을 올리며, 양쪽이 작용하면 머리의 신전과 턱이 앞으로 빠지면서 목의 굽힘이 일어난다.
- 대흉근(큰가슴근)-어깨 관절의 운동에 직접 관여한다.
- 상완이두근(위팔두갈래근)-팔꿈치 관절을 굽히는 운동, 알통 형성

• 전거근(앞톱니근)–어깨뼈의 운동에 관여, 어깨뼈를 지지하고, 내리며, 돌리고 , 앞쪽으로 당긴다.

• 완요골근(위팔노근)–팔꿈치 관절을 굽히는 운동

• 외복사근(배바깥빗근)–배안 내장의 압박, 허리뼈부위의 돌림과 굽힘, 가슴을 밑으로 당긴다.

• 대퇴근막장근(넙다리근막긴장근)–엉덩 관절에서 넓적다리를 굽히고, 벌리며, 안쪽으로 돌린다.

• 봉공근(넙다리빗근)–엉덩 관절에서 넓적다리를 굽히고 벌리며 가쪽으로 돌린다. 또한 무릎 관절에서 다리를 굽히고 안쪽으로 돌린다.

• 대퇴사두근(넙다리네갈래근) –인체에서 가장 큰 근육으로 각각 4개(넙다리곧은근, 안쪽 넓은근, 가쪽넓은근, 중간넓은근)의 다른 것을 가지고 있고 엉덩 관절에서 넓적다리를 굽히고 무릎관절에서 다리를 편다

• 슬개인대–종지뼈(무릎 앞 한가운데 있는 작은 종지 모양의 오목한 뼈. 슬개건으로 둘러 싸여 있으며, 슬관절을 보호하는 역할을 한다). 아래에 있는, 대퇴 사두근에 이어진 튼튼한 힘줄. 무릎 반사 검사로서 각기(脚氣) 진단에 사용한다

• 전경골근(앞전강근)–발등 굽힘과 안쪽 번짐 운동을 한다.

• 승모근(등세모근)–머리가 고정된 경우 어깨뼈를 올리고, 내리고, 모으고, 가쪽으로 돌린다. 반면 어깨뼈가 고정되었을 때 머리를 반대로 돌리고 뒤나 옆으로 굽힌다.

• 삼각근(어깨세모근)–팔을 가쪽과 안쪽 돌림, 벌림, 모음, 앞쪽과 뒤쪽으로 굽힌다.

• 상완삼두근(위팔세갈래근)–팔꿈치를 편다.

• 광배근(넓은등근)–팔을 모으고 안쪽으로 돌린다.

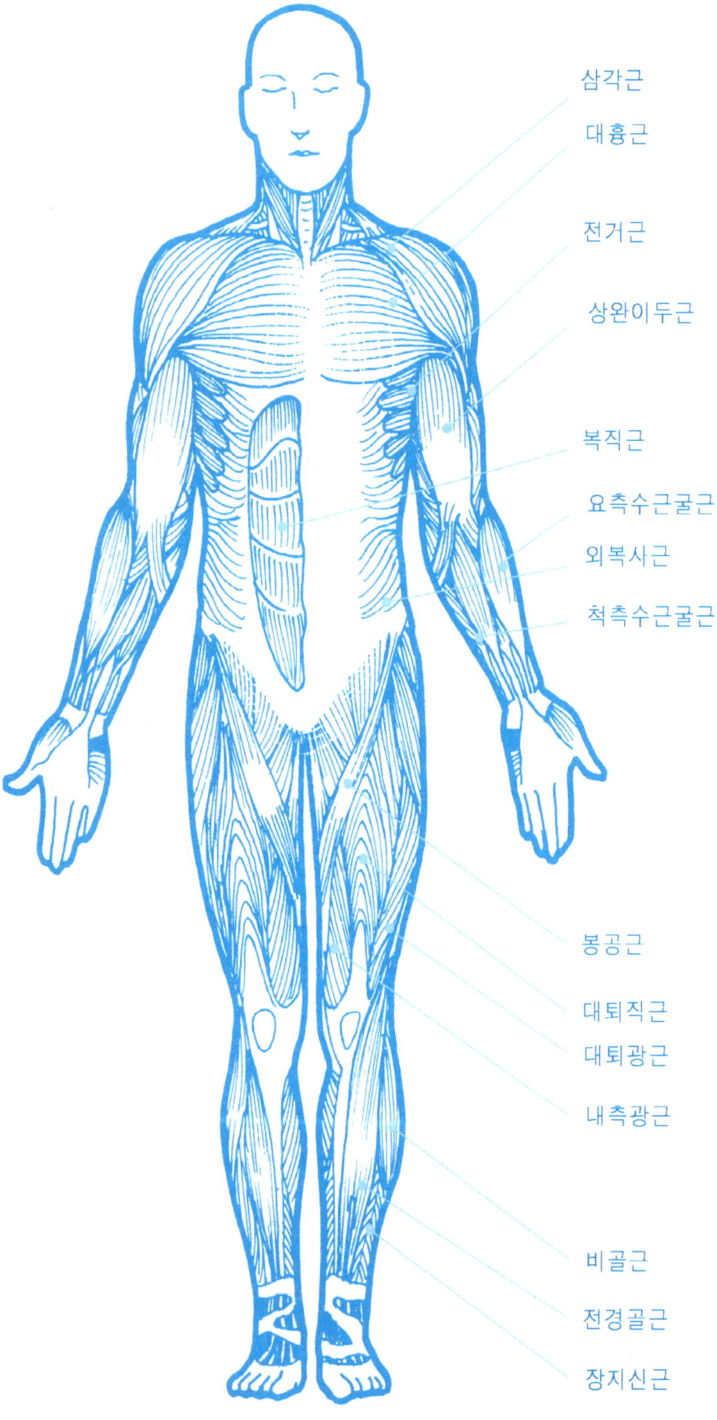

그림 1-4 근육의 명칭(전면)

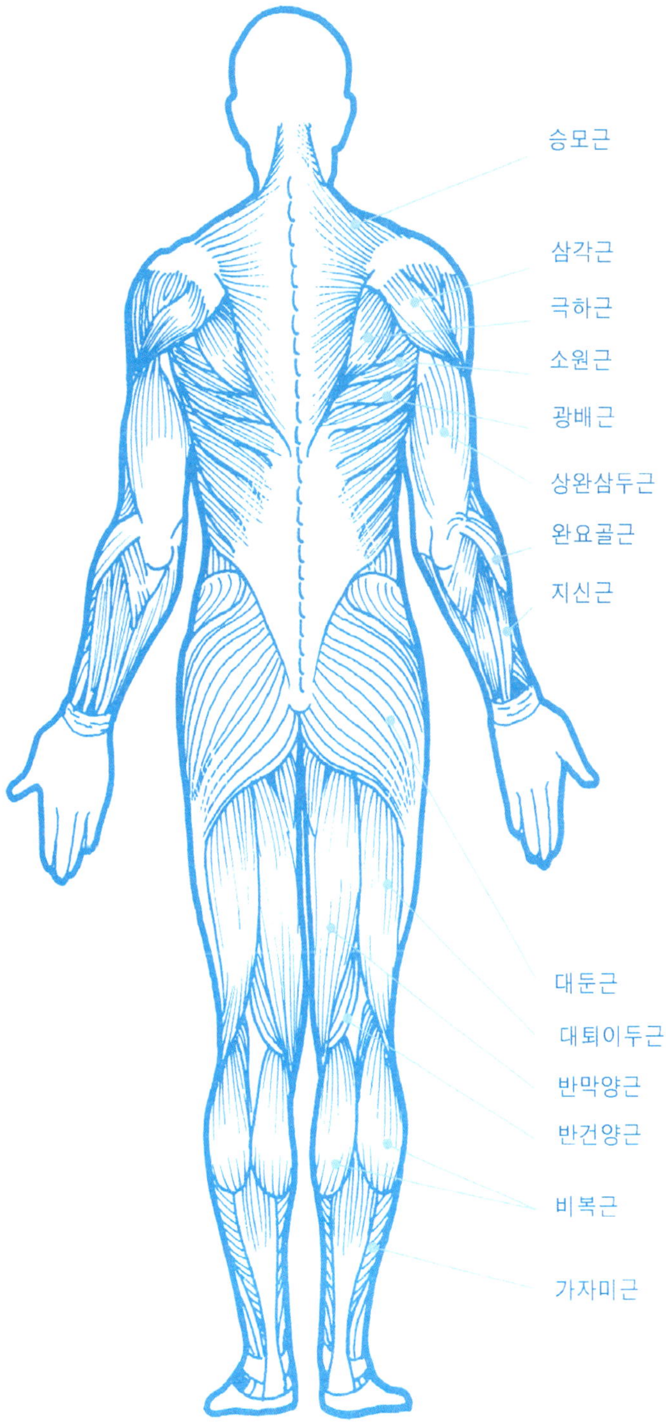

그림 1-5 근육의 명칭(후면)

- 대둔근(큰볼기근)–엉덩 관절에서 넓적다리를 펴고 가쪽으로 돌린다.
- 대퇴이두근(넙다리두갈래근)–엉덩 관절을 펴고 무릎관절을 굽히고, 가쪽으로 돌린다.
- 반막양근(반막근)–엉덩 관절을 펴고, 안쪽으로 돌리거나 모으며, 무릎관절을 굽히고 안쪽으로 돌린다.
- 비복근(장딴지근)–무릎관절을 굽히고 발목관절에서 발바닥 굽힘과 가쪽 번짐 운동을 한다.
- 아킬레스건–종아리에 있는 근육을 발뒤꿈치 뼈와 이어주어서 우리가 발을 디디거나 뛸 수 있게 해준다. 달리기에 필요한 건이 모여 있는 곳으로 우리들의 체중을 받쳐주는 곳이다.

신체에는 많은 기능이 있고, 이것이 잘 작용하고 있으면 건강을 유지할 수 있다.

골격의 각 기관계는 운동, 호흡, 순환, 근육, 소화, 비뇨, 생식, 내분비, 신경계 등으로 구분되는 데 이러한 기관계들의 작용을 간략하게 요약하면 아래와 같다.

- 운동기계–근육 등의 보호, 다양한 자세 보전과 운동을 한다.
- 호흡기계–산소를 몸에 들이고 이산화탄소를 배출한다.
- 순환기계–산소, 이산화탄소, 영양물, 호르몬 등의 운반과 세포 등의 감염을 억제한다.
- 소화기계–음식물을 소화시켜 체내에 흡수한다.
- 비뇨기계–오줌을 만들고 배출하는 것과 수분을 재흡수 하는 데 관계한다.
- 생식기계–정자와 난자의 성숙, 수정, 태아의 발육 등의 생식에 관계한다.
- 내분비계–호르몬을 분비시키고, 물질대사, 본능적 행동, 체내 상

태를 조절한다.

- 신경계 - 감각기로부터의 정보를 지각하고, 판단을 내려 운동기에 전하고, 사람으로서의 정신활동을 통합하고 신체 각 기관의 활동을 조절한다.

제 2 장
산소를 세포에 보내는 구조
(호흡·순환기계의 기능)

1. 산소를 세포에 보내는 구조(호흡기계의 기능)

우리들이 살아가기 위해서는 대기 중의 산소가 체내에 보내지지 않으면 안 된다.

1) 기도의 작용

- 코는 냄새를 느끼는 역할을 한다.
- 코, 후두, 인두, 기관지에 있는 선모, 점액은 들어온 공기의 먼지와 세균을 제거한다.
- 기관 전체는 공기의 온도, 습도를 폐 속의 상태와 같게 하여 자극이 없게 한다.

2) 호흡운동의 주된 구조

- 흡식(들숨)－흡식 시 가슴공간의 전체 크기는 증가한다. 편안 상태에서 들이 쉴 때 관여하는 중요한 근육은 횡경막, 외늑간근, 그리고 내극간근의 연골 사이 부근이다. 가로막은 돔 모양이기 때문에 수축하면 둥근 모양은 평평하게 펴진다. 이것 때문에 가슴 공간의 수직면적이 증가한다. 동시에 외늑간근과 내늑간근 연골 사이 부위가 수축하게 되어 가슴우리의 직경

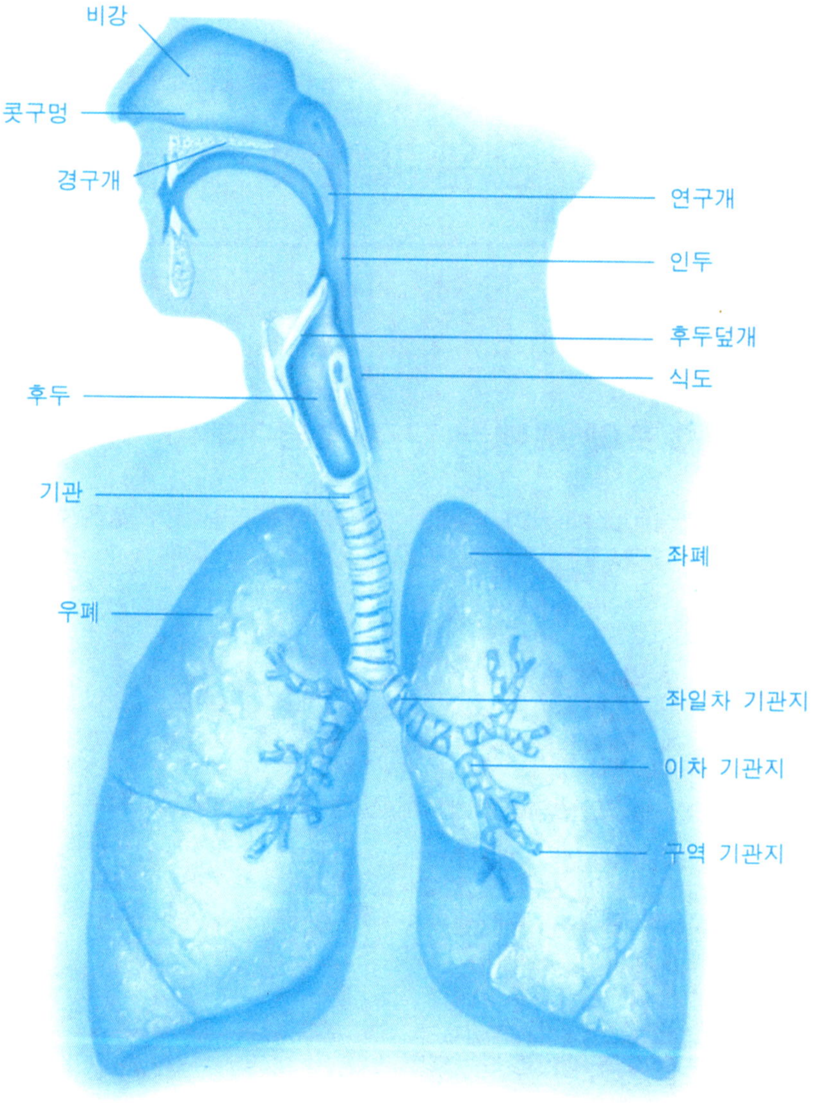

그림 2-1 호흡계의 주요 기관들

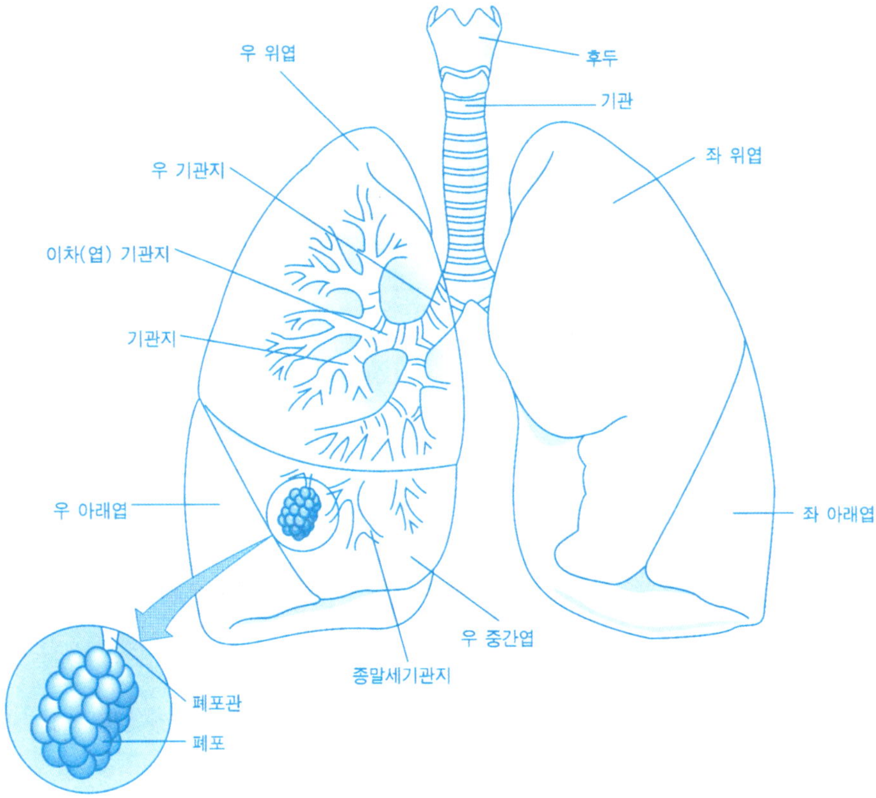

그림 2-2 호흡계의 주요 기관

이 커지게 된다.

가슴공간이 팽창하게 되면 가슴막 공간 안쪽의 공기압이 대기압보다 낮다. 허파가 부풀게 되는 것도 바로 이러한 압력차 때문이다.

• 호식(날숨)–대체로 호식은 흡식 시 관여한 근육들이 이완되고 가슴우리가 원래 위치로 돌아오면서 일어나는 수동적 과정이다. 호식과정에서 허파 내부의 탄성 섬유가 짧아지고 허파꽈리가 조여지면서 허파는 팽창하기 전의 원래 형태로 돌아간다. 허파꽈리의 표면 장력이 낮아지는 이유는 제Ⅱ형 허파꽈리 세포가 생성하는 표면 활성제라는 지질단백 때문이다. 표면 활성제는 물분자들 사

이에 분산되어 이 분자들 간의 수소결합에서 생기는 인력을 감소시킴으로서 허파꽈리의 표면 장력을 낮추는데 중요한 역할을 한다.

미숙아의 경우 **표면활성제가 결핍되면 호흡곤란증후군**(respiratory distress syndrome; RDS), 혹은 흔히 말하는 **유리질막병**(hyaline mucles)이 발병하게 된다.

재태기간이 짧을수록, 출생체중이 작을수록 호흡곤란증후군(유리질막병) 발생빈도가 높다.

- 전체 출생 중 약 2%

재태기간별 : 28주미만 - 60~80%

32~36주 - 15~30%

37주 이후 - 5%

39주 이후 - 1% 미만

(2) 발병 위험 인자

① 발병을 증가시키는 요인-미숙아 자체, 분만 진행 전의 제왕절개술, 신생아 가사, 남아, 당뇨 산모에서 출생한 아기, 다태아에서 두 번째 출산아, 중증의 Rh 부적합증, 산모 출혈, 빠른 진해의 분만, 한랭 스트레스, 산모의 과거 RDS 출산력, 흑인보다는 백인

② 발병을 감소시키는 요인 - 산전 산모에서 부신 피질 호르몬의 접종, 조기 양막 파수, 산모의 임신 중독증, 산모의 고혈압증, 만성 자궁 내 스트레스, 만성 자궁 태반 부전증, 산모에서 opiate와 같은 특수약물 중독, 자궁내 발육 부전(IUGR, SGA)

③ 허파꽈리와 모세혈관의 가스교환

- 폐포는 세기관지에서 이어지는 포도송이와 같은 반경 0.1mm 정도의 작은 주머니이다. 이 벽은 얇고 주위의 기압 차이로 부풀어 오른다.

- 허파꽈리까지 들어온 산소의 많은 공기는 (산소가 적은 모세혈관 속)의 혈액에 녹아든다. 한편 이산화탄소는 인체 내의 농도가 외기(바깥기온)보다 진하기 때문에 허파꽈리 속으로 나갈 수가 있다.

높은 산 등에 적어지거나 고산증 체내와 외기의 산소밀도에 차이가 나타나지 않을 때와 허파꽈리에 탄력이 없어지거나, 벽이 얇아지면 가스교환을 할 수 없어 호흡에 곤란을 느끼게 된다(폐수종, 폐혈증).

- 태아의 폐는 태반이라는 설이 있는 데 이것은 자궁 안에서 태아는 물속에서 생활하고 있고 폐는 작용하고 있지 않고, 수중생활이 가능한 비밀은 태반에 있다. 태반에서는 엄마의 적혈구와 태아의 적혈구 사이에서 CO_2와 O_2의 교환이 행하여지고 있다. 이와 같은 교환이 가능한 것은 태아의 헤모글로빈은 엄마(성인)의 헤모글로빈에 비해 O2에 대한 친화성이 좋기 때문이다.

2. 산소를 세포로 보내는 구조(순환기계의 기능)

1) 심장을 중심으로 한 순환기계

몸속으로 들어간 산소는 순환기계에 의해 몸 전체로 운반되어진다. 폐의 모세혈관 속의 적혈구에 산소를 집어넣은 혈액은 폐동맥을 지나 심장의 좌심방 → 좌심실로 흘러들어가고 계속해서 혈액은 좌심실로부터 대동맥으로 내보내진다. 동맥은 점점 가늘어시시만 혈관의 총 단면적은 확대되기 때문에 혈액의 흐름은 느려지게 된다.

그리고 그물눈과 같이 되어있는 모세혈관으로 들어간다. 여기에서 산소는 산소가 적어진 세포 속에 넣어진다. 여기에서 만들어진 이산화탄소가 섞인 혈액은 모세혈관을 통과한 뒤 정맥으로부터 대정맥을 거쳐 심장의 우심방 → 우심실에 들어간다. 그 혈액은 폐동맥으로 밀어내어져 허파꽈리를 둘러싼 모세혈관으로 흘러간다.

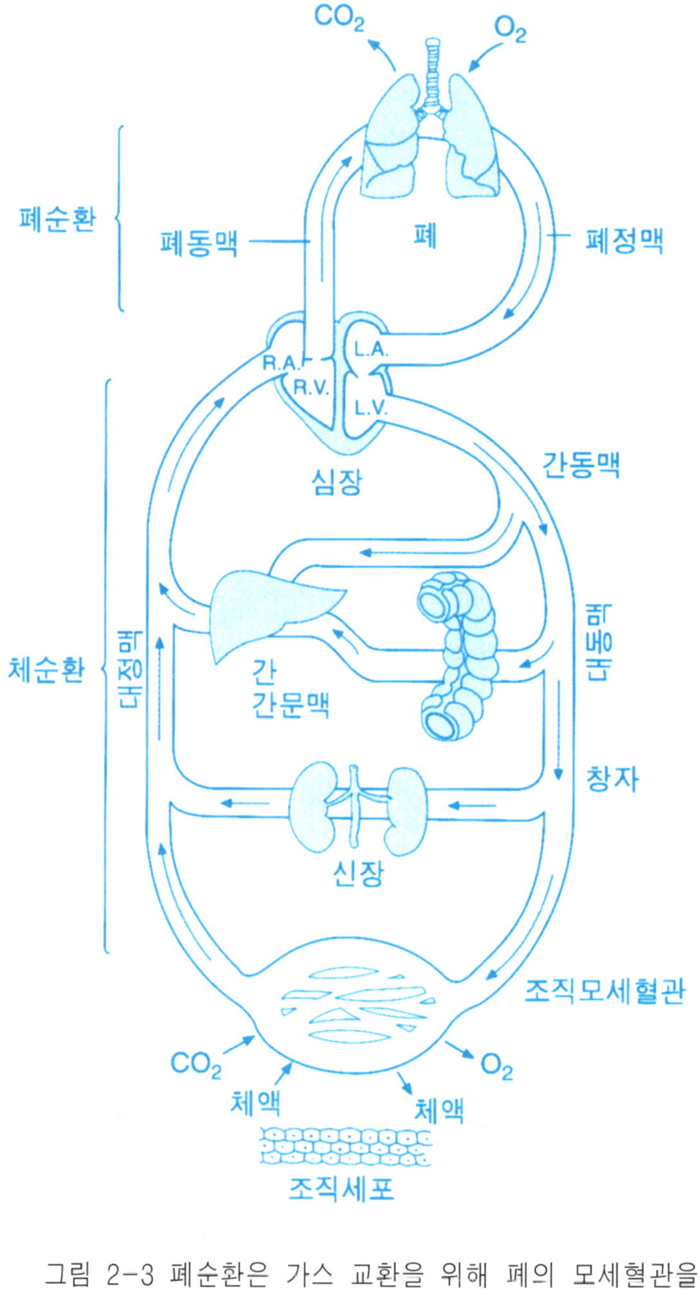

그림 2-3 폐순환은 가스 교환을 위해 폐의 모세혈관을 통해서 혼합된 정맥혈을 펌프하는 저압의 시스템이다. 가스 교환 완료 후에는 이 산소와 결합된 혈액은 신체를 통해 순환되기 위해 좌심방쪽으로 되돌아간다.

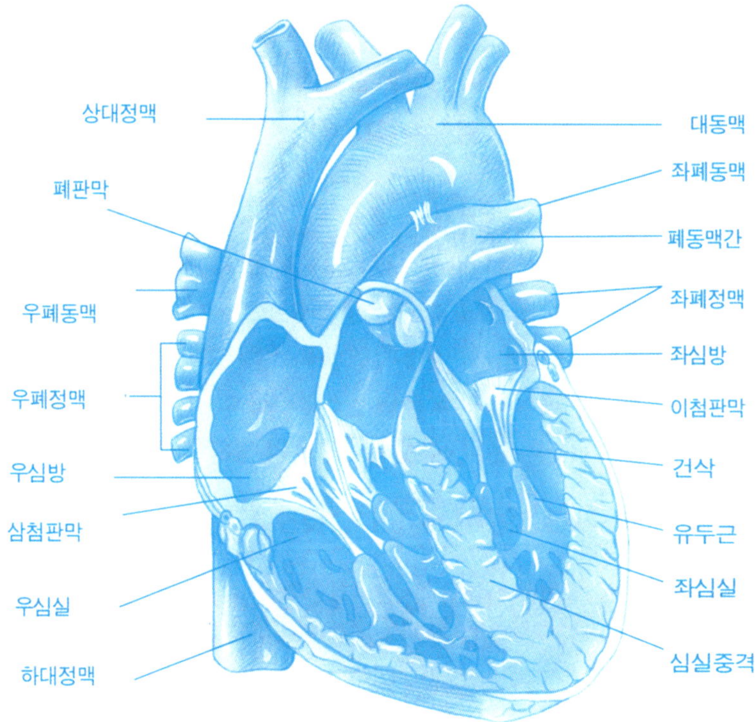

그림 2-4 심장의 구조

2) 심장의 기능

혈액을 흐르게 하는 원동력은 펌프의 역할을 하는 심장이다. 심장은 안정 시에는 1분간에 60~80회 정도 박동하고, 1회 박동으로 60~80㎖의 혈액을 동맥으로 내 보낸다.

심장의 움직임이 규칙적으로 반복되는 것은 우심방에 있는 심장이 수축리듬을 만들어 그 신호를 심방에 전하고 이어서 심실에 선하기 때문이다. 이 경로를 흥분전도계라고 하고 신호를 기계적으로 기록한 것을 심전도라고 한다. 또, 심장자신에게 산소를 보내는 동맥을 관동맥라고 하고 이곳이 막히면 심장 근육이 죽어버린다.

• 정맥판막의 실험 – 정맥에는 곳곳에 정맥혈이 거꾸로 흐르지 않도록 정맥판막이 붙어 있다. 시험 삼아 여러분의 왼 손목을 오른

손으로 꽉 쥐어보면 오른손 때문에 팔을 통해 심장으로 되돌아가는 정맥혈이 막혀서 정맥판막이 있는 곳에 고여 정맥판막이 부풀어 오르는 것을 알 수 있다.

제 3 장
성과 가정생활

1. 성기능과 새로운 생명의 탄생

성이라고 하는 말에는 동물의 수컷과 암컷, 인간의 남성과 여성, 그리고 생식을 동반한 성행위를 가리키는 경우가 있다.

1) 동물의 성욕·성행동과 인간의 성욕·성행위의 차이

- 동물에는 보통 발정기가 있고 성행동을 취하는 시기는 정해져 있다.
- 인간은 여성이 난자를 가지고 주기는 정해져 있지 않지만 이 주기와 성욕과 성행동과의 관계는 적다. 이것은 인간이 다른 동물과 달리 성에 관한 중추에 대뇌의 명령이 강하게 작용하기 있기 때문이다.
- 또 인간은 성에 대한 감정과 행동에 관해서도 사회적인 규율과 문화를 갖고 있다.

2) 남·여의 성 결정과 사춘기 이후의 남·여의 특징

- 우리들은 유전자에 의해 부모의 특징을 이어받아 남성 혹은 여성의 특징과 기능을 갖는다.
- 이 남녀의 구별은 첫째로 정자와 난자가 결합되었을 때 결정된다.

태아가 성장해 가는 중에 다른 기관과 함께 생식기가 형성된다. 그리고 2차 성징: 여 10~11, 남 16~18세 무렵부터 급속한 몸의 발육·발달에 의해 남녀의 특징이 완성된다.

3) 인간의 성기능

- 사춘기가 되면 남 · 여의 성 특징이 완성되기 시작한다. 남자는 정통(精通)을 경험하고 여자는 초조를 경험하면서 몸은 성숙기에 가까워진다. 또 심적으로도 독립심이 왕성해지고 이성을 의식하고 서로를 추구하는 마음이 강해진다. 그러나 새로운 생명을 기르기 위해서는 필요한 사회적 능력, 건강한 생활도 갖추어져 있어져 있어야만 한다.

4) 인간과 동물의 성

인간과 동물의 성 차이는 인간은 대뇌와 크게 상관관계가 있다. 따라서 인간은 상대를 선택하고 또 환경을 갖추어서 결혼을 할 수가 있고 계획적으로 아이를 가질 수가 있다.

2. 남성과 여성의 성호르몬

태어난 아이가 성장하여 사춘기가 되면 남자 아이, 여자 아이로부터 남성·여성으로 바뀌어 진다. 남자다움, 여성스러움은 어떻게 바뀌는지 알아보자.

1) 남성스러움, 여성스러움

사춘기가 되면 뇌에 있는 시상하부로부터 그 아래에 있는 하수체에 작용하는 물질이 나온다. 하수체는 이 물질에 의해 남성의 정소, 여성의 난소 활동을 활발히 하는 성선자극호르몬을 분비한다. 이 호르몬의 작용에 의해 정소에서는 정자를 만들고 난소에서는 난자를 성숙시킴과 동시에 각각 호르몬을 분비하여 몸에 남성다움, 여성스러움의 특징을 만들고 있다.

2) 남성호르몬의 작용

- 남성의 생식기를 발달시킨다.
- 치모(恥毛 : 사람의 생식기 둘레에 난 털), 체모의 발육을 시킨다.
- 성대의 확대와 변성
- 뼈의 성장
- 정신활동을 작용시켜 여성에 대한 관심을 가지게 하여 성욕을 높인다.
- 근육, 간장 등의 발달에 관계한다.

3) 여성스러움의 작용

(1) 난포호르몬

- 생식기와 유선(乳腺)의 발육 등 여성스러운 체형을 만든다.
- 자궁을 위하는 자궁내막을 증식시켜 준다.

(2) 황체호르몬

- 기초체온을 높인다.
- 자궁내막에 작용한다.

여성호르몬도 남성호르몬처럼 시상하부, 하수체로부터의 호르몬의 분비를 막는 작용을 한다.

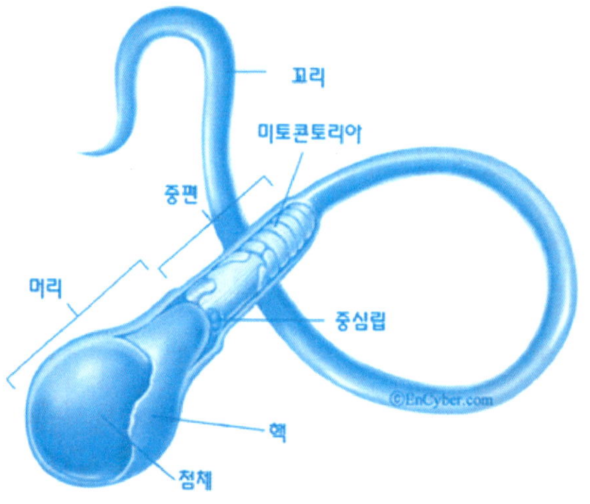

그림 3-1 정 자

부친의 형질을 전하는 정자

정자는 인간의 몸속에서 가장 작은 세포이지만 생명을 탄생시키기 위한 조각으로서 중요한 역할을 맡고 있다. 정자의 두부에는 핵이 있고 여기에는 아버지로부터의 유전정보를 전달하는 DNA를 포함한 염색체가 23개 있다.

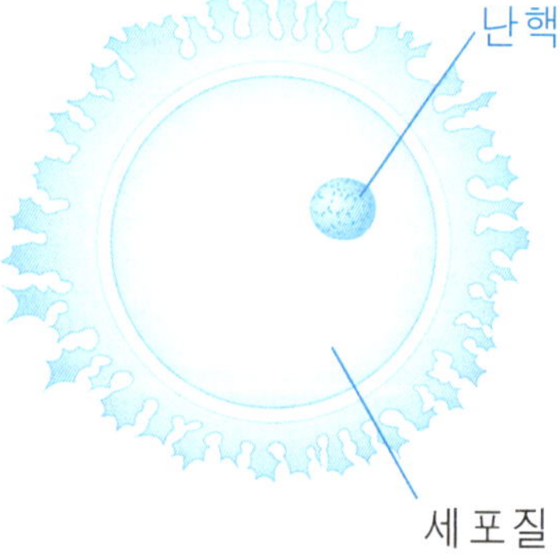

그림 3-2 난 자

모친의 형질을 전하는 난자

난자는 직경이 0.1~0.15m로 몸속에서 최대의 세포이다. 핵 속에는 정자와 마찬가지로 23개의 염색체가 있고 어머니로부터의 유전정보를 가지고 있다.

3. 남성과 여성 생식기의 기능

1) 정자의 발견

정자를 발견한 사람은 의사도 생물학자도 아니었다. 사람의 정액 속에는 살아있는 미생물이 있고 꼬리를 가지고 있다. 모래 알갱이 정도의 미세한 동물 1,000마리 이상 있다는 발견의 제1보를 런던의 잡지사에 알린 것은 암스테르담의 물감수인 안톤핀레잉슨이었다.

지금으로부터 약 300여 년 전 1677년 그는 자신의 정액을 유리에 바르고 370배의 현미경으로 들여다보고 올챙이를 발견하여 몇 장이나 스케치 했다. 정자의 머리 부분은 인간의 형태로 그리고 있고 이것이 여성의 배 속에서 태아가 된다고 확신하고 있었다.

2) 남성과 여성의 생식기 구조와 기능

(1) 남성 생식기의 각 기관의 기능.

- 정소는 생식세포인 정자를 만들고 1쌍의 타원형 기관으로 정자와 남성호르몬인 안드로겐(Androgen)을 생산하며 음경 바로 뒤에 항문 앞에 있는 음낭 안에 있다.
- 정소상체(Epididymis, 부고환)는 정자 및 액상물질을 수출하는 도관 정자에 영양 공급정자를 완전히 성숙시키는 협력기관, 정관(Ductus deferens)은 정낭의 배출관과 합쳐져서 사정관을 형성하는 고환의 배출관, 정낭(seminal vesicle)은 액체 내용물을 사정관으로 분비하는 2개의 긴 자루처럼 생긴 샘, 전립선(prostate gland)은 일명 전립샘이라고 하고 남성의 방광 바로 아래에 있는 밤처럼 생긴 생식기관이다.

  정소상체, 정관, 정낭, 전립선은 정자의 에너지가 되는 분비액을 섞어 수송한다.
- 음경(penis)은 혈관에 풍부한 조직(해면체)이 결합된 모양이다. 그것이 충혈되면 경직되는 데 이것을 발기라고 한다. 자극을 받으면 정자가 체외로 나오는 것을 사정이라고 한다.

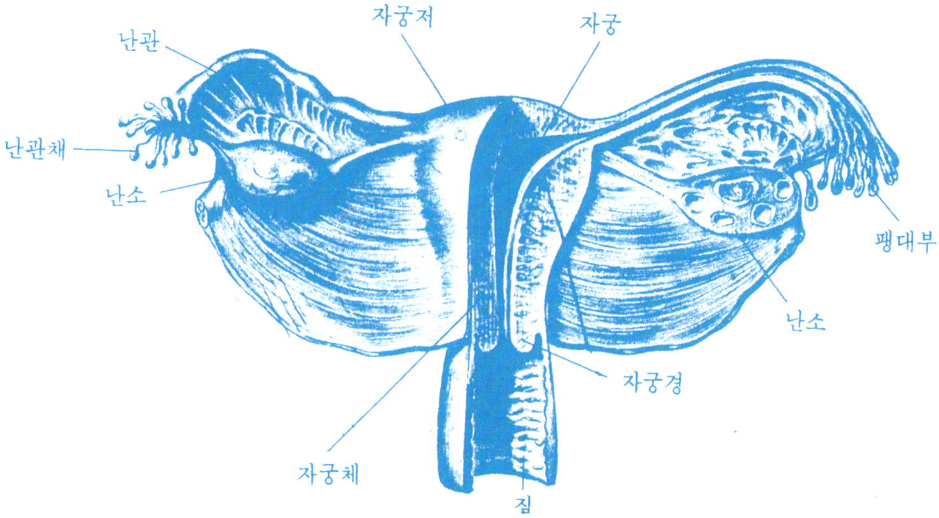

그림 3-3 자궁과 난소

(2) 여성생식기의 각 기관의 기능

- 난소(ovary)는 난자를 만들고 여성호르몬인 난포호르몬, 황체호르몬을 분비하고 배란작용과 내분비 기능을 가지고 있다.
- 난관채(fimbriae tube uterinae), 난관(fallopian tube, 나팔관)은 1쌍의 가는 관으로 10~12cm, 직경 1mm로 난소로부터 나온 난자를 받아 모아 자궁까지 운반하는 기능을 한다.
- 질은 여성의 성 교접기관일 뿐만 아니라 자궁내용물의 배출된 혹은 산도의 일부를 이루기도 한다. 복상으로 형성되어 있다.
- 자궁은 서양 배 모양의 두꺼운 근육 층을 갖춘 중공기관으로 태아를 기르는 곳이다.

4. 월경과 배란

여성은 자궁의 좌우에 있는 난소로부터 일생동안 400~450개의 난자를 만들어내는 데 이것이 생명의 근원이 된다. 여성의 성주기는 난소 주기와 자궁주기 그리고 월경의 주기와 기초체온이 있다.

배란과 월경 주기

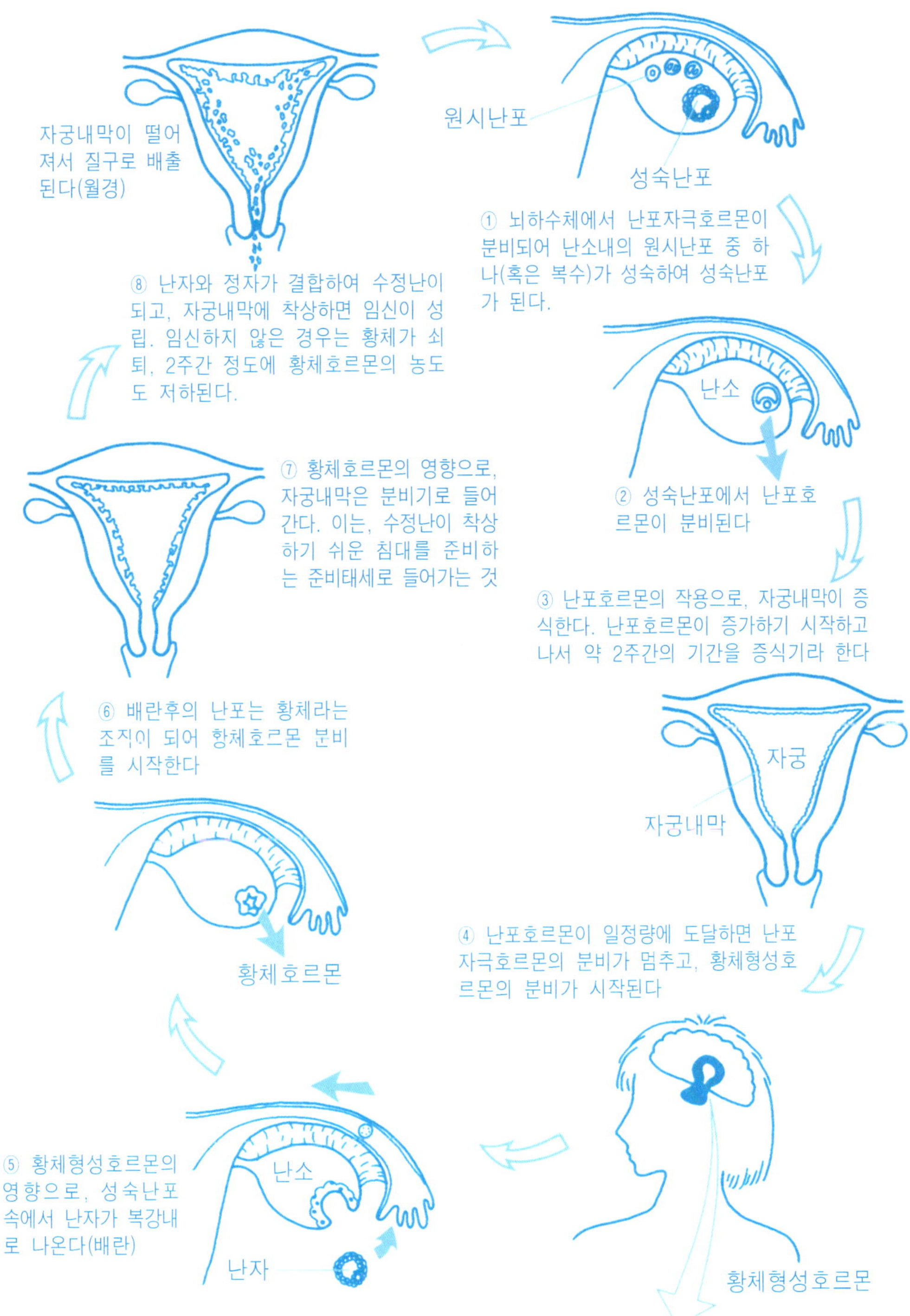
원시난포
성숙난포
① 뇌하수체에서 난포자극호르몬이 분비되어 난소내의 원시난포 중 하나(혹은 복수)가 성숙하여 성숙난포가 된다.
난소
② 성숙난포에서 난포호르몬이 분비된다
③ 난포호르몬의 작용으로, 자궁내막이 증식한다. 난포호르몬이 증가하기 시작하고 나서 약 2주간의 기간을 증식기라 한다
자궁
자궁내막
④ 난포호르몬이 일정량에 도달하면 난포자극호르몬의 분비가 멈추고, 황체형성호르몬의 분비가 시작된다
황체형성호르몬
⑤ 황체형성호르몬의 영향으로, 성숙난포 속에서 난자가 복강내로 나온다(배란)
난소
난자
황체호르몬
⑥ 배란후의 난포는 황체라는 조직이 되어 황체호르몬 분비를 시작한다
⑦ 황체호르몬의 영향으로, 자궁내막은 분비기로 들어간다. 이는, 수정난이 착상하기 쉬운 침대를 준비하는 준비태세로 들어가는 것
⑧ 난자와 정자가 결합하여 수정난이 되고, 자궁내막에 착상하면 임신이 성립. 임신하지 않은 경우는 황체가 쇠퇴, 2주간 정도에 황체호르몬의 농도도 저하된다.
자궁내막이 떨어져서 질구로 배출된다(월경)

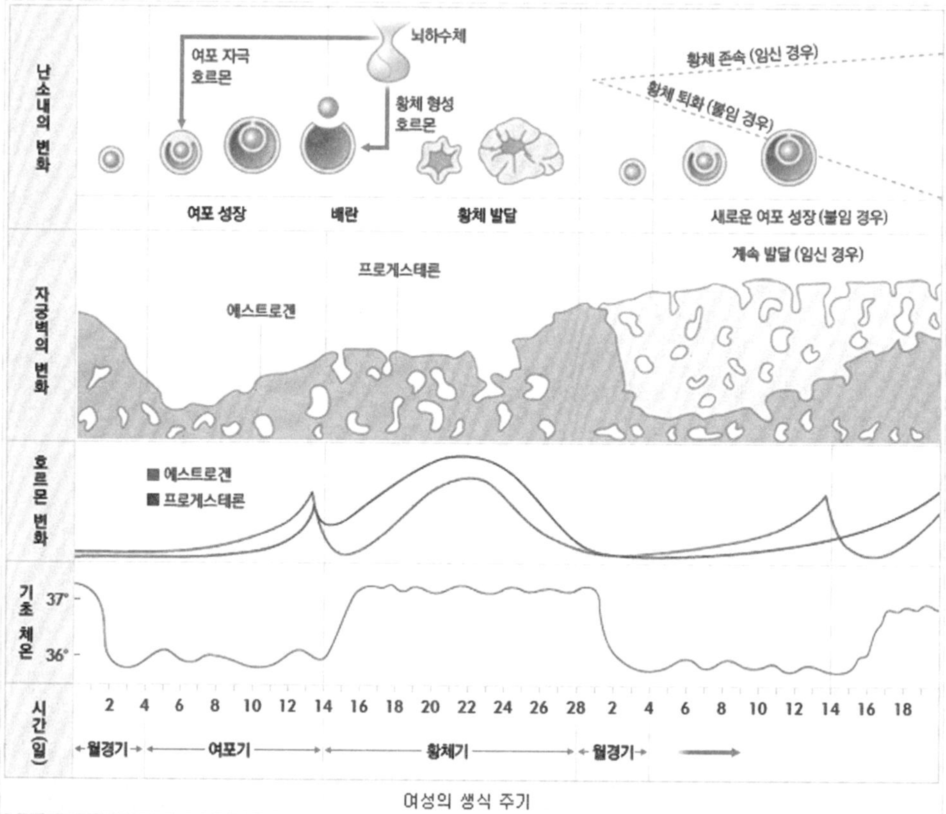

그림 3-4 월경과 배란

1) 난소 주기

- 난소 속에는 많은 난자를 둘러싼 원시난포가 있다.
- 하수체로부터의 호르몬에 의해 난포와 함께 난자가 성숙해 간다.
- 난자를 싸고 있는 난포가 부풀어 찢어져 난자를 밖으로 내 보낸다. 이것이 배란이다.
- 약 28일에 한 개의 난자가 좌우의 난소로부터 교대로 배출된다.
- 밖으로 나온 난자는 난관 채에 골라져서 난관 속으로 들어가 이 난관의 선모에 의해 자궁으로 운반된다.
- 난자를 배출해버린 난포는 수축하여 황체라고 하는 황색덩어리가 된다.

2) 자궁 주기

- 월경 후 자궁내의 내막은 난포호르몬의 작용으로 점점 두껍게 증식한다. 이 시기를 황체기라고 한다.
- 배란 후는 황체호르몬의 작용에 의해 내막은 수정란이 착상하기 쉽도록 더욱 더 두꺼워 진다. 이 시기를 월경주기라고 한다.
- 착상이 되지 않으면 황체는 적어지고, 곧 백체화 되어버리고 황체호르몬도 나오지 않게 되고, 자궁내막이 벗겨진다. 이 때 출혈이 생긴다. 이것이 월경이며 몇 일간 지속된다.
- 착상하면 난소의 황체는 없어지지 않고 황체호르몬을 계속 배출하고, 자궁내막은 분비기의 상태인 채로 태아는 성장한다.

3) 월경의 주기와 기초체온

- 월경의 주기는 사람에 따라 차이가 있고 게다가 사춘기 시작 무렵에는 불규칙하게 일어 나는 경우도 있다.
- 월경주기는 월경이 시작된 제 1일째로 해서 다음 월경개시 전의 최종일로 하고 있다.
- 기초체온은 황체호르몬의 작용에 의해 배란 후에 상승하고, 월경이 시작되면 하강한다.
- 임신하면 체온은 고온기의 상태가 계속된다.

제 4 장
신체적 성의 성숙

1. 성적 성숙의 척도

성적 성숙을 측정할 때에는 보통 여자의 경우 초경을, 남자의 경우, 최초의 사정을 측정척도로 삼고 있다.

초경은 최초의 월경으로서 다른 신체 부분의 성숙이 수반되며 초경 후 6~12개월 사이에 불규칙적인 경우가 많으나 그 다음부터는 정상적으로 규칙성을 띠게 되니 생식할 수 있는 기능을 갖게 된다.

봉정은 여자의 월경과 대등한 남자에게만 볼 수 있는 생리 현상으로서 성기에 아무런 자극 없이 정낭에 저장되어 있는 정액이 무의식적으로 나타나는 현상을 말하며 거의 잠잘 때 일어난다.

사출 현상은 고환에서 정자를 생산할 수 있고 생식선의 기능을 발휘한다는 점에서 명백한 증거가 된다. 그런데 몽정의 사출 현상은 잠잘 때 무의식적으로 나타나는 현상이므로 자신의 몽정 경험을 의식하지 못할 때가 많다.

1) 남자의 신체적 성의 성숙 과정

• 사춘기 전기(10~13세):키는 크나 근육의 발달은 좋지 않고, 팔다리가 길어진다. 고환도 크기 시작하나 음경은 그렇게 커지지 않는다. 2차 성징이 겨우 나타나기 시작할 정도이다.

- 사춘기 중기(13~17세):키는 서서히 크는 반면에 근육이나 체중증가가 현저해진다. 고환도 많이 크며, 정자도 만들어지기 시작한다. 2차 성징이 명백히 나타나서 음모가 발생하고 1~2년 뒤에는 겨드랑이에 털이 나고, 목소리가 변하여 저음화되고, 남성다운 체격을 갖는다.
- 사춘기 후기(17~20세):체격 및 외관이 성인 남자와 같아지며 성숙 정자가 많이 나와 완전히 성숙된 남자가 된다.

- 1차 성징:남자와 여자의 생식기 구분
- 2차 성징:성기 가장자리와 겨드랑이에 털이 나고 목소리가 변하고, 유방이 커지고, 얼굴에 여드름이 나타나고, 골격과 근육이 남자다워지고 여자다워져 가는 것 등이다.
- 3차 성징:남자와 여자의 성격 변화.

2) 여자의 신체적 성의 성숙 과정

- 사춘기 전기(10~14세):초경 2~3년 전을 말한다. 키, 몸무게 등이 극히 왕성하게 증가한다. 난소의 발육은 그리 현저하지 않으며, 난포의 발육은 현저해 진다. 그러나 배란은 되지 않는다. 난포호르몬의 분비량도 점차 증가하여서 자궁, 질, 유방 등이 크기 시작한다. 2차 성징이 나타나기 시작하여 가슴과 엉덩이에 지방이 많아지고 골반도 여성형이 되며 음모는 11세부터 솜털 정도로 나기 시작한다.
- 사춘기 중기(12~15세):15세까지는 거의 초경을 경험하기 시작한다. 키 크는 것은 정지상태가 되고 초경 후 1년간은 피하지방이 많이 증가한다. 난소의 발육이 현저해지며 난포는 성숙하고 난포호르몬의 분비도 증가한다. 월경은 불규칙하나 서서히 주기적으로 나오게 되며, 대개 무배란성 월경이다. 겨드랑이에 털이 나기 시작하고 2차 성징도 현저해지며 성숙한 여성과 같이 저음의 목소

리 변화가 온다.

- 사춘기 후기(14~17세):초경 후 2~3년 지난 시기를 말하며, 키가 크는 것은 더욱 더디어지고 근육 발달도 적어지며 초경 후 반 4년이 되며, 키 크는 것이 거의 중단되고 만 18세가 되면 체중을 제외한 키, 어깨 등 신체발육이 일단 완료된다. 피하지방은 이 시기에 최고로 증가하고 여성다운 곡선미를 나타내게 된다. 난소의 기능도 충실해지고 성기발육도 현저하며, 자궁은 소아기의 10배 무게로 변한다. 월경도 주기적으로 나오고 배란도 시작된다. 유방은 접시형에서 반구상으로 커지며, 18세 이후가 되면 차츰 균형이 잡힌 몸매가 된다. 여자나이 25세가 되면 신체적 노화가 시작된다.

2. 남성 생식기 계통

생식기 계통은 부모를 닮은 새로운 개체를 탄생시킴으로써 그의 종(species)을 유지시켜 주는 기능을 맡은 일변의 기관들로 구성되어 있다. 그러므로 남녀의 성에 있어서 구조차이가 가장 큰 것이 생식기이지만 기본적으로는 서로가 매우 비슷하며, 태생 초기에는 거의 같은 형태이던 것이 발생과정을 겪는 동안 다른 형태로 발전한 것이다.

남성 생식기의 외부 구조는 음낭, 음경, 귀두로 구성되며 또한 생식기관의 구조를 살펴보면, 고환과 부생식기로 구성되는데 부생식기루는 부고환, 정관, 정낭, 전립선, 사정관, 요도구, 음경, 요도 등으로 구성된다.

- 음낭:음낭은 음경의 바로 뒤에 위치하는 외부 생식기이지만 음경과는 달리 접합기관은 아니며 내부 생식기관의 일부인 고환 및 부고환, 그리고 정삭을 간직하고 있는 피부 및 근막으로 구성된 주머니로서 전복벽의 아래 부분에 매달려 있다.

음낭의 가장 바깥층은 피부이지만 피하지방은 없고 그 밑에 엷은

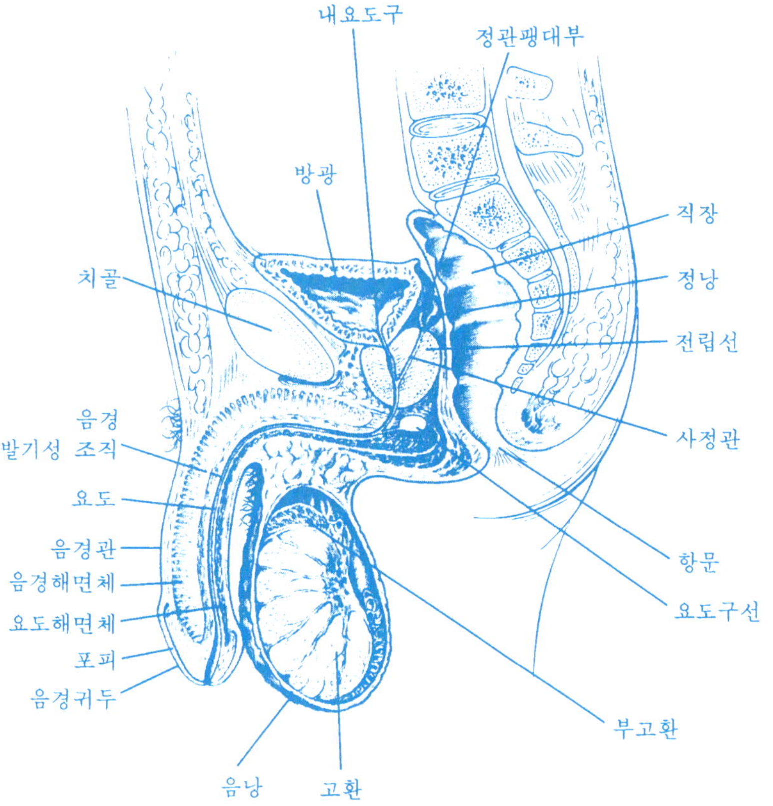

그림 4-1 남성 골반의 횡단면

불수의근의 층이 있어 이를 육양막이라고 하는데 온도에 민감하게 수축, 이완함으로써 음낭벽에 주름을 짓게 하는 1기능을 가지고 있다.

• 음경:성교시에 남성의 접합기관으로 작용하는 이 음경은 전체적으로 긴 원주 모양이다. 자유연을 이루고 있어 이를 포피라고 한다. 귀두를 제외한 나머지 부위는 음경체라고 하며 귀두와 음경체와의 접경 부위인 가장 돌출된 부분은 귀두만이라 한다.

• 고환:남성에 있어서 생식의 근원이 되는 정자를 생산하며 남성 호르몬을 분비한다. 음낭 속에 놓여 있는 길이가 약 3cm 가량 되는 계관 모양의 성선으로 여성의 난소에 해당되며 좌우에 하나씩 위

치한다. 겉은 질긴 결합조직으로 된 백막에 의해 쌓여 있고 속은 맥박에 연속되어 안으로 뻗쳐 있는 중격에 의해 약 250개의 작은 피라미드형의 구획을 이루고 있다.

- 부고환:부고환은 고환의 후방과 상방에 세로로 부착되어 있는 길쭉한 구조물로서 내용은 고환에서의 관과 연속된 가는 관의 뭉치이다. 부고환은 고환의 정세관에서 만들어진 정자들을 정관을 통해 내보내기까지 보관해 두는 곳으로서 형태적으로 완성되었으나 활동성이 적은 정자들을 여기서 활성화시켜 활발한 움직임을 갖게 한다.
- 정낭:정관의 윗부분 끝에서 정액이 되는 분비물을 첨가한다. 방광의 후하방에 있는 좌우 두 개의 작은 주머니 모양의 선이다. 내부는 벽으로부터 여러 개의 구부러진 칸막이가 나와 있어 마치 엉성한 벌집 같은 모양을 하고 있다. 이 정낭에서는 정액의 한 성분인 노란색의 액체를 분비한다.

사정관은 정낭관과 정관이 합쳐져서 이루는 짧은 관으로서 역시 좌우 두 개이다. 이 끝은 전립선부 요도에 열려 정관에서 온 정자와 정낭에서의 분비물을 합쳐 요도로 사출시키는 역할을 한다.

- 정관:정자를 고환으로부터 요도로 유도하는 일을 한다.
- 전립선:특별한 분비물을 정액에 첨가하는데, 방광 밑에서 전립선부 요도를 둘러싸고 있는 밤톨 크기의 선으로서 여기서도 정액의 일부가 되는 유백색의 분비액을 전립소부 요도에 분비한다. 이 전립선 속으로 좌우 두 개의 사정관이 관통하고 있다. 전립선은 그 후벽이 직장벽과 가까이 위치하고 있어 직장을 통해 촉지할 수가 있다.
- 요도구선:비뇨생식 격막 속에 위치하는 콩알만한 크기의 한 쌍의 선으로서, 분비관은 해면체부 요도가 시작되는 부분에 열리고 있으며 분비물을 요도에 배출시키고 있다. 요도구선의 분비물은 투명한 '알칼리성' 으로서 단순한 성적인 자극만으로도 분비되어 요도를 지나 귀두의 요도개구 부위로 나온다. 이 분비로 요도 내

의 산성이 중화되고 한편으로는 윤활액 역할을 함으로써 성교시에 외부 생식기인 음경으로 하여금 무리 없이 여성의 질 속으로 삽입되도록 도와준다.

- 성세포 발생:생식의 제일 첫 단계는 성세포의 발생, 즉 정자가 성숙되어가는 정자 발생과정으로 시작된다. 이 발생과정은 남성에서는 성선인 고환의 정세관 속에서 일어나며 시기적으로는 사춘기 이후부터 노년기에 이르기까지 계속 나타난다. 남성 성세포의 원조는 정조세포로서 태생기 때 이미 형성되어 있으나 출생 후 유년기와 소년기를 지나는 동안은 계속 활동하지 않고 있다가 사춘기가 되면서 일차 정모세포로 바뀐다.
- 정자 및 정액:정자가 발생되기까지는 대략 2주일이 걸리지만 정세관마다 또는 같은 정세관 속에서도 부위마다 모두 정자 형성의 주기가 달라 전체 고환으로서는 계속 끊임없이 정자를 만들어내는 결과가 된다. 성숙한 정자는 현미경으로 볼 때 꼬리가 긴 마치 올챙이 같은 모양을 하고 있다. 정자에는 핵을 가지고 있는 계란형의 머리 부분이 있고 세포질로 된 중간부가 있으며, 정자로 하여금 헤엄쳐 갈 수 있게 꼬리 부분이 있다. 정자는 부고환의 긴 관 속에서 액체에 실려 있다가 정관을 거쳐 사정시에는 정낭과 전립선의 분비물들과 함께 요도에 사출된다. 정액은 사정으로서 나오는 액체를 말하는데 1회 사정량은 대략 2~3ml이며 전체 양의 대부분은 정낭과 전립선의 분비물이고 여기에 정관을 거쳐 온 정자가 섞여 있다. 정상적인 경우 1회에 사성되는 정액 속에 정자는 약 2~3억 마리가 섞여 있는데 이 숫자는 남성 성세포인 정자와 여성 성세포인 난자가 수정하는데 있어 중요한 영향을 미치는 요소이다. 즉, 정자의 수, 활성 및 정상형의 정자 비율 등이 중요한 조건이 되나, 그 중에서도 숫자는 절대적인 조건으로서 정액 1ml 속의 정자가 6천만 이하일 경우에는 남성 불임의 가능성이 많아진다. 보통 정자의 길이는 약 60μ(1μ은 1/1000mm)이다.

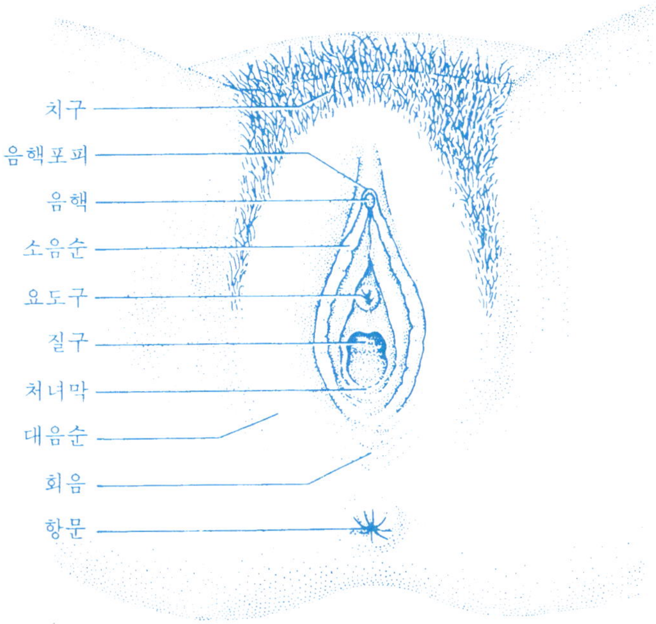

그림 4-2 여성의 생식기

3. 여성 생식기 계통

1) 외생식기

여성의 생식기는 남성의 생식기와 달라서 모양이나 기능이 복잡하다. 여성의 생식기는 외생식기와 내생식기로 구분한다.

- 음부:외생식기를 통들어 외음부라고 한다. 피하지방이 많고 도톰한 이곳에는 사춘기가 되면 털이 난다.
- 대음순:음부와 회음부 사이에 있으며 색소가 침착되어 검은 갈색을 띠고 있다. 남성의 음낭에 상응하는 상동기관이다.
- 소음순:대음순 바로 안에 있으며 역시 같은 방향으로 뻗친 두 개의 작은 주름이 소음순이다. 이것도 역시 앞으로 가서 양측 것이 만나 그 부위에 있는 음핵을 감싸므로써 음핵의 표피를 이룬다.

- 발토린씨선:소음순의 안쪽에 있어서 분비물이 분비되어 질 입구와 그 근처를 매끄럽게 한다.
- 음핵(Clitoris):이것은 남성의 음경과 같은 돌기로서 혈관과 신경이 많은 곳으로 예민하며 흥분하면 발기한다. 음핵은 발기성 조직인 해면체로 되어 있고 그 앞 끝은 음핵 귀두라고 부른다. 이 음핵은 접촉 자극에 배우 민감한 기관이다.
- 요도구:음핵의 뒤로 양측 소음순 사이에 경계 지어지는 부위를 질 전정이라고 한다. 이 전정에는 두 개의 입구가 있는데 앞의 것은 작은 것으로 요도구이고 뒤에 있는 것이 질구 이다.
- 처녀막:질 입구를 덮고 있는 엷은 막으로 작은 손가락이 들어갈 정도의 작은 구멍이 뚫려 있고 과격한 운동, 수음, 외상 및 첫 번 성교로 인해 쉽게 찢어지며 아기를 낳게 되면 흔적만 남는다.
- 회음:음순과 항문 사이의 잘 늘어나는 피부조직으로 애기 머리가 음문을 통과할 때 찢어지는 것을 막는다..

2) 내생식기

- 질:길이가 보통 7~10cm로 안쪽으로 들어갈수록 넓어진다. 질벽에는 주름이 많고 항상 분비액으로 축축하며 산성을 띠고 있어서 외부로부터의 병균의 침입에 대비한다.
- 자궁:자궁은 크게 구분하여 자궁 체부와 자궁 경부(頸部)로 나눈다. 먹는 서양 배 모양을 하고 있는 자궁의 길이는 약 7~8cm, 폭 6cm, 두께 4cm로 되어 있고, 안쪽은 비어 있다. 자궁 좌우에 연결된 난관을 통하여 온 난자가 착상하는 곳이며 월경도 여기에서 시작한다.

  자궁의 입구는 경이라 하며 질의 안쪽으로 늘어져 있다. 다른쪽 자궁의 끝은 기저라 불리어진다. 자궁은 막이며 배우 탄력적이어서 임신 기간 동안에는 팽창하도록 되어 있다. 가운데층은 자궁 근층인데 매우 매끄러운 근육이며 경을 통하여 신생아를 출산하

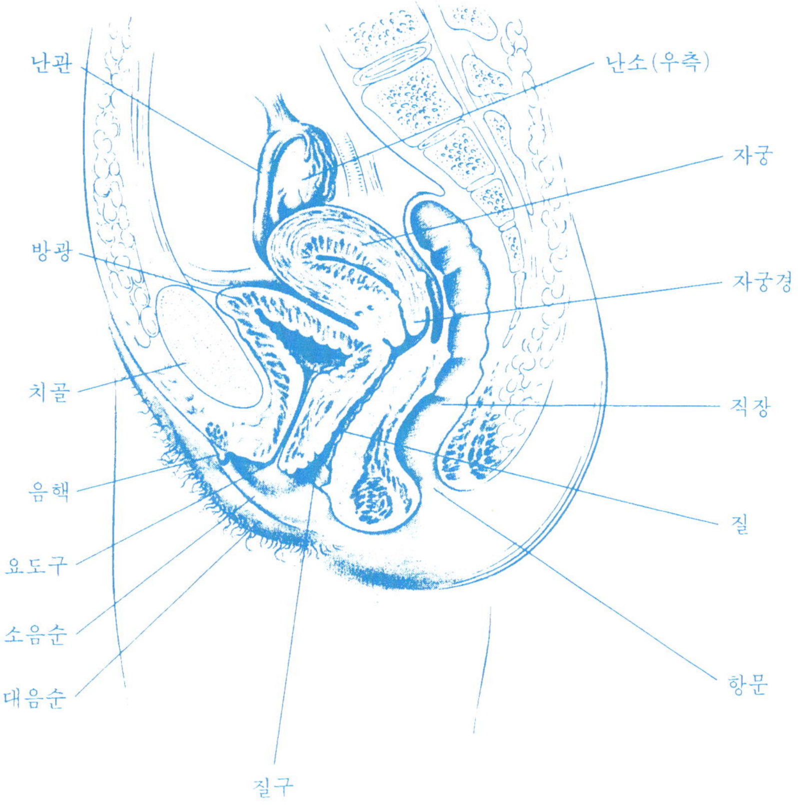

그림 4-3 여성 골반 횡단면

기 위해서는 접촉하게 된다. 그리고 맨 아래 층은 자궁내막인데 월경기간 동안 부분적으로 소색된다. 수정란이 있던 자궁은 이식되어 가며, 배(胚)가 있는 자궁은 태아로 발육한다.

- 자궁에서 난소의 후방에 이르는 것은 나팔관이며, 이것은 근육의 벽으로 텅 비어 있으며 한 번 수정된 난자는 자궁을 향하여 나팔관 아래로 향한다.
- 난관:난관 또는 나팔관은 좌우 1개씩 있고 난소에서 나온 난자를 받아 자궁 강내로 통하는 통로인 동시에 난자와 정자가 만나 수정하는 곳이기도 하다. 여기서 수정이 되면 수정란은 난관을 통해서 자궁강 내로 이동되어 자궁벽에 착상하게 된다. 난관의 길이는 약

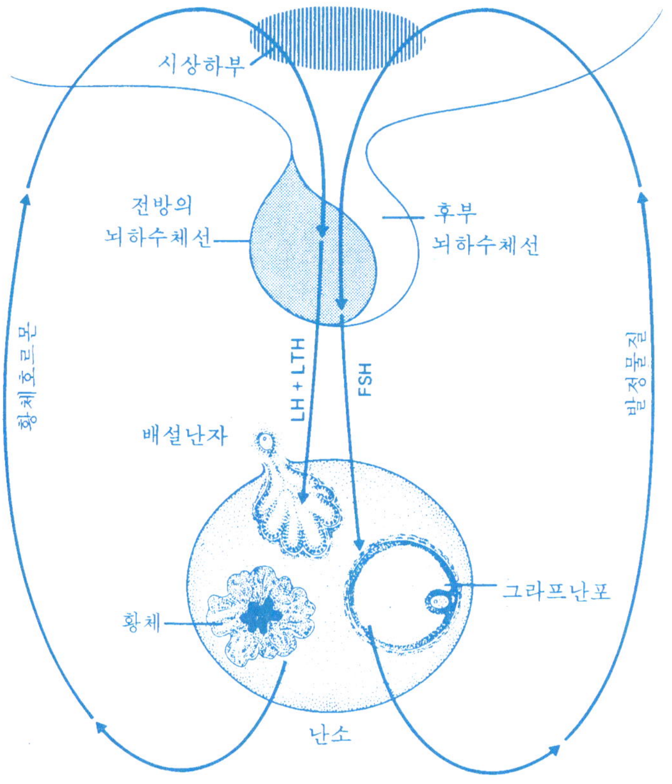

그림 4-4 월경주기

10cm가량이다.

- 난소:난소는 남성의 고환에 상동하는 여성의 성선으로서 크기는 고환의 약 반밖에 안 되며 납작하고 탄탄한 기관으로서 골반강의 좌우에 하나씩 놓여 있고 난소삭에 의하여 자궁저의 외측각에 연결되어 고정되어 있다. 출생시의 난소는 약 40만개의 난포를 가지고 있으며 비활동성으로 있다가 사춘기가 되면 난포의 활동이 시작된다. 이곳에서 매월 1번씩 양쪽을 번갈아가면서 1개의 난자를 배란한다.

3) 월경

월경은 한 달을 의미하는 라틴어의 Mensis에서 유래된 말이다. 월경의 시작은 9세~15세부터이고 40~55세까지 계속된다. 그런데 월경은 <curse(저주)>,<period(주기)>, <monthly sicknes(매월의 병)>로 불리는데 더 나쁜 의미로까지 불리기도 한다.

간단히 말해서 월경은 호르몬 변화에 의해 여성에게 일어나는 정상적인 신체적 표현이다. 월경에 관계하는 호르몬은 남자에게 있어서도 똑같은데 남자에게 있어서 호르몬은 정소(精巢)에 영향을 주며 여자에게 있어서는 난소에 영함을 준다. 월경주기는 난포 자극 호르몬(FSH)이 하수체 분비의 전방에 있을 때 시작한다.

월경의 주기는 보통 28일간이며 그 주기 동안 배란이 일어나는 것은 14일에서 25일 사이이다. 이 기간 동안 프로게스테론(Progesterone:난소 체가 생산하는 여성 호르몬 또는 황체호르몬)을 분비하며 에스트로젠(Estrogen:발정물질)을 26일을 통하여 바꾸어가며 완전히 배출한다. 월경은 28일 주기 중 1~5일간 일어난다.

월경 폐지기는 자궁의 안벽에서 자라는 자궁내막이 한 달에 한 번씩 배출되는 것이 끝나는 것이다. 이때는 호르몬 분비를 하지 않는 결과를 가져오는데 성선 호르몬 분비량이 증가하며, 심리과정의 귀환 결과 발정물질과 황체 여성호르몬 적액을 분비하는 내분비선의 교란으로 월경이 중지된다.

월경 폐지기에는 흔히 여자들의 근심과 우울증이 나타나며 시간이 지나면 호르몬의 변화라는 것을 알게 되고, 또한 애기를 낳을 수 있는 능력이 끝남을 인식하게 된다.

폐경기의 하나의 혜택은 여자들의 임신의 불안에서 벗어나 성교의 향유에 관심을 증가시키는 것이다.

폐경기가 오면 심리적으로 뜨거운 섬광, 귀울림, 현기증, 불면증, 가슴의 두근거림, 마음의 억압 그리고 변비 등의 변화를 겪게 되는데 모든 폐경기의 여성 중 25%가 이것을 경험한다.

4. 성욕과 성 반응

1) 성욕

사춘기에 접어들면 이성에 관심이 가고, 사랑을 하거나 성행동을 하고 싶은 성욕이 발현한다. 이러한 성욕이 「본능」인지 「문화」인지는 현재 다양한 논의가 있다. 그러나 인간의 성욕은 성행동에 반영되는 생식일변도의 행동이 아니고, 각종 현상에 의해 만들어진 문화적 요인에 많은 영향을 받는다.

성욕은 시상하부의 「발달센터」라고 할 수 있는 성적 이형핵(二型核)에서 처음으로 발동된다. 이 신호를 받아 성선(난소·정소)에서 분비된 성 호르몬이 다른 시상하부의 세포군에 감지되어 이 정보가 대뇌 변연계로 유입되어 성욕이라고 하는 정신적 움직임이 일어난다.

성욕을 제어하는 것은 대뇌 신피질의 전두엽 이다. 즉, 인간의 성충동과 성행동은 호르몬, 중추신경 및 외적자극의 총화에 의해 일어난다.

사람의 성욕은 과거의 경험과 기억, 상상 등 대뇌 신피질의 영향이 두드러진다는 점과 성력(성행위를 수행하는 능력)과 성욕의 강도는 다르다는 것이 특징이다. 정소를 적출한 남성도 보통의 성생활이 가능하고, 성 호르몬의 분비가 왕성한 사춘기가 반드시 성욕이 강한 시기라고는 말할 수 없다. 또 성 호르몬은 사람의 일생 동안 성행동과 커다란 관련이 있으며, 노화와 함께 고갈되는 것이 아니고, 태아기부터 죽을 때까지 성 호르몬의 쇠퇴와 동태에 영향을 준다.

인간의 성욕과 성행동을 지배하는 성 중추는 시상하부 주변에 존재한다고 한다. 시상하부는 그 내부에 몇 개의 작은 뇌(핵)를 가지고 있으며, 그 역할에 따라 3군으로 분류된다. 전군(前群)이 성을 조절하는 성욕중추로 성행위를 촉진하는 장소와 성충동을 억제하는 장소가 존재한다. 내측시색전야(성적이형핵)와 배내측핵은 성행동을 항진하고 남성의 발기행동을 일으킨다. 외측시색전야와 실방핵은 성행동을 억제한다. 또 형태적으로 남성의 성적이형핵은 여성의 두배나 되며, 배내측핵이 남성, 복내측핵이 여성의 「하는 뇌」로 생각되며, 뇌량체(우뇌와 좌뇌의 연결)·대뇌 변연계·대뇌 신피질과 마찬가지로 성차(性差)가 있다.

2) 성 반응

매스터즈 등은 인간의 성 반응을 5기로 나누고 있다.

① 흥분기: 신체적·심리적으로 성적자극을 받아 성기가 충혈
② 고원기(高原期): 성적자극의 계속으로 인한 성적 긴장 강화
③ 오르가즘기(절정기): 성적 흥분이 절정에 달하면 남녀 모두 불수적(不隨的)인 근긴장이 일어나, 쾌감이 최고가 된다. 남성은 사정이 일어난다.
④ 쇠퇴기: 오르가즘의 극치 이후 충혈과 근긴장이 쇠퇴한다.
⑤ 성적휴식기(정지기): 성적 흥분이 없으며, 남성은 음경이 위축되고, 여성은 질이 느슨해지며 약간의 분비물도 있다.

이러한 반응은 자율신경을 통해 이루어지고 최고위의 쾌감은 대뇌로부터의 영향이 크다. 또 인간의 성반응은 남녀간 비슷한 점이 인정되기는 하지만, 대뇌에 남녀차가 있는 것처럼 여성에게는 촉각적 자극과 분위기, 심리적인 요인 등이 강하게 반영되는 경향이 있고, 몇 번이고 오르가즘에 도달할 수 있는 등의 특징이 있다. 또 남녀간의 차이뿐만이 아니고 개인간의 차이도 크고, 나이에 의한 변화도 현저하며, 대뇌가 받는 스트레스의 정도에 따라 달라지는 경우도 있다. 따라서 성교시의 전희(前戱)와 후희(後戱)가 매우 중요하고, 서로 이해하고 상대방의 오르가즘기에 협력할 수 있도록 하는 것이 바람직하며, 성감을 최대로 높이기 위한 서로의 애정과 배려가 가장 중요하다.

5. 사회와 성

성·결혼·가족의 개념, 사회형태·규범 등은 시대와 함께 크게 변화되어, 「성은 삶이다」라고 할 정도로 성에 관한 문제는 인간의 인생관과 사회관에 의해 변화되어 왔다. 성은 생리적욕구와 함께 심리적·사회적욕구이기도 하며, 사랑의 발로로써 타인에 대한 배려·남녀애·부부애·가족애·단체애로 발전되어 생존에 있어 활력의 근원이 되기도 한다. 사랑하는 사람과의 만족스러운 성적 교감은 심신에 안정을 주고, 임신·출산·육아의 기쁨은 인생에 충만함을 주어 다음세대의 희망으로 이어진다.

그러나 대화의 성·쾌락의 성·유희의 성·해방된 성의 시대에 성과학의 연구와 성교육의 미숙함이 「성에 대한 편견」과 「성의 일탈(逸脫)」을 유발하고 있는 것이 현실이다.

1) 가족과 성

여성의 자립과 함께 가족의 원점이라 할 수 있는 결혼이란 형태에 얽매이지 않는 남녀가 증가하고 있다. 이것은 현대인이 이미 형성되어 있는 가족에 속하지 않고 종래의 성·결혼·육아로 표현되는 가족 스타일, 결혼을 해도 자녀를 두지 않는 스타일과 결혼을 하지 않는 스타일 등, 많은 라이프 스타일 중에서 스스로 선택할 수 있는 자유의 시대가 되었다는 것을 말한다. 자유 시대란 스스로 사회에 대한 책임과 단독생활능력에 충실을 기할 필요가 있다.

가족은 인간의 사회구조를 한눈에 볼 수 있는 거울이다. 현재 일본에서는 이혼의 증가와 만혼화 경향, 「미혼모」와「자녀를 두지 않는 맞벌이족 등의 출현을 가족붕괴현상의 진행이라고 본다. 한편 유식, 안정을 찾기 위한 곳으로서 가족에 대한 갈망이 강해지고 있는 것도 사실이다. 가족과 가정의 풍요로움은 애정관계의 유지가 그 원점일 것이다.

특히 부부관계를 유지하기 위해서는 헌법에 기재되어 있는 것처럼 서로 협력하지 않으면 안 된다. 여기서 협력은 부부가 동등한 권리를 가지고 있다는 것을 전제로 하지 않으면 성립되지 않는다. 전반적으로 의존적이거나 지배적인 관계에서는 애정관계가 지속되지 않는다. 남녀가 평등하기 위해서는 남녀 모두 자립하지 않으면 안 된다고 생각한다. 자립에는 ① 경제적 자립, ② 생활적 자립(성에 대한 지식과 이해, 가사·육아에 관한 지식과 기술), ③ 정신적 자립(서로 정신적으로 독립해 있을 것) 이 있다.

2) 성의 이상

이른바 성의 일탈이라고 하는 것에는 사드·매조히즘, 물신숭배(fetishism), 동성애, 변태(노출증, 엿보기, 만지기, 항문성교), 근친상간 등이 있다. 이러한 성의 일탈이 없는 것을 정상이라고 하고, 일탈 된 성을 이상이라고 한다. 그러나 인간은 성장 과정에서 몇 번쯤의 일탈행위를 경험할 것이다.

성의 일탈행위는 이성과 성교 가능한 상황에서 다른 행위를 하지 않고는 견딜 수 없는 것이 특징이다. 그러나 성의 정상과 이상은 시대 상황에 의해 결정된다. 그래서 성적일탈 대신 성도착이란 용어가 사용되기 시작했다. 태아기 호르몬환경의 이상과 성심리 발달의 왜곡으로 일탈을 선택할 수 밖에 없는 경우에는 타인에게 무해하다면 어떠한 성도착도 받아들일 수 밖에 없다고 생각한다. 그러나 현대사회는 시대와 문화 속에 성도착을 수용은 하면서도 허용은 하지 않고 있다.

6. 성적감염증

성의식이 개방적으로 되면서 사람들의 성행동이 다양화되어, 성적접촉에 의한 성적감염증의 증대가 사회문제가 되고 있다. 성적감염증은 1960년대 까지는 성병이라고 불리는 매독과 임질 등이 주된 질병이었으나, 이것과 함께 지금은 비임균성요도염의 하나인 클라미디아균과 바이러스에 의한 성기 헤르페스병, 첨형(尖型) 콘딜롬, 질 토리코모나스증 등의 성적감염증이 10대와 20대 여성 사이에 늘어나고 있다. 특히 클라미디아 성감염증 등은 20대의 여성이 가장 높은 이환율(罹患率)을 나타내고 있으며, 성감염증 의 통계자료는 20대 남녀의 성적인간관계의 형태를 엄하게 질타하는 내용이 되었다. 또 높은 사망률을 보이는 에이즈도 일본을 포함해 전세계적으로 증가하고 있는 추세로 세계적인 문제가 되고 있다.

1) 성적감염증

시대의 변화와 함께 공중위생학적 사상의 향상, 개인위생 의식, 사회체제의 변화, 치료법의 진보 등 성병(매독·임질 등 4종류)은 전체적으로 감소했지만, 새로운 접촉성전염병이 대두되고 있다. 그리고 4가지 성병을 포함해 성적접촉으로 전염하는 모든 질환을 성적감염증이라고 부른다.

에이즈도 초기에는 아날 섹스로 감염된 경우가 많았다. 이와 같이 성적감염증은 성문화와 함께 널리 퍼지고 있다. 그러나 여기서 주의해야 할 점이 있다. 성적감염증에 감염되어 고통을 당하는 것은 항상 여자와 어린이라는 점이다.

성적감염증은 에이즈와는 달리 같이 병에 감염되어도, 남성보다 여성, 어린이에게 그 피해가 심각하다. 성적감염증은 감염에 의해 많은 여성이 골반내감염증을 일으키고 그것이 자궁외임신율을 높여 불임증을 유발한다. 또 임신한 여성이 성적감염증에 감염되면 사산이나 유산의 원인이 되며, 혹 태아가 자라난다고 해도 출산 시에 산도감염으로 사망하거나 선천성 장애를 일으킨다.

모자간 김염이 문제가 되는 수직감염의 감염경로에는 태아가 산도를 통과할 때 감염되는 산도감염과, 질과 자궁경관의 감염이 자궁 내 태아에게 감염되는 상행성 감염, 매독과 같이 태반을 통한 감염 등이 있다.

그리고 성적감염증의 특징의 하나로서 여성의 자각증상이 적다는 것을 들 수 있다. 피임에만 신경을 쓰고 성적감염증은에 무관심하면 성적감염증는 계속 늘어날 것이다. 그러나 새로운 시대를 살아갈 어린이들의 감염만은 막아야 하겠다.

2) 에이즈(AIDS:후천성면역부전증)

(1) 에이즈란

에이즈란 병원체로부터 신체를 방어하는 면역기구가 전혀 작용하지 않게 되는 병을 말한다. 잠재적 바이러스 감염에 의한 면역기능이 파괴되어 카리니 폐렴, 카포지육종 등이 주된 사인이다. 또 에이즈를 유발시키는 바이러스는 HIV(human immunodeficiency virus)로 인체면역부전 바이러스라고 한다. 이 HIV에 감염되는 것이 에이즈가 아니고, 감염 후 장기간의 잠복기를 거쳐 발병하는 중증의 질병 상태를 에이즈하고 한다.

HIV는 인체면역기구에 중요한 작용을 하는 백혈구(헬퍼-T세포, 단구, 임파구 등)에 감염되어 침입한다. 이 바이러스는 헬퍼-T세포의 표면에 있는 CD4 수용체와 결합하여 내부로 들어온다. 그 후 내피가 없어지고 바이러스 RNA가 출현하여 이것을 주형(鑄型)으로 하여 바이러스 DNA가 만들어진다.

이 바이러스 DNA는 핵내에 들어가 염색체의 일부가 된다. 그런 다음 바이러스 RNA가 복제되어 단백질이 만들어진다. 그리고 핵외로 배출되어 이 RNA와 단백질로부터 HIV가 이식되어 원래의 세포를 파괴하다.

또 HIV는 항체를 만드는 B세포에도 침입하여 항체의 생산을 지연시킨다. 그러나 이 바이러스 DNA가 활성화되고 이식되는 메커니즘에 대해서는 충분히 밝혀지지 않았으며, 이 병에 걸리기 쉬운 사람과 그렇지 않은 사람이 있다.

그 예로 반년간, 반수의 사람이 약10년 만에 발병했다. 또 감염 후, 면역기능의 지표의 하나인 헬퍼-T세포의 수는 서서히 감소하여 최종적으로는 발병할 것으로 보였으나, 최근 발병하지 않을 수도 있다는 견해도 있다.

HIV는 유전자구조의 차이 등에서 몇 개의 형태가 발견되어 항체검사로 HIV 감염을 검출하는 것은 복잡하다.

(2) 감염경로

감염경로에는 성행위에 의한 감염, 혈액에 의한 감염, 모자감염 등 3가지 경로가 있다.

HIV는 정액, 질 및 자궁경관분비액, 혈액, 모유 속에 존재하며 그 외에서는 거의 검출되지 않았다. 그리고 감염효율은 수혈 등의 혈액에 의한 경우가 90%이상으로 가장 많고, 성행위에 의한 감염은 0.1%~1.0%정도 이다. 그러나 성행위는 접촉 기회가 많기 때문에 감염 비율은 전체의 70%~80%를 차지하고 있다.

① 성행위에 의한 감염

HIV 감염자의 정액과 혈액에 함유되어 있는 HIV 바이러스는 성기나 직장, 입 등을 통해 상대방의 체내에 감염된다. 또, 다른 STD에 의한 염증이 있을 경우에는 HIV 감염율이 높아진다.

② 혈액에 의한 감염

HIV 감염 혈액에 의한 수혈, 주사바늘의 재사용, 주사사고 등이 있다. 일본에서는 약물피해 에이즈 사건 이후 병원 등의 혈액과 혈액제제투여 등에 의한 감염은 없다. 또 주사의 공용도 있을 수 없다. 그렇지만 감염자가 부상 등으로 출혈이 있을 경우, 이를 치료하는 사람은 HIV 감염 혈액과 접촉되지 않도록 세심한 수의를 기울일 필요가 있다.

③ 모자 감염(감염자 전체의 5%~10%는 모자감염에 의한다)

어머니에게서 자식으로의 수직감염의 위험률은 30%로 상당히 높다. 태반·산도·모유에 의한 감염이 있을 수 있다. 또 HIV 감염 여성이 임신하면 증상이 진행하는 경향이 있다.

감염의 위험률이 낮다고 생각되지만, 현 단계에서의 에이즈 환자의 포착율은 10%전후로 추정되고 있다. 따라서 불특정다수와의 성교는 에이즈 감염의 위험률을 높이고, 자신만은 감염되지 않을 것이라는 착각은 매우 위험하다.

(3) 예방법

HIV의 감염력은 매우 약하여, 일상적인 접촉에 의해서는 감염되지 않는다.

① 정액·질분비액·혈액에 직접 접촉하지 않는다.
② 만약 접촉하였다면 물로 잘 씻어낸다.
③ HIV는 열처리, 비누, 알코올, 식염, 공기 등에 약하다.
④ 칫솔과 면도기는 전용으로 사용하는 것이 좋다.
⑤ 동물로부터는 감염되지 않는다.
⑥ 일상적인 키스로는 감염되지 않지만, 격렬한 키스에서는 감염될 가능성이 있다.
⑦ 성행위시에는 반드시 콘돔을 사용한다.
⑧ 오랄 섹스로 감염된 예가 있다.

에이즈는 현대의 격렬한 인적 교류를 배경으로 눈깐짝할 사이에 세계적인 역병이 되었으며, 지금은 개인의 문제가 아닌 사회전체, 지구규모의 문제가 되었다. 따라서 에이즈를 두려워하지 말고, 바르게 이해하여 에이즈 환자에 대한 편견과 차별을 없애고 평범하게 치료받고, 공부할 수 있으며, 일할 수 있는 사회를 만들어 나가야 한다.

우리들은 지금은 건강하지만, 에이즈와 같은 새로운 감염증 문제 등이 발생할 가능성이 있다. 이와 같은 시대에 각 개인은 어떻게 살아나갈지를 생각하고 주위의 사람들은 물론 동식물에서 바이러스에 이르기까지 공존해 나가기 위한 의식개혁이 필요하다. 과학이 발전된 현대의 문명사회라고 해도, 인류는 스스로 미숙함을 인지하고 모든 생물과 공존하며 함께 번영할 수 있는 방향을 모색해야 한다.

제 5 장
임신과 출산

모든 사람들은 피임의 필요성에 대해 진지하게 생각해야 한다. 첫 번째로 결정해야 할 것은 성교를 할 것인가? 하지 않을 것인가? 이다. 성교를 하면 어떤 방법으로 피임을 할 것인가 생각해야 할 것이다. 만약 임신이 되었다면 또 다른 결정이 필요한데, 즉 아기를 낳을 것인가 혹은 유산시킬 것인가 하는 문제이다. 아기를 낳으려 한다면 건강한 아기를 낳기 위해 어떻게 할 것인가를 결정해야 한다.

1. 태아의 성장

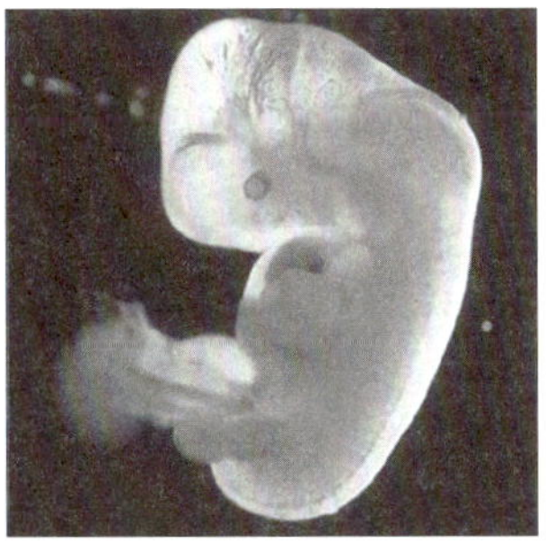

4주→7주
신장 2.5Cm
먼저 뇌, 심장이 생기고
눈, 손발, 귀 등 각 기관의 분화가 진행됨

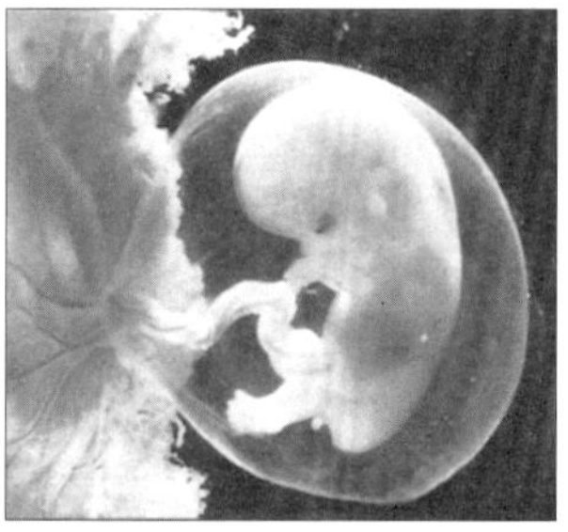

8주→11주
8.0Cm
얼굴 형태도 생기고
남녀 구별할 수 있다
신장이 발달한다.

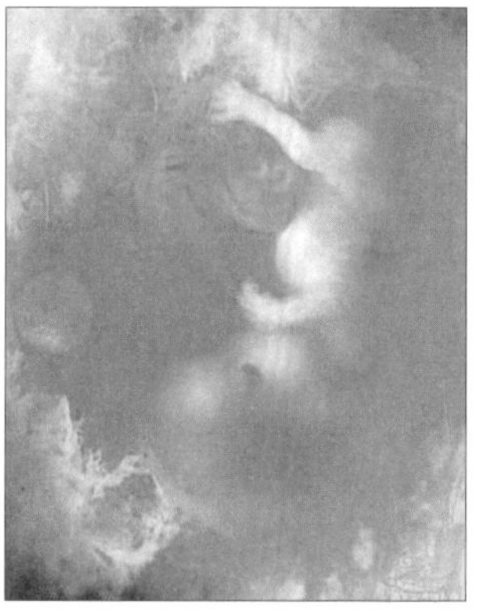

12주→15주
18.0Cm
태반이 완성 된다
내장의 발달이 보이고
움직이기 시작한다.

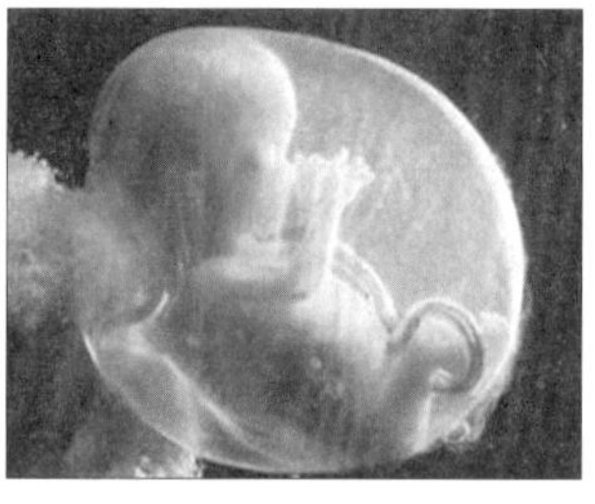

16주→19주
25.0Cm
심장소리가 들리고
머리털이 난다.

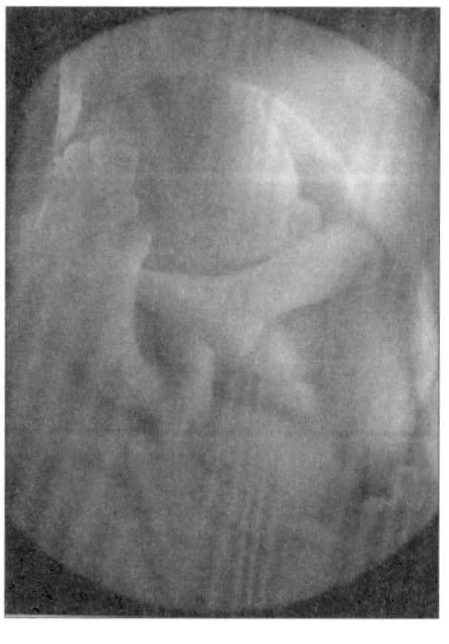

20주→36주
30.0~50.0Cm
각 기관이 발달하고
뇌에 의해 조절 된다
폐의 기능도 갖추어진다.

2. 출 산

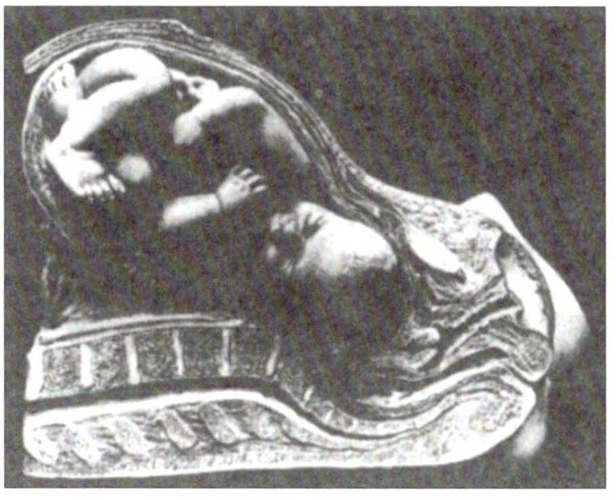

자궁근이 규칙적으로 수축하기 시작하면 분만이 개시된다. 자궁구가 크게 열린다.

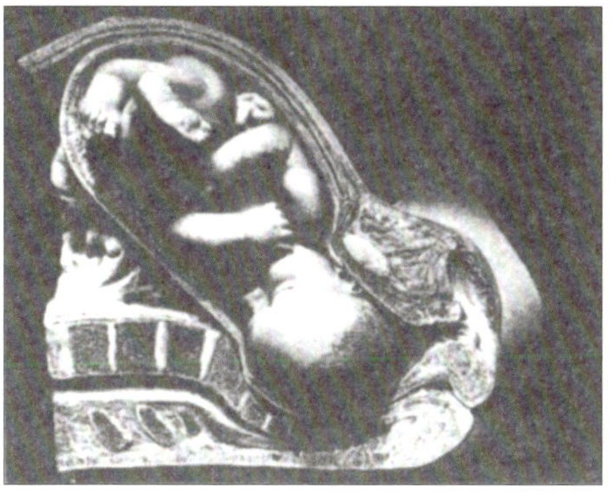

자궁구가 완전히 크게 열리기 시작한 후 양막이 파괴되어 양수가 터진다.

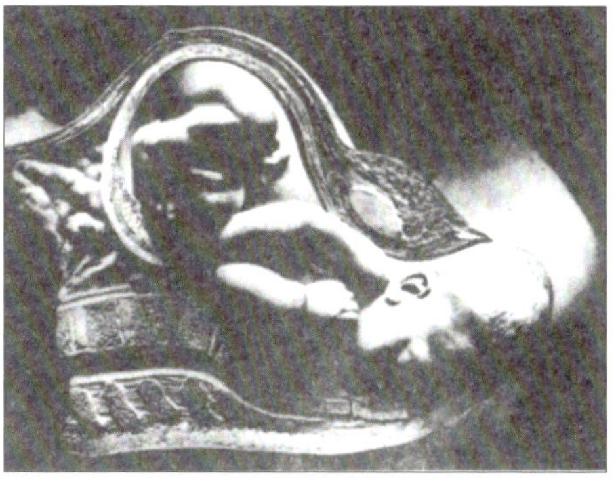

태아는 보통은 머리 뒤쪽을 어머니 앞에 얼굴을 어머니 뒤쪽으로 향해 나온다.

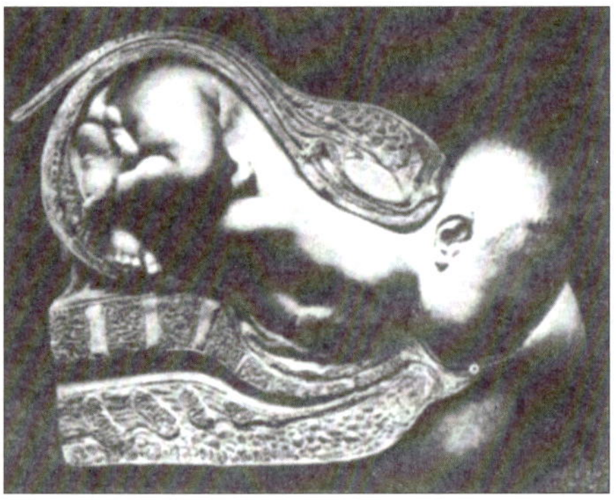

얼굴이 나온 후, 태아는 자연스럽게 회전하고 그것에 의해 어깨와 동체 부분은 용이하게 만출 되어진다.

태반이 만출 되어진다.
자궁은 수축하고 혈관을 압박하여 출혈이 멈춰진다.

3. 출산의 경과

출산의 경과는 세 단계로 나뉘어져 있다.

자궁구(자궁경부)가 열리는 시기(분만 제1기)와 태아가 만출 되는 시기(분만 제2기)와 태반이 만출 되는 시기(분만 제3시기)이다. 가장 시간이 걸리는 분만 제1기는 수시간, 때로는 하루이상 계속된다.

한 개의 정자가 난자와 합체한 수정란의 크기는 불과 0.1mm 이다. 그것이 출산 시에는 신장 50cm, 체중 3200g 정노로 사란나.

수정으로부터 임신의 성립은 여성의 생식기에 정자의 하나가 유관의 난자와 결합하여 서로의 유전정보를 포함하는 염색체가 합체되면 수정이 성립된다. 수정란이 분열되면서 자궁 속으로 들어가 착상되어 태반을 만든다. 태아는 제대를 통하여 어머니로부터 영양분과 산소 등을 공급받아 성장한다. 양수에 의해 보호받고 대개 12주까지 각 기관이 만들어지고 40주 즘에 새로운 개체가 탄생된다.

출산의 경과를 살펴보면 태아가 충분히 발육하면, 자궁의 수축을 일으키는 호르몬에 의해 진통이 일어나고, 태아는 보통 머리가 먼저 질을 통해 밀어 내린다. 첫 출산에 필요한 시간은 평균 12-16시간이다.

제 6 장 수영할 때의 몸의 변화

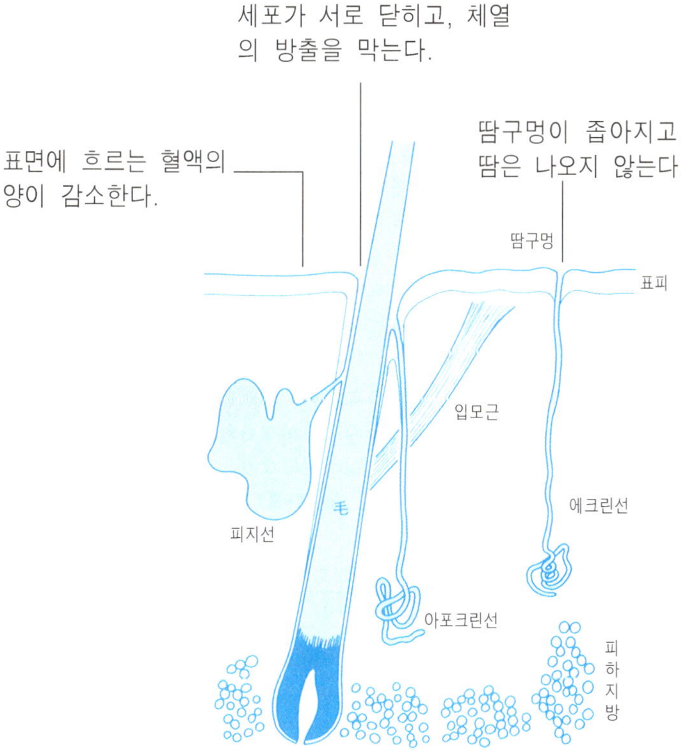

그림 6-1 추울 때

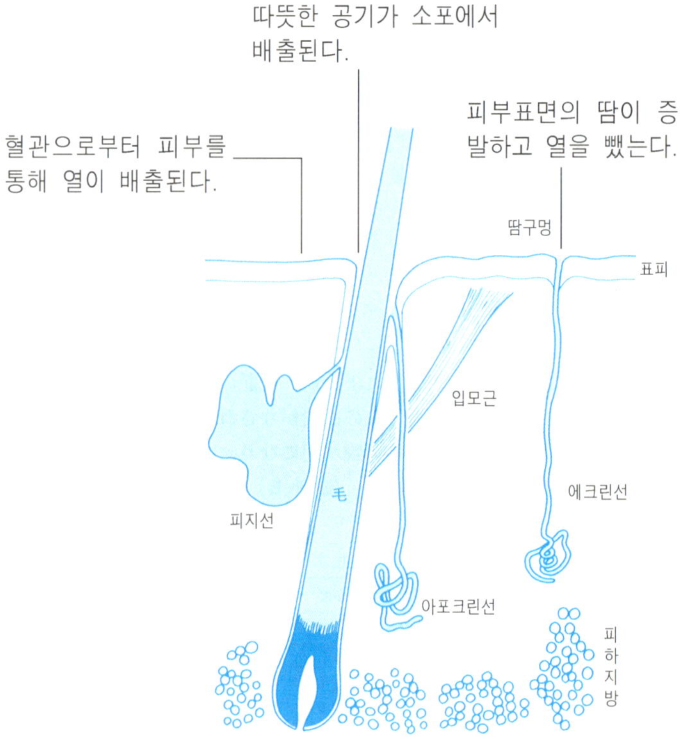

그림 6-1 더울 때

우리들에게는 몸속의 조건을 일정하게 유지하는 구조가 있는 데 차가운 물에 들어가 수영할 때를 예를 들어 몸의 체온조절 구조를 살펴보면 수온이 너무 낮으면 피부에 닭살이 돋고, 피부 혈관이 수축하고, 얼굴색이 창백하게 되는 데 이것은. 또 차가워진 혈액은 체온중추를 자극하고 근육을 긴장시켜 떨림을 일으키고, 열의 발생을 재촉한다.

수온도 높고, 물로 빼앗기는 것보다도 많은 열을 근육에서 만들면, 체온은 상승하고 혈관이 확장되어 얼굴색이 붉어지고, 땀을 흘려 체온을 내리도록 작용한다.

땀이 많이 나와 몸의 수분이 부족하면, 하수체로부터 호르몬이 나와 간장에서 수분의 재흡수가 행해진다.

체온조절의 이상

체온이 37℃로 상승했을 경우를 발열이라 한다. 또 기온이 높고 습도가 높을 때, 체온조절이 안 되어 발열하여 인사불성이 되는 일이 있는데, 이것을 열사병이라 한다.

강열한 일광에 직사되어 장애를 가져오는 경우를 일사병이라 한다.

발열에 앞서 추위를 느끼거나, 몸이 떨리는(오한전율) 경우가 있다. 체온조절 중추가 이상하게 흥분하여 피부혈관의 수축을 일으키는 결과, 오한을 느낀다.

제 7 장
여러 가지 기관계를 통합하는 것

지난번에는 체온조절이 자동적으로 행해지고 있다는 것을 배웠다. 이와 같은 몸속의 조건을 일정하게 유지하는 구조를 배운다.

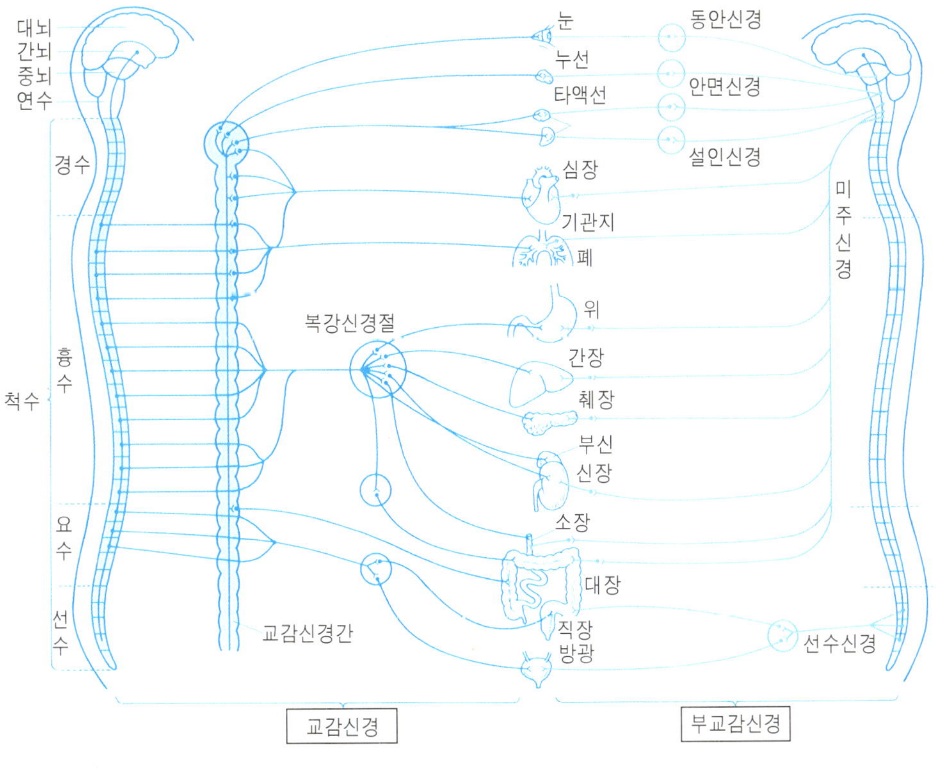

그림 7-1 교감신경과 부교감신경

각 기관계가 자주 작용함과 동시에 다른 기관계를 연결하고 있어 몸 전체를 잘 조정시키는 것으로 이 조정이 잘 될 때 건강을 유지시킬 수 있다. 이와같은 기관계의 조정 · 연락에 종사하고 있는 것이 자율신경과 호르몬이다.

자율신경은 편활근, 심근, 선을 지배하는 말초신경의 하나이다. 이 신경은 평활근으로 만들어져 있진 내장와 호르몬을 내는 내분비선의 작용을 자동적으로 조절하고 있다. 이 신경에는 교감신경과 부교감신경이 있고, 이 두 개는 거의 반대 작용을 한다. 한편 긴장하면 다른 쪽은 긴장을 약화시키려는 특징이 있어 기관의 작용을 촉진 또는 억제시키는 작용을 한다.

호르몬은 혈액과 림프액에 의해 전신으로 운반되고 어느 특정한 호르몬에만 반응하는 수용기를 갖는 기관에 작용하여 그 기관의 작용을 조정하는 화학물질이다. 호르몬에 의한 조절의 중심은 하수체이고, 이곳은 각 내분비선을 자극하는 호르몬을 만든다.

호르몬의 작용 중 성장호르몬은 성장촉진, 단백질의 동화작용촉진, 혈당을 상승시킨다.

사이로키신은 에너지생산, 물질대사의 촉진하고, 아드레날린은 혈당상승, 산열(신체를 구성하는 물질의 합성 및 기관과 장기의 작용에 필요한 에너지가 체내에 섭취된 영양소의 산화분해로 생기는 에너지로 충당되고 최종적으로 열의 발생으로 나타나는 것) 증대시키며 인슐린은 혈당을 저하하는 작용을 한다.

내분비선은 신경은 전기신호를 사용하여 특정근육에 지시를 전하지만, 내분비선은 호르몬이라고 하는 화학물질을 만들고 혈액의 흐름을 타고, 멀리 떨어진 세포에 지시를 보낸다.

제8장 인간의 정보처리 시스템

사람이 살아가기 위해, 또 인간답게 살아가기 위하여 우리의 몸은 우수한 정보처리 시스템을 가지고 있다.

1. 신경계

우리들에게는 배우고, 생각하고, 살아가기 위해 몸에 명령하는 구조가 있다. 이 명령을 내리는 곳이 중추신경이다. 또 이 명령을 전달하는 신경이 말초신경이다. 이 신경에는 자율 신경과 체성신경이 있다.

2. 중추신경계의 각 부의 명칭과 작용

1) 대뇌피질-대뇌표면의 층으로 140억 개가 넘는 신경세포가 있다. 간뇌에 가까운 부분을 가지고 있다.

2) 대뇌수질-각각의 신경세포로부터 나온 신경섬유의 집합, 대뇌대질 밑에 있는 신경섬유의 다발, 대뇌피질의 여러 부분을 연결하는 기능을 한다.

3) 내량-좌우 두 개의 반구를 연결하여 좌우의 정보를 하나로 한다.

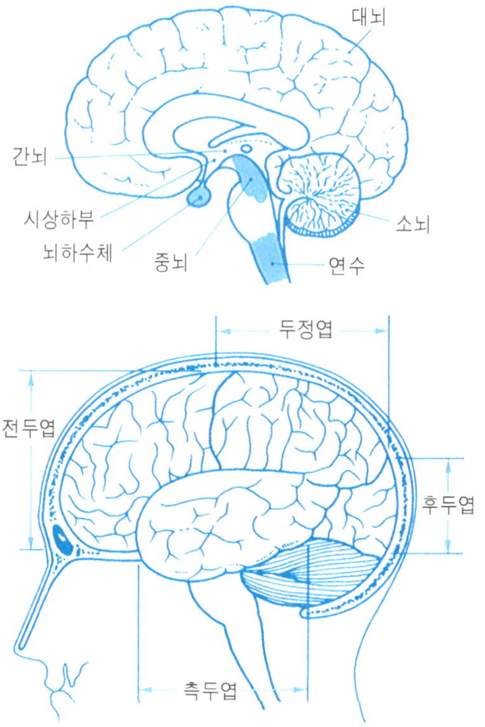

그림 8-1 뇌의 구조

4) 간뇌-시상과 시상하부에 있고, 감각정보의 중계와 자율신경 억제, 정동행동의 중계를 한다.

5) 중뇌-감각의 정보중계와 운동에 관계한다.

6) 소뇌-몸의 평형과 근육의 긴장을 조절한다.

7) 연수-호흡과 심장, 혈관의 조절중추 등이 있다.

8) 척수-척추의 관속에 있는 중추신경, 신경연수에서 이어져 원기둥 모양을 이루고 있으며 회백질의 신경세포와 신경 섬유로 되어 있다. 뇌와 말초 신경 사이의 자극전달과 반사 기능을 담당한다.

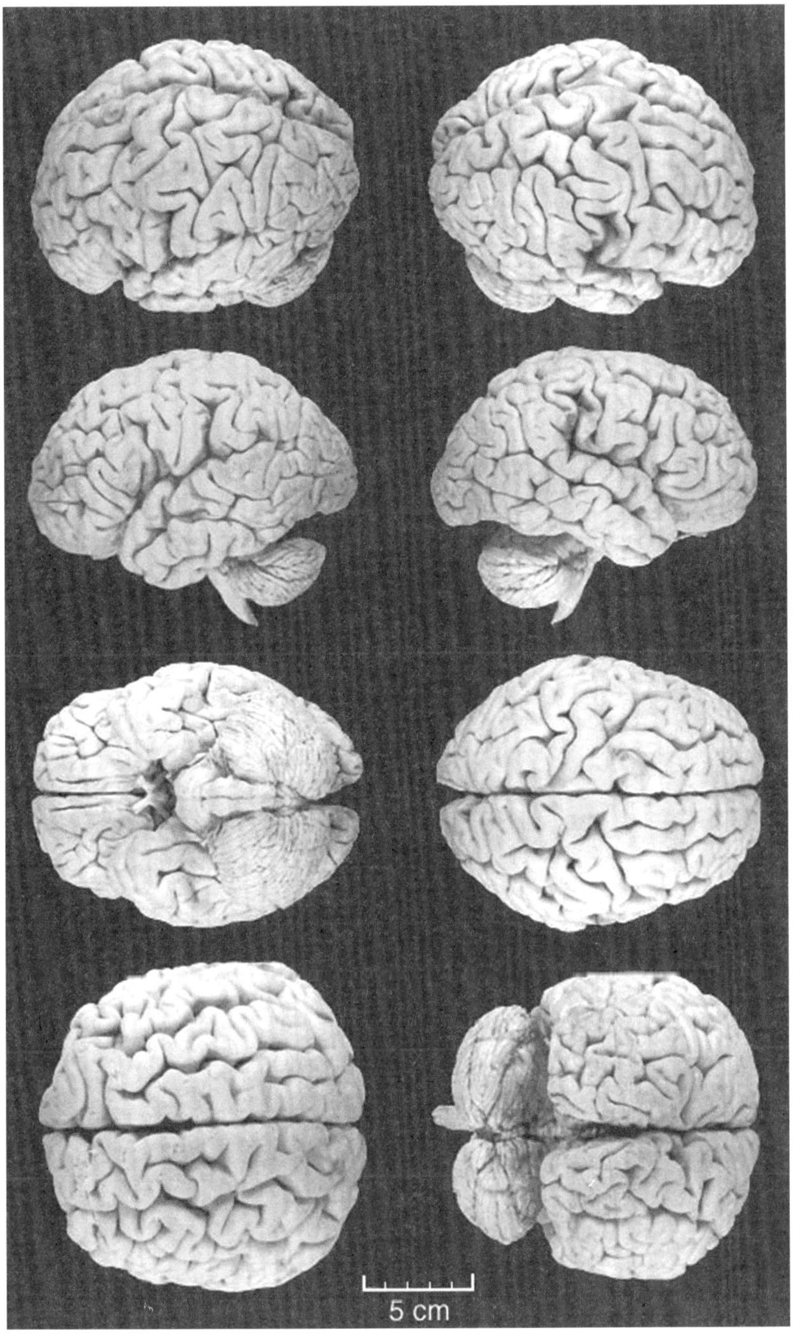

그림 8-2 사람의 뇌

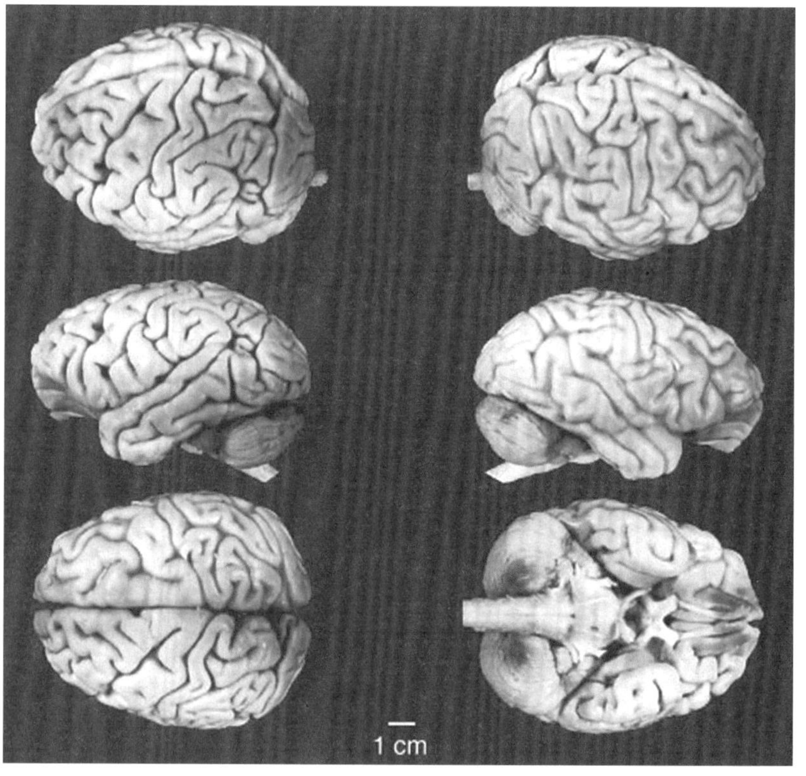

그림 8-3 원숭이의 뇌

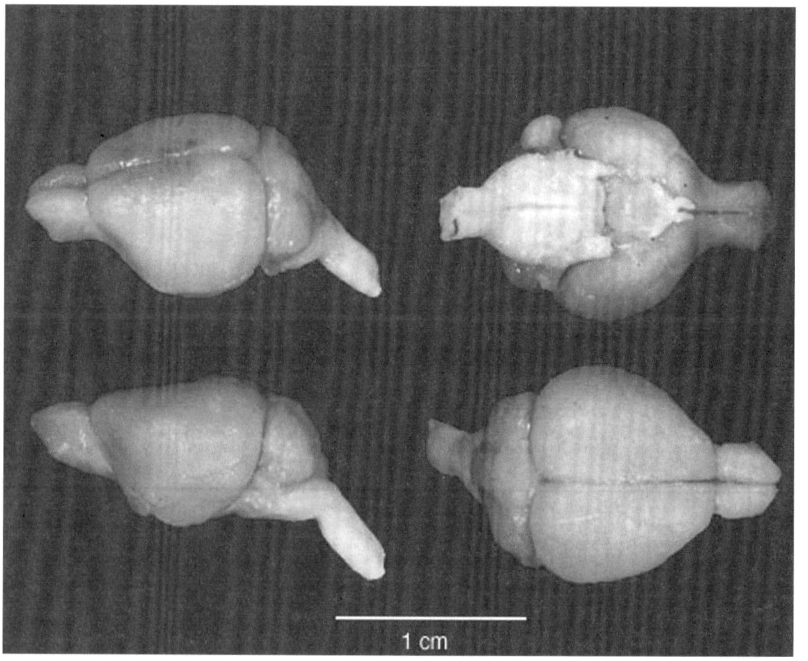

그림 8-4 쥐의 뇌

3. 뇌

- 뇌와 척수는 뼈와 삼층의 막과 액체로 보호되어있다.
- 대뇌는 뇌의 70%를 차지한다.
- 대뇌의 신경세포는 표면의 가까운 층에 모이고, 그 내측은 신경섬유가 복잡하게 들어가 있다.
- 신경세포의 수는 약 140억 개이다.

4. 대뇌의 작용과 사람의 행동 1

동물과 인간의 차이는 대뇌피질의 발달과 작용에 있다. 이 신피질에 관해서 배운다.

① 의식적인 행동을 명령하는 뇌

- 지금 당신이 선생님에게 지시를 받고 책을 읽기 시작하는 행동에는, 귀와 눈으로부터 신호가 뇌간을 통해서 대뇌신피질의 감각분야, 연합분야, 운동분야 등으로 흐르고 그 사이에 언어를 지각, 판단, 생각 하고 조합하여 근육에게 명령을 전달하는 구조가 작용하고 있다.

② 대뇌 신피질의 작용은 장소에 따라 역할이 다르다.

1) 체성감각분야-피부로부터의 신호를 받아 통증, 감각 등을 느낀다.
2) 운동 분야-어떤 동작과 행동을 할 때 근육에 신호를 나타내는 작용을 한다.
3) 후 언어 분야(後言語 分野)-귀로 들어오는 말을 짐작해서 안다.
4) 전 언어 분야(前言語 分野)-말을 하기 위해 인후, 혀, 입술 운동을 조절한다.
5) 사고, 의지, 창조, 감정, 기억

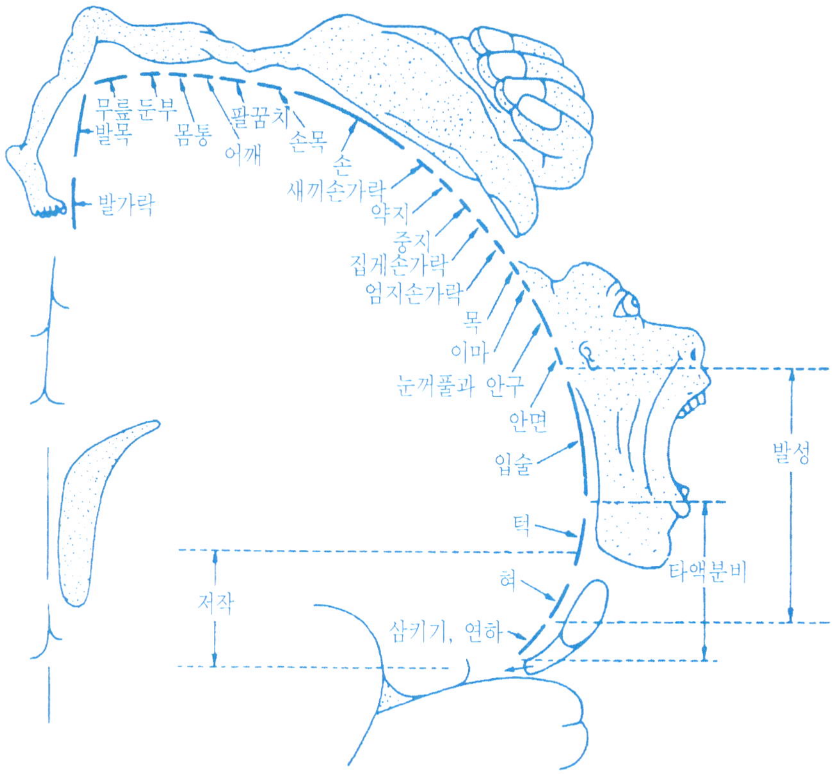

그림 8-5 대뇌의 작용과 사람의 행동

6) 공간의 지각, 이해, 판단을 하고 몸의 움직임을 제어한다.

③ 대뇌 신피질 작용

대뇌 신피질은 의식적인 행동의 중추이다. 이 작용에 의해 외부 환경의 변화에 잘 적용하기도 하고, 보다 좋은 인간사회와 스스로의 이상을 구한다고 하는 창조적인 정신활동을 행하고 있다.

좌우 반구의 작용은 달라서 언어나 계산 등은 좌반구로 창조력과 형대, 색의 식별은 우반구로 이루어진다.

• 눈에 비친 현상이 뇌 속을 지나 지각 될 때까지의 속도는 여자보다 남자 쪽이 빠르다. 현상이 눈에 비치고 나서 뇌 속을

통과하여 지각되기까지의 소모시간은 최단 0.04초~최장 0.3초가 걸린다. 그리고 지각의 속도는 청년과 한참 일하는 장년은 어린이나 노인보다 빠르고, 남자는 여자보다 더 빠르다. 이유는 알 수 없다.

5. 대뇌의 작용과 사람의 행동 2

우리들은 4시간째의 수업시간이 되면 배가 고파져서 빨리 식사를 하고 싶다고 생각하는 일이 있다. 이와 같은 식욕 등을 일으키는 뇌의 작용을 배운다.

① 배고프다고 느끼는 뇌의 작용

- 배가 고프다고 느끼는 것은 혈액속의 포도당이 에너지원으로 사용되어 적어지면, 그 정보가 시상하부에 있는 식욕을 조정하는 중추에 전해지기 때문이다. 그것이 대뇌의 고 피질에 있는 식욕을 일으키는 부분을 자극하고, 그 결과 식사를 한다. 이처럼 대뇌의 고 피질과 시상하부는 서로 연락하여 사람이 살아가기 위한 기능이 있다. 이것을 대뇌변연의 작용이라고 한다.

② 식욕 외에 대뇌변연계가 관계하는 본능적 행동

우리들의 몸을 유지하고 있는 일, 종족을 보존하기 위한 행동과 모성행동, 집단을 형성하는 일 등이 있다.

③ 대뇌변연계가 관계하는 정동(情動)

- 우리들은 의도적 행동과 본능적 행동이 만족할 수 있는 것이라면, 건강해 진다.
  반대로, 만족되지 못하면 불쾌감이 심해진다. 이것은 노여움, 불안, 공포, 도망친다, 공격하려는 의식이나 행동으로 연결된다. 이 마음의 움직임을 정동이라고 하고, 이것들도 대뇌변연계가 관계하고 있다.

- 아프다는 느낌은 빛의 속도와 같은 정도의 속도로 몸속을 달리는데, 시속 360km 정도로 프로펠러 비행기와 같은 정도의 속도이다.

6. 대뇌의 작용을 높인다.

수업 중 졸게 되어 꾸벅거리고 있을 때, 선생님에게 갑자기 지적받아 퍼뜩 정신을 차리고 잠이 깨는 경우가 자주 있다. 이와 같은 대뇌의 작용을 높이는 것에 대해 배운다.

그림 8-6 대뇌 신피질 자신의 제어-졸음이 온다.

그림 8-7 타 기관으로부터의 제어-각성정보

그림 8-8 체액에 의한 제어

① 수면부족으로 졸릴 때더라도, 흥미를 가지고 수업을 받을 때는 잠이 깬다. 주위의 말소리도 신경 쓰지 않게 된다. 이것은 대뇌의 어떠한 작용에 의한 것인가.

② 수업을 받을 때, 자세를 바르게 해야 하는 이유를 대뇌의 작용면에서 생각하라.

③ 대뇌의 작용

• 대뇌 신피질의 작용을 높이기도 하고, 저하시키기도 하는 곳은 대뇌 신피질 자신과 간뇌 등의 뇌간에 있다. 여기에 들어가는 신체 각 부위로부터의 신경과 혈액에 포함된 호르몬이 작용한다.

또 정신안정제, 흥분제, 마취제 등의 의약품, 술에 포함된 알코올 또는 마약, 신나 등도 뇌에 작용하고 사람을 이상한 상태나 행동으로 가게 한다.

④ 대뇌 신피질의 작용을 제어하는 구조

• 말초 신경으로부터의 신호는 뇌에 들어가는 도중에 여러 갈래로 나뉘어 내장으로부터의 신호는 시상하부에, 그 밖의 신호는 뇌간에 있는 망상체를 자극한다. 그러면 전자로부터는 고피질을 잠 깨우는 신호를 내고, 후자로부터는 주로 신피질을 깨우는 신호를 보낸다. 또 이 양자는 서로 신호를 보낸다.

• 뇌에는 놀랄 정도의 혈액이 흐르고 있다.

우리들 뇌에는 매분 800cc를 넘는 혈액이 흐르고 있다. 이것은 우유병 4끼분에 상당한다.

뇌는 체중의 약 1/50 의 무게에 불과한데 혈액과 산소의 체내 보급량의 약 1/5를 받고 있는 것이 된다. 깨어있을 때나 자고 있을 때에도, 뇌는 마찬가지로 혈액에 의해 보급되어 오는 영양소인 포도당의 연소를 시키고 있다. 뇌는 산소나 포도당을 저장해 놓을 수가 없기 때문에, 생존을 계속하기 위해서는 끊임없이 혈액을 보급 받지 않으면 안 된다. 이 때문에, 혈액의 흐름이 10초간 중단되기만 해도 의식의 소실이 일어나게 된다. 산소의 보급이 2~3분간 정지하는 것만으로도 죽음에 이르던지 식물인간이 되어버린다.

7. 행동의 근원

우리들이 무엇을 하고 싶다, 무엇을 갖고 싶다 등을 추구하는 마음의 작용에 대해서 배운다.

1) 욕구

배가 고프다고 느끼면, 뭔가를 먹고 싶다고 생각하도록 인간은 몸의 내부나 주위환경의 자극에 의해 심신이 무언가 부족하게 하고, 과잉하거나 하면 욕구가 생겨난다. 이것이 동기가 되어, 그 상태를 해소하려는 행동이 시작된다.

2) 1차적 욕구, 2차적 욕구

(1) 1차적 욕구란?

종류 : 호흡, 음식, 배설, 수면, 활동, 생식 등 생리적 욕구, 위험으로부터 자신을 보호하려는 안전 욕구가 있다. 또 서로 접촉하여 집단 속에서 뛰어나다는 말을 들으려는 욕구도 포함된다.

(2) 2차적 욕구란?

종류 : 심리적 욕구, 사회적 욕구라고도 하고, 애정, 독립, 성취, 획득, 지배, 우월, 보호, 휴식, 협력, 호기심, 학습, 승인, 존경, 자기실현 등의 많은 욕구가 있다.

그림 8-9 당신의 욕구

그림 8-10 욕구의 발달

그림 8-11 자기실현 욕구

(3) 욕구의 발달

태어난 지 얼마 안 된 유아는 공복이 되면 울고, 수유하면 얌전해진다. 이것은 유아가 1차적 욕구를 채웠기 때문이다.

어머니에게 포근히 안겨 엄마 목소리를 들으면서 안심하고, 젖을 먹을 수 있으면 애정 등 심리적인 2차적 욕구도 발달한다.

• 발달

생리적 욕구로부터 자기실현의 욕구까지를 몇 개의 단계로 나누어 생각해 보면, 정신적으로 건강한 사람은 이 각 단계를 한 단계 한 단계(생리적 욕구→안전 욕구→소속과 애정 욕구→존경 욕구[평가]→자기실현 욕구) 마다 경험하면서 성장한다.

• 퇴행

이 단계의 상위의 욕구가 만족할 수 없을 때, 사람은 발달 단계의 하위의 반응을 행하고 욕구를 만족시킨다.

메슬로의 욕구의 계층설

메슬로는 욕구는 계층을 가지고 있다고 하는 생각 하에, 욕구의 계층설을 제창했다.

이 설에 의하면, 우리들은 다섯 개의 욕구 계층의 하나하나를 아래로부터 순서대로 채워가고, 마치 계단을 올라가는 욕구를 충족시켜간다고 한다. 그리고 최종적으로 자기실현의 욕구가 생겨나고, 거기에 근거하여 행동해 간다고 하는 것이 인간의 가장 인간다운 삶의 방법이라 했다. 자기실현의 욕구라는 것은 자기 자신을 성장시키고, 자기 자신을 풍부히 해가는 욕구이다.

8. 욕구의 충족과 저지·갈등

그림 8-12 욕구의 충족·저지

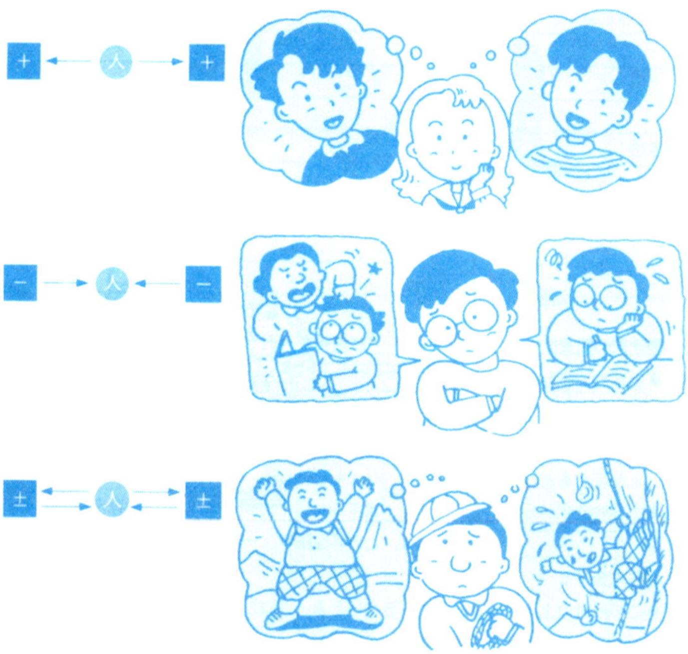

그림 8-13 갈등의 종류

갖고 싶은 것이 손에 들어오고, 하고 싶은 것이 잘 할 수 있으면 욕구는 채워지고 만족된다. 그러나 일상생활에서 모든 욕구가 충족되는 일은 없다.

1) 욕구의 충족과 저지

- 추구하는 욕구가 채워지면, 마음속에 기쁨과 기대가 생기고 만족감과 안심함이 생긴다.
- 욕구불만 – 욕구가 충족되지 않으면 본래 불안, 조바심, 불쾌감이 일어나고 나아가 분노의 감정을 갖는 일도 있다.
- 욕구의 충족을 방해하는 것을 장벽이라고 하고, 이것에는 다음과 같은 것이 있다.
  -다쳐서 시합에 출전할 수 없다-
  -날씨가 나빠서 바다로 수영하러 갈 수 없다-
  -DC 브랜드 양복을 사고 싶은데, 돈이 없다-
- 욕구가 저지되었을 때, 꿋꿋이 참고 그것을 극복하려고 하는 마음의 작용을 억제라고 한다.
- 욕구가 저지되었을 때, 폭력과 비행, 고립 등에 빠지는 일을 욕구불만이라고 한다.

2) 갈등

개인이나 집단 사이에 목표나 이해관계가 달라 서로 적대시하거나 불화를 일으키는 경우를 말한다.

- 갈등의 종류
  1) 자신에게 호감을 갖는 경우(접근 –접근)

2) 자신을 피하는 경우(회피 - 회피)

3) 접근 - 자신에게 호감을 가지거나 피하는 일이 겹치는 경우

9. 적응의 기제

우리들의 생활에서는 욕구가 충족되는 일은 적다. 그 때 어떤 행동을 취해야 할 것인가를 배운다.

합리적 기제 방어 기제

그림 8-14 여러 기제의 종류

① 적응 기제

• 우리들은 장벽이 있어도 적극적으로 노력하여 이것을 제거하고, 욕구를 충족시킬 수가 있으면 만족한다. 그러나, 그것이 불가능한 경우는 다른 욕구를 찾는 등, 여러 가지 행동을 취해 욕구불만으로부터 일어나는 불안과 조바심 등 마음의 긴장을 없애려고 한다. 이것을 적응 기제라고 한다.

② 적응 기제의 종류와 구체적인 예

1) 합리적 기제 - 장벽을 제거하고 욕구를 충족시키기 위해 노력한다.

2) 방어 기제 - 스스로를 방어하기 위하여 자동적으로 취하는 적응 행위, 다른 간접적 치환적인 욕구를 만족한다. 대상, 합리화, 보상, 투사 등

대상 - 자기가 요구하는 바를 얻지 못할 때 그와 비슷한 다른 대상으로 만족을 채우려는 것

합리화 - 어떤 일을 한 뒤에 자책감이나 죄책감에 벗어나기 위하여 그것을 정당화 함. 또는 그린 방어 기제

보상 - 신체적으로나 정신적으로 열등함을 의식할 때, 다른 측면의 일을 잘 해냄으로써 그것을 보충하려는 마음의 작용

투사 - 자신의 성격, 감정, 행동 따위를 스스로 납득할 수 없거나 만족할 수 없는 욕구를 가지고 있을 경우에 그것을 다른 것의 탓으로 돌림으로써 자신은 그렇지 아니하다고 생각하는 일. 또는 그런 방어 기제. 자신을 정당화하는 무의식적인 마음의 작용

3) 도피기제 - 노력을 하지 않고 달아나거나 피해서 자신을 지킨다.

퇴피(退避) - 위험을 피하고자 물러남

도피 - 적극적으로 나서야 할 일에서 몸을 사려 빠져나감.

억압 - 의식적 또는 무의식적으로 어떤 과정이나 행동, 특히 충동이나 욕망을 억누름.

4) 공격기제 - 욕구를 방해 받았을 때 사람이나 물건에 공격적이 된다.

사는 보람의 특징

1) 사람에게 삶의 보람의 느낌을 주는 것이다.
2) 생활은 삶을 영위해 가면서 실리, 실익은 반드시 관계가 있는 것은 아니다.
3) '하고 싶기 때문에 한다.' 라고 하는 자발성을 갖고 있다.
4) 완전히 개성적인 것이다.
5) 사람의 마음에 하나의 가치체계를 만드는 성질을 갖고 있다.
6) 사람이 그 속에서 씩씩하게 살아갈 수 있는 독자적인 마음의 세계를 만든다.

10. 기쁨과 슬픔

시합과 콩쿨에 출전 했을 때 긴장해서 평소 실력을 낼 수 없는 경우, 역으로 의욕이나 기백이 충실하여 의외로 실력을 발휘하는 경

우가 있다. 마음과 몸의 관련에 관해 배운다.

② 스트레스와 생체의 반응

우리들에게 평소와 다른 일이 일어나면 스트레스가 생기게 된다. 이 자극은 신경에 신호를 보내어 망상체에 이르러 스트레스에게 지지 않도록, 몸을 활동적으로 하는 교감신경과 호르몬의 작용이 높아진다. 그 결과, 심장의 박동도 높아지고 눈빛도 달라진다. 덥다, 춥다 등의 심리적인 것이나 병과 중독증을 일으킨다고 하는 생리적, 화학적이란 것 뿐 아니라, 슬픈 소식이나 인간관계 고민 등의 (심리적, 사회적)인 것도 스트레스가 된다. 우리들은 스트레스에 대해 반응하고 있다. 그러나 스트레스가 너무 강하고 오래되면 생체는 정상적으로 작용하지 않게 된다.

표 8-1 정신병례

정신쇠약	피로감의 항진, 정신기능의 저하
불안신경증	불안이 지배, 불안발작 예기불안에 떤다.
심기승	병에의 과도한 집착 두통 등의 주관적인 신체증상
강박신경증	무의미·불합리한 관념과 행동 무리하면 불안이 증가한다
히스테리	히스테리-성격, 실립실보 실성, 경련, 몽롱
억압반응	우울한 기분 자살이 걱정이다.

표 8-2 심신증례

피부	두드러기, 원형성 탈모증
소화기계	신경성 구토·변비·설사 위궤양, 십이지장 궤양
심장·혈관계	고혈압·협심증·부정맥
근육·골격계	시민성 관절 류마티즘 떨림·근육경련
호흡기계	딸꾹질, 호흡발작, 기관지 천식
비뇨·생식기계	월경 장애·변뇨·냉 감증
감각·신경계	귀 울림·두통·자율신경실조
내분비계	당뇨병·바세도 병

③ 신경증과 심신 증

- 신경증 – 일반적으로 히스테리라고 하며 심리적 원인에 의하여 정신 증상이나 신체 증상이 나타나는 질환. 주로 두통·가슴 두근거림·불면 따위의 증상이 나타나며, 불안신경증·히스테리·강박 신경증·공포증·망상 반응 따위가 있다
- 심신증 – 심리적인 원인으로 신체에 일어나는 병적인 증상. 위 이상, 고혈압, 협심증, 천식, 두드러기, 원인탈모 등의 병이 생긴다. 진단과 치료에 심리적인 배려가 필요하다

제 9 장
건강과 환경

1. 우리들을 둘러 싼 것

우리 마음과 몸의 작용은 주위의 여러 가지 것들로 부터의 자극에 의해 영향을 받고 있다.

① 우리들을 둘러 싼 환경에는 물리적, 화학적, 생물학적, 사회적, 심리적, 지리적, 문화적 환경이 있다.

- 물리적·화학적 환경 - 교실의 기온과 습도, 밝기, 공기 중의 이산화탄소와 이산화질소 농도 등
- 생물적 환경 - 공기 중의 바이러스와 세균 등
- 사회적·심리적 환경 - 친구들과 선생 등
- 지리적·문화적 환경 - 살고 있는 가정과 거리, 그 지형과 기후, 인구, 산업, 경제 등

② 우리들을 둘러싼 환경이 다음과 같이 악화 되었을 때, 어떤 일이 있을까?

- 거리 교통량이 현저히 많아졌다 -

• 반 학생 수십 명이 감기에 걸려있다-

• 근처의 공장이나 가정으로부터의 배수가 강으로 방류된다-

③ 둘러싼 환경이 어떠하면 쾌적하게 지낼 수 있을까?

2. 사람이 여러 가지 환경 속에서 살아갈 수 있는 것은

그림 9-1 생물적 환경·피부색

- 피부색의 차이는 멜라닌이라고 하는 색소가 많고 적음에 의한다. 태양빛이 강한 남태평양 쪽에 오래 살고 있는 사람들은 멜라닌이 많이 생겨서 흑인이 된다. 거꾸로, 북 대륙에 가까운 토지에서 태양빛이 약한 지역에 사는 사람들은, 멜라닌이 줄어들어 백인종이 된다.

우리들이 다양한 환경 속에서 살아갈 수 있는 것은, 환경으로 부터의 자극에 대해 적응해 가는 능력을 갖고 있기 때문이다.

적응이란?

동물 또는 환경의 농도에 대응하여 그 존재에 다른 것 보다 유리하게 생체의 각 수준에 유리한 변화를 습득하는 것을 말한다.

① 생물적 적응이란?

생물학적 기서(機序)로 인한 것이므로 자연적응이라고도 한다. 인간이 환경 속에 생존할 수 있기 위해 긴 세월, 몇 세대에 걸쳐 유전자 단계로부터 습득되어진 적응이다. 민족에 다른 피부색과 체형 차이를 볼 수 있는 것이 이 예이다.

※ 체형 – 고위도 장소에 사는 주민은 체중 / 체표면적이 크고 저위도의 장소에 사는 사람은 체중 / 체표면적이 작은 이유이다. 저위도 사는 사람은 흑색에 의해 피부로부터의 자외선 흡수를 방해하고, 고위도에 사는 사람은 백색으로 자외선을 흡수하고 구루병(비타민 D의 결핍으로 척추나 사지 등이 굽는 골격 발육 장애가 일어나는 병, 일명 곱사병)의 발생을 예방시켰다고 한다.

② 생리적 적응이란?

계절, 기후(더위→능동적 땀샘의 증가), 지리적 조건(기압→헤모글

로빈 양)이 변화하고 있을 때, 인간의 몸의 구조가 그것들에 익숙해져서 적응한다(순화)

예를 들면 더위와 추위에서 피안(彼岸)까지 라는 속담이 있는 데 이것은 춘분과 추분의 기온에는 추분이 추분보다 길고 높지만 인간은 겨울과 여름의 기온에 익숙해져 똑같이 느끼기 때문이다.

③ 행동적 적응이란?

사람은 자극이 강한 환경에서 벗어나, 생활 ,생존하기 쉬운 환경을 찾아 이동한다. 더운 날에는 일부로 통풍이 좋은 곳을 찾고, 물속에 들어가거나 하는 것이나 여름에 피서가는 것도 이 적응이라고 말 할 수 있다.

④ 문화적 적응이란?

인간의 독특한 적응이다 . 또, 발달한 뇌의 작용에 의해 힘든 환경에서의 자극을 방지하기 위해 불, 도구의 사용을 시작으로 하여 과학기술을 시키면서 부터이다. 또 말의 발달도 정보를 부모로부터 아이에게 전해 환경으로의 적응력을 높인다(언어에 의한 문화의 전승) .

3. 문화적 적응의 확대

지구가 탄생하고 인류가 출현하고 현대에 이르기까지의 사람과 환경의 관계 변천

① 지구가 탄생하고 인류가 출현하기까지의 역사

지구상에 인류가 탄생된 것은 100~300만년 정도 전이라고 한다. 45억 년 전에 탄생한 지구는 균열로 굳어지거나 가스와 수증기를 내 뿜어 그것이 바다가 되었다. 생명은 이 바다에서 탄생되었다고 한다. 이 생명은 진화하여 식물이 되어, 산소를 만드는 작용을 하였

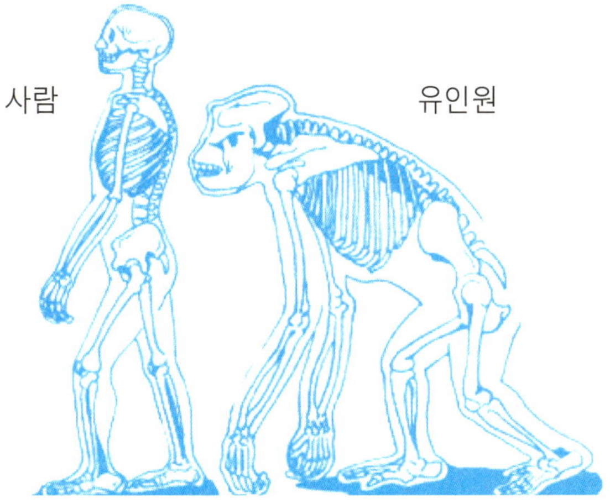

그림 9-2 사람과 유인원의 차이

그림 9-3 문화적 적응

다. 동물은 지상에서 살아가기 위해 필요한 산소량이 지구에 쌓여 있는 것은 지금부터 수억 년 정도 전이다.

한편 지구는 분열되거나 충돌되어 해양과 산맥을 만들고 기후의 변화를 일으켰다. 빙하기와 따뜻한 간빙기(間氷期 – 빙하기와 빙하기 사이에 비교적 기후가 따뜻한 시기, 이 시기에 저위도 지방에 있던 빙하는 녹아 없어지고, 고위도 지방에만 빙하가 존재한다.)가 되풀이 되어 생물의 도태와 진화를 일으켰다. 인류는 뇌의 발달과 함께 이런 환경의 변화에 적응하는 능력을 확대하였다.

② 문화적 적응

- 우리 선조는 자연에 생육하는 동식물을 취한다고 하는 자연환경, 바로 그것을 이용하는 생활을 해왔다. 이 시대는 인간의 생물적·생리적 적응력 등 몸의 기본적 구조는 이 생활에 적합한 능력을 갖추고 있었다. 이 시대에 있어서도 불이나 도구의 사용, 의복의 착용, 주거의 궁리 등 문화적 적응의 힘에 의해 험한 자연환경으로부터 몸을 보호하고 있었다.
- 인류는 약 1만 년 전에 농경을 배우고, 밭을 만들고 작물을 수확했다. 농경시대로부터 수공업의 시대를 거쳐 자연적으로 의존한 생활을 크게 바꾼 것이 기계의 발명과 산업혁명이다. 그것은 문화적 적응의 확대와 함께 인공적 환경을 확대하고 인간사회의 양상을 바꾸어 새로운 건강문제(인공적 환경의 확대 –농정, 집단적 부락(도시), 공업(공장)–인구의 증가)를 초래했다.

4. 과학기술의 발전과 건강에 대한 공과 죄

기계의 발명과 산업혁명으로 부터의 과학기술의 발전은 문화적 적응의 확대와 함께 인공적 환경을 확대하고, 인간사회의 양상을 바꾸고 새로운 건강문제를 초래했다.

① 산업혁명으로부터 현대에 이르기까지 과학기술의 발전과 그에 동반되는 건강문제

산업 혁명은 18세기 중반에 영국에서 일어났다. 산업혁명은 기계의 힘에 의해서 생산을 향상시켰지만, 노동자들에게 엄한 노동조건과 건강을 해치는 생활환경을 초래했다. 그 때문에 과로와 영양불량, 전염병으로 많은 사람들이 죽어갔다. 이것이 사회문제가 되어 영국에서는 19세기에 환경개선운동이 일어나고 노동자 보호의 법규와 공중위생법이 제정되었다. 그러나 공업의 발달과 함께 대기를 오염시키는 석탄의 매연양도 많아지고 사람들의 건강을 해쳤다. 그 후에도 인간은 석유를 비롯한 에너지원에 의한 공업이나 화학공업을 발달시켜왔다. 게다가 최근에는 전자공업과 유전자공학의 발달에 의해 새로운 제품을 만들어 내고, 생산과 산업 시스템을 바꾸고 있다.

② 과학기술의 발전과 진보에 의한 공과 사

과학기술의 발전에 의해 우리들의 생활은 편리하고 풍족하게 되었다. 그리고 영양과 생활환경의 개선, 의학의 진보 등으로 인해 전염병이 줄어들고 평균수명이 늘었다. 그 반면, 오늘날은 심각한 노동조건과 생산·유통·소비의 과정에서 나오는 유해물질에 의해 건강이 위협받고 있다. 또한 과학기술의 진보로 다행이라고 생각되어지는 육체적부담의 감소와 환경으로부터의 자극을 피한다고 하는 문화적적응의 확대는 생물로서 본래 획득해온 생물적·생리적 적응능력을 감퇴시켜오고 있다. 멈출 줄 모르는 것을 잊어버려도 인공적 환경의 확대는 자연환경을 악화하고 나아가서 자연계 전체의 구조와 균형을 무너뜨리고 있다.

제 10 장
공해와 자연환경

인류는 생활을 편리하게 하기 위해 자연환경을 인공적 환경으로 바꾸어왔다. 하지만 그 변화로 인류가 생물의 생존을 위협하게 되었다.

① 자연환경을 오염시키는 것

- 우리들이 생활해가는 과정에서 만들어 내는 것이 자연계의 안에 섞여져서, 사람에게 유해하게 되는 것을 오염물질이라고 한다.
- 잡음과 진동 등도 인간의 활동을 일으키는 하나이지만 보통은 원자와 분자의 단위로 물질을 취급한다.
- 화학물질은 생산되어지고 있는 것만으로도 수 만 가지가 된다고 말해지고 있다.

이 속에는 독성이 강한 것과 약하더라도 자연 속에서는 분해되지 않고, 잔류·축적되는 것도 있다.

② 오염물질의 발생원과 자연환경에의 영향

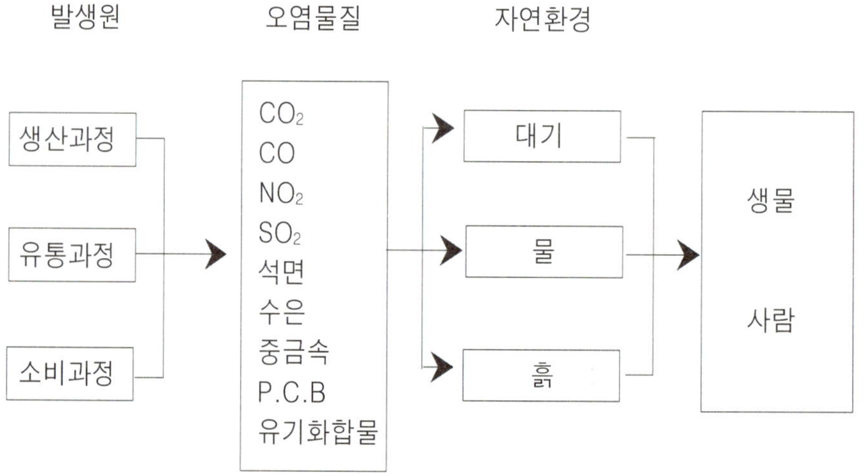

기계의 발명과 산업혁명으로 부터의 과학기술의 발전은 문화적 적응의 확대와 함께 인공적 환경을 확대하고, 인간사회의 양상을 바꾸고 새로운 건강문제를 초래했다.

1. 과학기술의 발전과 그에 동반되는 건강문제

산업 혁명은 18세기 중반에 영국에서 일어났다. 산업혁명은 기계의 힘에 의해서 생산을 향상시켰지만, 노동자들에게 엄한 노동조건과 건강을 해치는 생활환경을 초래했다. 그 때문에 과로와 영양불량, 전염병으로 많은 사람들이 죽어갔다.

이것이 사회문제가 되어 영국에서는 19세기에 환경개선운동이 일어나고 노동자 보호의 법규와 공중위생법이 제정되었다. 그러나 공업의 발달과 함께 대기를 오염시키는 석탄의 매연양도 많아지고 사람들의 건강을 해쳤다.

그 후에도 인간은 석유를 비롯한 에너지원에 의한 공업이나 화학공업을 발달시켜왔다. 게다가 최근에는 전자공업과 유전자공학의 발달에 의해 새로운 제품을 만들어 내고, 생산과 산업 시스템을 바꾸고 있다.

그림 10-1 과학기술의 발전에 의한 공해

2. 과학기술의 발전과 진보에 의한 공과 사

과학기술의 발전에 의해 우리들의 생활은 편리하고 풍족하게 되었다. 그리고 영양과 생활환경의 개선, 의학의 진보 등으로 인해 전염병이 줄어들고 평균수명이 늘었다. 그 반면, 오늘날은 심각한 노동조건과 생산·유통·소비의 과정에서 나오는 유해물질에 의해 건강이 위협받고 있다.

또한 과학기술의 진보로 다행이라고 생각되어지는 육체적부담의 감소와 환경으로부터의 자극을 피한다고 하는 문화적적응의 확대는 생물로서 본래 획득해온 생물적·생리적 적응능력을 감퇴시켜오고 있다. 멈출 줄 모르는 것을 잊어버려도 인공적환경의 확대는 자연환경을 악화하고 나아가서 자연계 전체의 구조와 균형을 무너뜨리고 있다.

후기 산업사회의 도시화, 자동화, 성역화는 인간, 동물, 식물 등의 생태계에 큰 위협을 가하고 있으며 단 하나의 지구라는 공통 인식 속에서 1972년 6월 스톡홀름에서 국제인간 환경회의를 개최하여 인간환경 선언을 한 바 있다. 그 4대 원칙은 다음과 같다.

- 인간은 좋은 환경에서 쾌적한 생활을 영위할 기본적 권리가 있다.
- 현재와 미래에 있어서 공기, 물 등의 자연 생태계를 포함하여 지구의 천연자원이 적절히 계획되고 관리되어야 한다.
- 유해물질의 배출 등으로 생태계가 회복될 수 없는 상태로 영향되어서는 안 된다.
- 경제개발, 사회개발, 도시화 계획 등의 모든 계획은 환경의 보호와 향상에 고려되어야 한다.

3. 정 의

환경보건법(1978년 7월 1일)의 목적에 의하면 「이 법은 대기 오염, 수질 오염, 토양 오염, 소음, 진동 또는 악취 등으로 인한 보건

위생상의 위해를 방지하고 환경을 보전함으로써 국빈보건 향상에 기여함을 목적으로 한다」라고 하였다.

즉 공해란 인위적 원인으로 공기, 물, 토양 등의 매체가 개재되어 일반 공중 또는 지역사회 주민의 건강, 재산, 경제적 피해와 자연환경의 악화를 초래하는 것이다.

생활방해는 공해와 사해로 나누어 생각 할 수 있다. 공해란 특정 또는 비특정의 원인에 의하여, 일반 공중 또는 비특정 다수인에게 생명, 안전, 재산에 위해를 끼치고, 공중의 공동관리 행사를 방해하는 것을 말한다. 사해란 특정의 원인에 의하여 특정인 또는 소수인에게 생활방해를 하는 것을 말한다.

4. 대기오염

세계보건기구(WHO)가 정의한 바에 의하면 "대기오염이란 옥외의 대기 중에 오염물질이 흔입되어 그 양, 질, 농도, 지속 시간이 상호작용하여 다수의 지역주민에게 불쾌감을 일으키거나, 보건상의 위해를 끼치며, 인류의 생활이나 식물의 생장을 방해하는 상태를 말한다"라고 하였다.

대기오염 물질의 종류는 다음과 같다.

- 유황산화물-무색의 자극성이 강한 기체로서 호흡기를 자극하고 만성기관지염 등 호흡기질환의 유력한 원인이 된다. 64%는 고정발생원에 의한다.
- 질소산화물-물에 녹기 어렵고 폐안까지 이르고 코, 목 등 을 자극하는 것 뿐 아니라 폐기증을 일으킨다. 75%는 이동발생원에 의한다.
- 일산화탄소-무색무취의 기체로 혈액 중의 헤모글로빈과 결합하여 산소를 공급하는 능력을 저해한다. 89%는 이동성 발생원에 의한다.
- 탄화수소-농도가 높아지면 점막을 자극한다. 또 발암물질도 포

함되어 발암의 원인이 된다. 광화학물질 스모그 원인의 하나이다. 81%가 고정 발생원에 의한다.

- 부유입자상 물질-미세한 입자 때문에 호흡기계의 세부에 침착해 폐를 상하게 한다.
- 옥시댄트(Oxidant)-여러 가지 자극 물질에 포함되어 있어 눈의 자극, 호흡곤란, 경련 등을 일으킨다.

우리들은 다량의 공기를 체내에 넣고 있다. 이 공기 속에 유해한 것이 포함되어 있으면 건강을 해친다.

1) 대기 오염 물질의 형태

대기 오염물질은 입자상 물질과 가스상 물질로 구분된다.
입자상 물질은 분진, 증기, 안개로 구분된다.

- 분진:크기 1μ 이상의 고체상 입자로서 연소, 제조, 가공과정에서 물질이 붕괴되어 생긴다(매연, 회분, 철분, 연, 비소, 마그네슘 등).
- 증기상 물질:크기 1μ 이하의 고체상 입자로서 승화, 증류, 화학반응으로 생기는 ZnO, MgO, NH4Cl, Pb 등의 증기이다.
- 액체상 물질:화학반응에 의하여 생기는 SO, H2S, NH3, Cl등의 액체상 입자이다. 가스상 물질:연료의 연소나 화학반응 과정에서 발생하는 각종 가스가 있다.

2) 대기오염 물질의 발생 기전

- 연소과정에서 산출:보일러 및 난로의 연료 연소, 자동차의 내연기관에서의 연소, 취사용 연료(구공탄)의 연소, 진개소각로의 연소과정에서 발생된다.
- 화학반응 과정에서의 산출:황산 제조, 석유 정제 몇 화학반응 과정에서 중간 생성물이나 종말 생성물로서 배출, 누출, 증발 등으로 산출된다.

- 물리적 변화과정에서의 산출:쇄석, 혼합, 운반 등의 과정에서 분진, 세사로 발생된다.

3) 대기오염의 4가지 형

- 매연·분진이 주가되는 도시형:석탄을 원료, 연료, 난방용으로 하는 공업이나 소비도시.
- 황산화물이 주가되는 도시형:석유를 사용하는 도시.
- 매연, 분진+황산화물이 주가 되는 도시형:석탄, 석유를 사용하는 공업도시:과밀 공업도시.
- 매연, 분진+황산화물+자동차 배기가스가 주가 되는 도시형.

4) 대기오염 물질이 인체에 미치는 영향

일반적으로 오염된 대기에서 생활하면 우선 눈, 코 및 상기도 점막에 대하여 먼저 감각적인 영향을 받고 잇달아 생리적으로 가역적인 반응이 일어나며, 계속해서 노출되면 그 증상은 악화되어 급성 질환이 일어난다. 이 질환이 여러 번 반복해서 일어날 때 만성적 결과로 나타난다.

대기오염의 피해는 폐질환, 심장질환, 순환기계 질환 등을 갖고 있는 노약자와 어린이가 쉽게 피해를 받을 수 있는 요인을 갖고 있기 때문에 우선적으로 그 피해를 받기가 쉽다. 대기오염 정도에 따라 받은 피해여부는 국민의 건강에 대한 지식수준과 건강에 대한 요구도, 정치수준 등에 의해서 결정된다. 급성적인 중독을 거쳐 만성적인 질환에 도달하면 이미 재해적인 사건을 일으키게 된다.

대기오염 물질로 인한 건강에 미치는 영향의 인자로는 오염물의 종류, 농도, 지형 및 기상조건, 개인차, 인구밀도, 생활환경과 생활조건 등 여러 가지 요인이 관계되기 때문에 원인과 결과의 인과관계를 뚜렷하게 밝히기는 어렵다.

(1) 급성 피해

대기오염으로 인한 급성 피해라 함은 이미 세계 각국에서 발생되었던 대기오염 사건으로 현저한 오염 현상이 나타났을 때 어린이와 노인, 심장기능 또는 폐기능의 현저한 저하와 관련되어 대기오염으로 인한 피해가 될 수 있는 질병이 발생될 때를 이른다.

(2) 만성 피해

대기오염으로 인한 만성 피해는 건강하던 사람이 환경에서 오랫동안 생활함으로써 질병을 얻게 되는 피해이다. 급성 피해는 노년층, 유아 허약자 및 기왕증환자 등에 단시일 내에 피해를 주어 사망에까지 이르게 하는 반면 만성적 피해는 서서히 건강에 피해를 끼친다. 급성인 경우는 그 피해양상을 쉽게 발견할 수 있는데 반하여 만성 피해는 쉽게 발견할 수 없다는 점 이 문제이다.

급성적인 영향으로 시야 감축, 정신적 영향(생활의 불쾌감, 불쾌취기, 정신적 육체적 피로 촉진), 생리적 영향, 중독 피해, 심폐성 환자의 병세 악화, 이차 세균감염 촉진 등으로 요약할 수 있으나 만성적 영향은 성장장애, 만성 호흡기 질환 발생(폐렴, 기관지염, 기관지 말초염, 기관지 확장염, 발작성 천식, 폐기종), 심장의 이상비대 등으로 요약할 수 있다. 그러나 엄밀한 의미에서 급성과 만성 피해의 구분은 극히 어렵다.

4. 수질오염

수질오염(Water pollution)은 오염물질이 물에 흔입되거나 물이 오염물질을 용출, 반송하는 결과 생성되는 것이며, 오염물질의 발생 근원에 따라서 이것을 인위적인 오염과 자연적인 오염으로 대별할 수 있다고 본다.

자연에 의한 것으로는 주요 유역의 지질이 흘러내릴 때의 기상 등에 의한다. 예를 들면 산성이 극히 높은 하천 유역에서 다량의 온천이 용출하고 있을 경우에는 하천 자체의 pH값이 3~4까지도 내려갈 경우도 있으며, 이러한 현상은 하천의 교각이나 호안시설 등 하천 공작물을 현저하게 부식 또는 손상하게 하는 경우도 있다. 물론 어류의 서식도 불가능하게 된다.

또한 광대한 습지대를 흐르는 하천은 색상이 흑갈색이며 유기물질이 풍부한 수질일 경우가 많다. 따라서 미관상 좋지 않으며 악취도 발생하여 음료수로서의 사용도 그 처리 방법이 복잡하여 매우 곤란할 때도 있다. 그러나 이러한 경우는 배우 드문 예이기도 하다. 이러한 현상은 수역의 특수한 자연 조건과 환경에 따라서 생기는 것이므로 지구의 생성과정에서부터 이러한 현상은 계속되고 있기 마련이다.

이와 같은 수역의 수질은 극단적이며 또한 자연현상이기 때문에 당초에는 수질오염의 정의에서 일단은 제외하고 생각하였다. 그러나 물의 수요가 증가하고 또한 그러한 수질이 흘러서 광범위하게 피해를 초래할 우려가 있기 때문에 이들 자연 현상도 수질오염으로 취급하게 되었다.

인위적인 오염에 있어서는 인간의 생활하수, 생산활동에 수반하는 각종 배출물에 의해서 발생되는 것이기 때문에 자연적인 오염과는 달리 일반적으로 그 규모가 작으며 사람의 힘으로 어느 정도 제거 또는 방지할 수 있다. 따라서 현재 추진중인 대책은 자연적인 오염은 자연적인 것이기 때문에 어찌할 수가 없다고 하더라도 인위적으로 이루어지는 것만이라도 처리하여야 한다는 취지하에 거의가 이것에만 치중하여 추진되고 있다.

오염된 수역에 대하여 수질조사를 하여 오염물질과 그 발생원을 추적하면 가정하수에 의한 것인지, 공업폐수에 의한 것인지, 또는 양자가 혼합된 것인지 더 나아가서는 자연오염 물질이 흔입된 것인지를 구별할 수 있다. 그러나 오염원은 수가 많아질수록 자연오염과의 판별이 어려워지며, 수질조사도 더욱 복잡해지고 오염원인 구명도 곤란해진다.

도시하수와 같이 불특정 다수의 가정하수와 공업폐수에 의해 오염되고 있어 별로 특정의 큰 오염원이 없는 경우에는 소위 공해로서의 책임이 분산되어 버리나 큰 오염원이 있거나 오염원의 수가 적을 때에는 원인을 구명하는데 있어서 피해자의 보상과 직결되므로 피해가 클수록 정치적인 배려까지 개입하게 되므로 결론을 내리기가 매우 곤란하다.

예를 들면, 일본의 미나마타만이나 아가노천 유역에서 발생한 소위 미나마타병(Minamata disease)은 공장폐수 중에 함유된 유기수은이 원인이라고 구명되었으나 좀처럼 그 결론을 얻을 수가 없었으며, 사건발생 후 10여년이 경과한 후에야 해결을 본 예가 있다.

1) 수질오염에 의한 피해

(1) 건강 피해

수질오염이 인체에 미치는 영향은 직접적인 것과 간접적인 것이 있다. 직접적인 것은 오염된 물과 음료수를 사용함으로써 영향을 받는 것이고, 간접적인 것은 수중의 오염물이 어패류나 농작물에 흡수되어 그 오염된 동식물을 인간이 섭취해서 생기는 것이다. 간접적인 피해로서 널리 알려져 있는 것은 미나마타병과 이타이타이병 등이다. 전자는 유기수은에 의해 오염된 어패류를, 후자는 카드뮴에 의해 농작물 등을 섭취하여 발생된 질환이다.

미나마타병:이 병은 메틸수은 화합물에 의해 오염된 어패류를 장기간 대량으로 섭취해서 일으키는 중추신경의 질환이다. 구마모도현 미나마타만 일대에 발생한 미나마타병은 신일본 질소 미나마타 공장의 아세트알데히드초산 제조설비 내에서 생긴 메틸수은 화합물이 공장배수에 함유하여 유출되어 미나마타만 내의 어패류를 오염시켜 그 체내에 농축된 메틸수은 화합물을 보유한 어폐물을 지역주민이 섭취하므로 써 생겼다.

니이가다현 아가노천 하류 유역에서 발생한 미나마타병은 아가노천이 메틸수은 화합물에 의해 오염된 결과 메틸수은 화합물이 아가노천 어류에 직접 혹은 먹이를 먹어서 축적한 물고기를 항상 많이 먹음으로 발생하는 것이다.

아가노천이 장기에 걸쳐 계속적으로 오염된 것이 중독발생의 기반을 나타내고 있다. 장기 오염의 원인으로서 아세트알데히드 제조공정 중에서 여벌로 생긴 메틸수은 화합물을 포함한 배수가 장기간에 같은 하천에 방류된 것을 들 수 있다.

미나마타병의 임상증상으로서는 지각장해, 소뇌증상(실조, 공동운동 장애), 청력장애, 시야협착, 언어장해, 흔들림 등이 대부분 100%에 가까운 출현율을 나타낸다. 메틸수은은 태반을 경유해서 중독을 일으켜 태아 미나마타병이 발생한다. 태아 미나마타병의 임상증상은 지능장해, 원시반사, 소뇌증상, 언어장해 발작성 증상, 사시, 침흘림, 수족의 변형, 발육장해 등의 장해가 80% 이상의 높은 발병율을 보이고 있다.

이타이이타이병:도야마현 가쓰천 유역에서 발생한 이 병은 카드뮴 환경오염과 관계있는 건강장해이다. 이 질환의 본질은 먼저 카드뮴의 만성 중독에 의해 신뇨세관의 병변이 일어나 그 재흡수 기능이 저해되어 칼슘의 상실과 체내 칼슘의 불균형을 일으켜서 골연화증을 일으킨 것이다. 그 경우 임신, 수유 등의 요인이 유발 원인으로 작용하고 있다 이타이이타이병의 원인은 미쓰이 금속공업 가미오까광업소로부터 배수된 카드뮴에 의한 만성 중독이다.

(2) 바로 가능한 생활배수 대책

깨끗한 물은 우리들의 생존과 또는 쾌적한 생활을 위해서 불가결한 것이다.

수질오염은 여러 가지 산업으로부터의 일정한 목적에 쓰고 난 액체와 배수, 비료와 사료 혹은 사무실과 가정생활로 부터의 배수가 오염의 원인이 된다. 오염물질은 하천 등에 직접 들어가는 것의 흙과 공기를 매개로해서 물에 녹아들어 수질과 퇴적물을 악화시킨다.

세제는 다량으로 사용하더라도 세정력은 같으므로 지나친 세제는 반드시 양을 계산하여 사용하자.

개수대의 삼각코너, 쓰레기 수거에는 세밀한 그물코의 쓰레기 봉지를 씌워 조리 부스러기와 잔음식을 흘러내리지 않도록 하자.

정기적으로 점검해서 바르게 작동하도록 하자.

심한 오염의 냄비랑 식기는 종이로 닦은 후 씻자.

쓰레기를 버리지 않도록 하자.

사용하지 않게 된 기름은 수채구 그대로 흘려보내지 말고, 오래된 신문지 등에 흡수시켜 쓰레기로 내놓자. 비누나 양초로도 재활용 할 수 있다.

그림 10-2 바로 가능한 생활배수 대책

유해물질이 늘어나면, 그것을 분해하기 위해서 물속의 산소가 사용되거나 식물이 증가하고, 그것이 말라 썩어 유해가스를 발생시킨다.

수질오염을 방지하기위해서는 유해물질의 사용금지, 공장과 가정으로부터의 배수처리 철저와 처리기술의 개선이 필요하다.

(2) 수도원수의 오탁

수질 오탁에 의한 수도원수의 수질 악화는 매년 증가하여 전국적으로 확장하고 그 원인도 다양화되고 있다. 수도원수가 오탁된 때는 여과지의 폐쇄, 정수처리에 요하는 약품의 양이나 종류의 증가 등 정수기술상의 문제에서 침전지나 여과지의 구조 혹은 취수 지점의 위치나 구조를 변경하는 등의 시설 변경에 따른 문제가 있다. 또 수원의 부영양화에 의한 조류 등의 이상 반생에 기인한 이취미

표 10-1 수질오염의 주요한 원인 물질

유해물질	인체의 영향	배출원
아르키르 수은	피로감, 기억력의 감퇴, 손가락·수족의 마비, 시청각 장애	화학공장
	운동실조 등의 중추신경장애-미나마타병	농약
총수은	모든 형태의 수은의 총 양.	화학공장
	대량으로 섭취하면 잇몸이 상하고, 혈변이 나온다.	약품공장
유기인	독성이 강하고, 중증의 경우에는 의식이 강하게 침해되고, 정신이 경련하고	농약
	나아가 요실금 등을 나타내어 사망하는 경우도 있다.	화학공장
카드뮴	폐기종, 심장장해, 간장장애를 일으키고 체내 칼슘의 불균형	광산, 정련소
	골연화증, 잇몸에 황색의 착색 등을 야기시킨다.	도금공장
	이타이타이병	전지공장
시안	수초에서 수분 정도로 중독증상이 나타나고, 두통, 현기증	도금공장
	의식장애, 경련등을 일으킨다.	화학공장
PCB	다양한 피로장애, 내장기관의 장애, 호르몬의 벨런스가 무너진다.	제지공장, 전기공장
	말초신경 전달속도의 지연	기계공장, 화학공장
크롬	비염, 후두염, 비중격천공, 장기장해, 폐암	도금공장
		화학공장
비소	구토, 설사, 복통, 신장염, 피부염, 피부암	광산, 정련소
		화학공장, 농약

수(異臭昧水)의 문제 등 보통 정수기술에서는 곤란한 문제가 증가하고 있다.

(3) 공업용수의 오탁

공업용수는 그 담수보급량 중 약 60%를 하천수 등의 지표수, 복류수에 의존하고 있으나 공업용수에서는 원료용, 제품처리용, 세정용 등의 용도로 사용되기 때문에 하천수 등의 수질 오탁은 특히 그 영향이 크다.

이 때문에 공업용수로 사용할 경우에 수질처리가 필요하고 그 비용이 증대해서 처리하는 양의 증가가 큰 문제가 된다. 공업용 수도사업에서는 일반적으로 약품침전에 의한 수질처리를 실시하고 있으나, 이것으로는 콜로이드상 탁실을 제거하는데 그치고 용해된 무기물이나 유기물 등을 충분히 제거하기는 곤란하다. 따라서 하천수 등의 수질오탁 방지의 철저가 시급히 요망되고 있다.

5. 소 음

소음이란 '듣기 싫은 음', '불쾌한 음', '일상생활을 방해하는 음', '생리적 기능에 변화를 주는 음', '청력을 장해하는 음' 등을 말한다.

소음의 발생원은 ① 공장 소음 ② 건설작업 소음 ③ 교통소음(자동차, 기차, 전차, 항공기 등) ④ 도시소음(선전, 전파사, TV, 악기, 발전기, 냉난방기, 영업장, 시장)등이다.

소음의 영향은 ① 청력에 미치는 영향 ② 불쾌감, 생리기능에의 영향 ③ 음성이나 회화의 청취 방해 ④ 작업에 대한 방해 4가지로 나누어진다.

소음의 측정단위는 데시벨(dB)로서 인간이 들을 수 있는 가장 작은 소리에 기초를 둔 임의의 단위이다.

1) 청력에 미치는 영향

일시적으로 강한 소리를 들으면 잠시 동안 귀가 들리지 않는다(소음성 일시성 역치이동). 또 오랜 기간 시끄러운 공장, 예를 들어 판금공장에서 일하는 사람들은 청력이 나빠진다(소음성 영구성 역치이동).

공장소음의 해로서는 직업성 난청 외에 매일 노동에 의한 일시적인 청력 저하, 귀울림, 두통, 현기증, 정신불안, 불면증 등이 있다. 작업상의 지장은 60~70폰 이상의 소음하에서는 회화가 방해된다. 회화나 신호음의 청취를 필요로 하는 노동에서는 그 전달이 불충분함으로 작업의 원활한 수행에 영향을 줄 뿐 아니라 피로를 일으키는 원인이 된다. 또 현장에 접한 사무실에서는 소음이 생각이나 회화를 방해한다.

소음 대책과 난청의 예방에는 ① 소음의 제거, ② 소음을 발산하는 기계나 조작의 격리, ③ 흡음이나 차폐에 의한 소음의 감약화, ④ 보호구의 장치와 소음작업자의 정기 건강진단 등이 있다.

2) 불쾌감, 생리적 기능에의 영향

소음에 의해 최초로 나타나는 증상은 감정이 흥분되고 주의 집중이 방해된다.

다시 진행되면 심장의 움직임이 높아 소화가 나빠지고 식욕이 없어진다. 또 골격근의 긴장이 굳어 동작의 기면성이 결여되고 어떤 작업에서는 불필요한 에너지를 소비해 피로하기 쉽다. 불면증의 원인도 되어 고통을 호소한다. 극심하게 되면 두통, 귀울림 등이 있고 안색이 변한다.

이들이 심신에 미치는 영향은 소리의 성질, 작업내용, 생활환경, 개인의 성격, 심신의 상태에 의해 큰 차이가 있다. 소리의 성질로서는 정상적인 소리인가, 돌발적인 소리인가, 또 간헐적인 소리인가, 똑같은 돌발적인 소리의 경우에도 그것이 예상된 것인가 아닌가에 의해 영향이 크게 다르다.

3) 음성이나 회화의 청취

소음이 있으면 음성의 전부 또는 일부를 차폐하기 때문에 음성이 명료하지 않다. 음성청취의 방해도를 측정하는 데는 말소리의 명료도와 문장의 이해도를 사용한다. 전자는 단음(가, 나 등), 말(꽃, 간다 등)등에 대한 그 발성의 몇 %를 바르게 듣는가의 양이고 후자는 짧은 문장을 어느 정도 이해하는가의 %이다. 말소리의 명료도가 다소 나빠도 문장의 이해도는 좋다. 단음 명료도에서 85%의 경우에 회화는 거의 완전히 들을 수 있다.

음성에 의한 정보 교환은 교육 활동, 문화교류, 의사 전달 등에 밀접하게 관련되어 그 방안은 일상생활에 중대한 영향을 준다.

4) 작업에 대한 방해

EPA(미국환경보호청)의 연구에 의하면 소음 레벨이 90dB(A)의 정상소음에 연속적으로 폭로되면 작업수행에 극히 유해한 영향을 준다. 특히 소음의 영향을 받기 쉬운 작업은 감시, 정보수집, 분석 등이다. 일상 습관이 되어 있는 작업에 대해서는 그다지 영향을 주지 않지만 소음폭로가 길게 되면 누적효과로서의 악영향도 보고되고 있다. 소음 레벨이 90dB(A)이하라도 그 소음이 약 2kHz 이상의 주파수로 우세한 성분을 가진 고주파 소음인가, 간헐 소음인가, 미리 예기치 못한 소음 등의 경우에는 유해한 영향을 준다. 소음영향의 크기는 작업의 형태, 인간의 심리, 생리학적 상태, 의지 및 동기 등에 의존한다.

6. 그 외 공해, 공해를 방지하기 위해

대기오염 수질오염 이외에도 사람의 활동이 야기하는 공해가 있다.

대기오염, 수질오염이외의 공해로서 진동, 소음, 사람이 소리로 감지하지 못할 정도의 공기진동은 수면을 방해하거나 생리기능의 변화를 초래하고 있다. 악취도 후각을 자극해서 불쾌한 느낌을 준다. 그 외 최근 이용이 많아지고 있는 방사선의 바른 취급과 관리가 필요하다.

공해를 방지하기 위해서는 유해물질을 배출하지 않도록 하는 것을 시행하는 것이다.

제 11 장 자연환경에서의 순환

1. 물과 이산화탄소의 자연환경에서의 순환

지구에 있는 여러 가지 물질은 형태를 바꾸어서 대기권, 수권, 지권, 생물권 등 자연환경의 4개권을 순환하고 있다.

대기권은 지구를 둘러싸고 있는 대기의 범위로 지상 약 1,000km까지를 이르며 온도의 분포에 따라 밑에서부터 대류권, 성층권, 중간권, 열권으로 나눈다.

水圈(hydrosphere)은 형태의 액체, 동결된 지표수, 토양과 암석에 함유되어 있는 지하수 및 대기 중의 수증기가 포함된다. 현재 강력하게 주장되고 있는 연구보고에 의하면, 지질시대 동안 수권을 구성하고 있던 각 형태의 구성비가 변했음에도 불구하고 지구상의 물의 총량은 과거 10억 년 동안 일정함을 유지해왔다고 한다.

그 예가 바닷물의 실제 양인데, 바닷물은 주요 빙하기 동안 대륙빙상(氷床)으로 변해 있었나. 地圈(Geosphere)은 의해 지구의 최고 밀도 부분을 기준으로 구분한다. 대개 바위와 표토로 구성된다. 용어는 아리스토텔레스의 기후학에서 비롯된 네 가지 상태를 나타낸다. 고체 (지구), 액체 (물), 기체(공기)와 플라즈마 (불)에 적용된다.

지권은 연약권, 암권, 수권, 대기. 전리층, 또는 플라즈마권을 포함한다.

고밀도의 지권은 역시 지각, 맨틀, 핵으로 나누어진다. 외핵은 액체로서 특이한 존재이며 지구내부의 일부분이다. 우주공간 탐사가 시작된 후 이온층 또는 플라즈마권의 범위가 매우 가변적이며 이전에 생각했던 것보다 훨씬 크고 때로 지구자기권의 경계까지 팽창하는 것이 관측되었다. 이것은 지권계면이라 불리며 이 밖은 지구 유전 물질이 상대적으로 희박하다. 그 너머에는 태양풍이 지배적이다.

생물권(biosphere)은 모든 생명체를 포함하는 상부 수층과 지표면으로 이루어진 비교적 얇은 층. 구체적으로는 수권(물)이나 암권(지표의 암석과 토양), 대기권(공기)이 포함되며, 생물권에서는 환경에 있는 유용한 에너지와 양분을 처리하는 재순환 과정을 연구함으로써 얻어진다.

생물권 생물들의 범위는 단세포 미생물에서 인간에까지 이르며, 생물에 의해 전환되고 사용되는 무기염류와 다른 물질들은 대기권·암권·수권 등으로 구성된 지구권 또는 무생물 세계에서 얻어진다.

물은 태양에너지에 의해 대기권으로 증발하고, 비로 변해 지권과 수권으로 돌아간다.

1) 물의 순환

물은 생물을 생육시키는 역할을 하고 있으며, 오염을 약하게 하고 유기물을 분해하는 힘을 가지고 있다. 정화력이 넘어 선 물질이 물에 용해된 경우 수질이 오염되는 현상이 일어난다.

2) 탄소의 순환

탄소 순환의 개념도. 수치는 연간 탄소 이동량을 의미한다. (단위는 10억 톤)

탄소는 대기권과 수권에서는 이산화탄소의 형태로 존재하고 있는

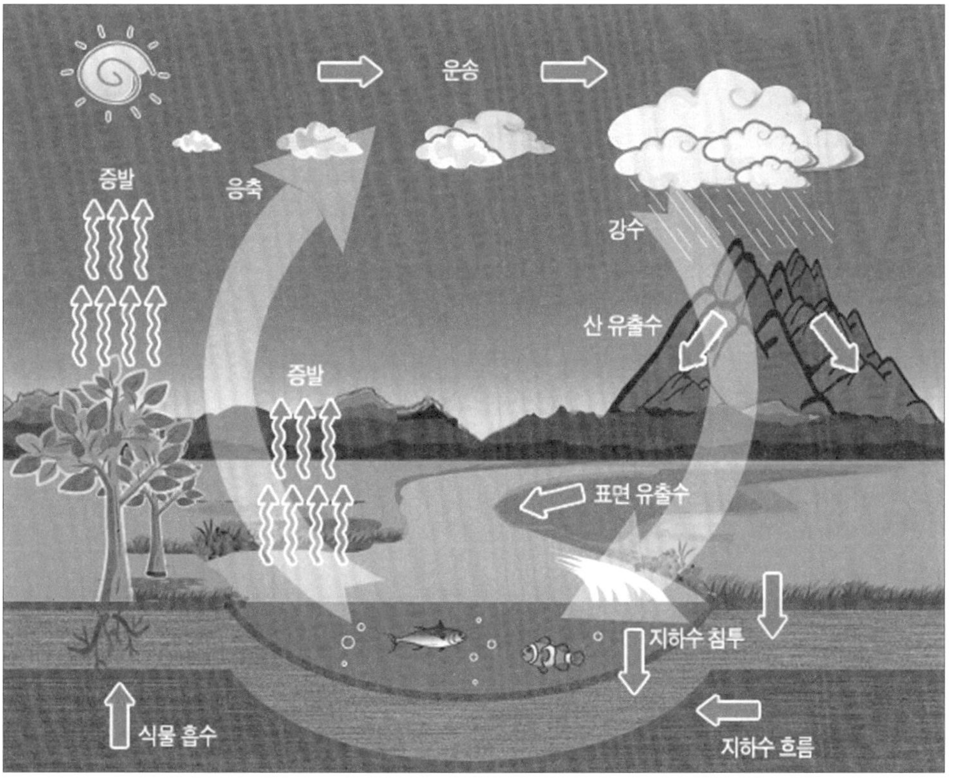

그림 11-1 물의 순환

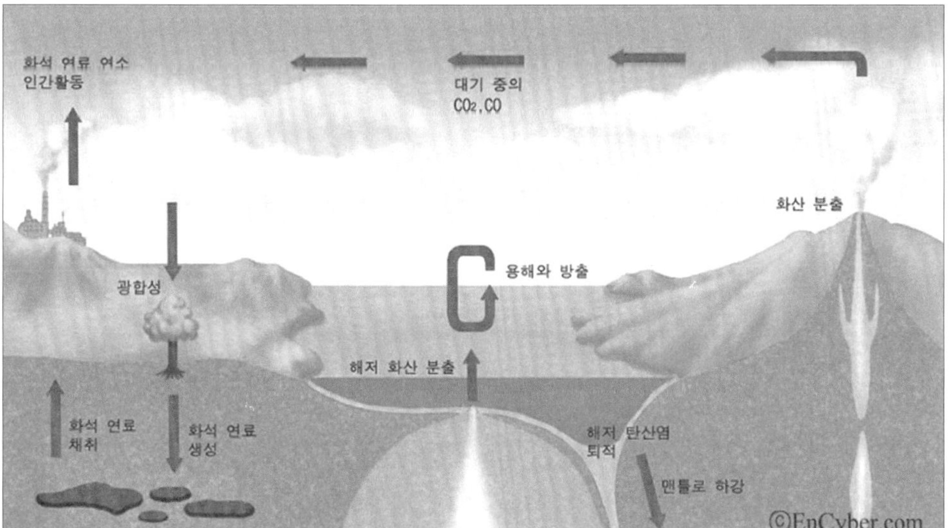

그림 11-2 탄소의 순환

것이 많다.

식물은 이산화탄소와 땅속의 영양소와 태양에너지로 당질을 만들고, 산소를 공기 중에 배출하고 있다.

동물은 당질과 산소를 몸에 받아들여 이산화탄소를 공기 중에 보내고 있다.

토양중의 미생물은 동물의 사체와 시들어진 식물을 이산화탄소로 분해시켜 공기 중으로 돌려보낸다.

사람은 땅 속에서 탄소 화 된 석유와 석탄을 에너지원으로서 다량으로 연소시키고, 다른 물질을 이산화탄소와 함께 대기 중에 내보내 대기오염의 원인을 만들고 있다.

살충제는 벌레만을 죽이는가.

호주에서는 많은 양을 방목하고 있다. 이전에 목초에 기생하는 토양속의 해충을 퇴치했더니, 목초가 잘 자라고 그만큼 양도 커질 것이라고 생각하여 살충제를 뿌린 일이 있다. 그런데, 목초의 생육이 도리어 나빠지고 양도 말라버렸다. 이것은 살충제가 해충만이 아니고, 흙속의 분해자인 미생물까지도 죽여 버렸기 때문임을 나중에 알게 되었다.

2. 삼림 생태계

자연 속에서는 여러 가지 생물이 숲과 초원, 바다와 하천 또는 흙 속에도 많은 수가 생활하고 있다. 그리고 이들 생물끼리는 눈에 보이지 않는 연결에 의해 연결되어 있다.

1) 생태계의 구조

지구상에는 산소와 에너지원의 근본이 되는 것을 만들 수 있는 것은 식물과 어떤 종류의 미생물뿐이다.

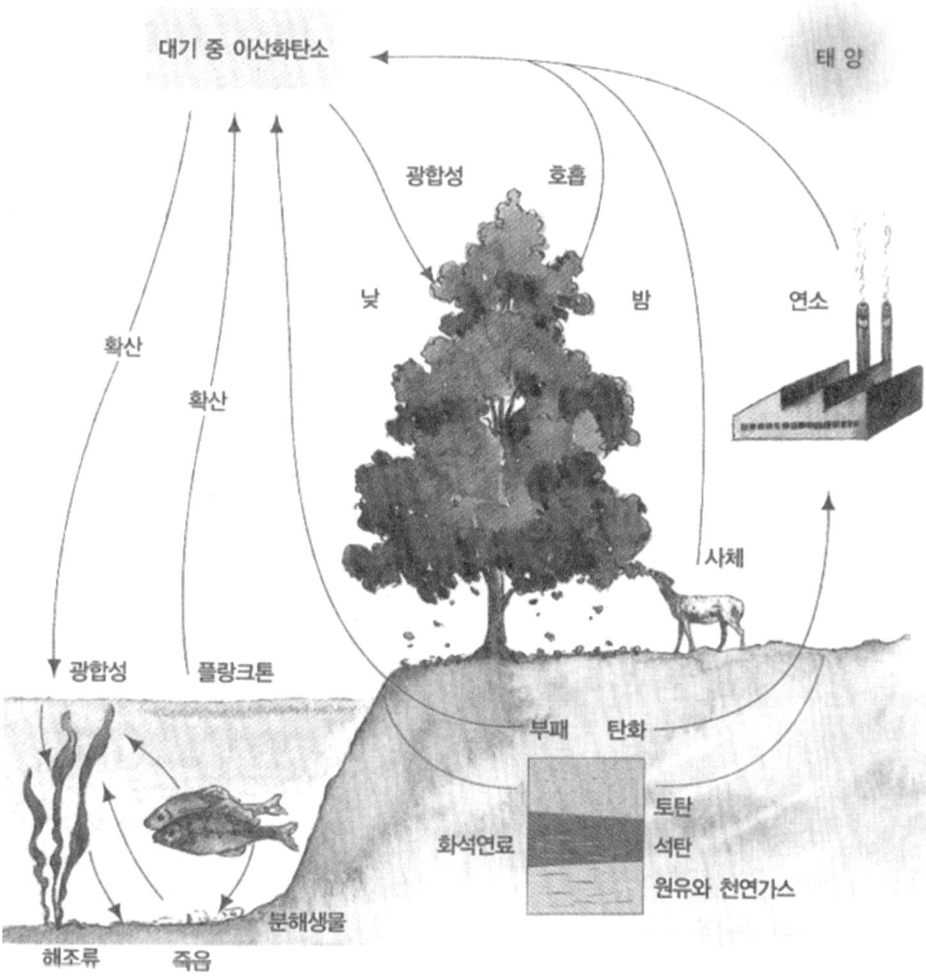

그림 11-3 이산화탄소의 순환

식물은 물과 흙의 영양분과 태양 에너지에 의해 광합성을 한다. 식물을 동물이 먹고, 그 동물을 다른 동물이 먹고 나아가서 또 다른 동물이 이것을 먹는다고 하는 이 관계를 식물 연쇄라고 하며, 식물을 생활자라고 하고, 식물을 먹는 동물(초식동물)을 제1차 소비자라 하고, 이 동물을 먹는 또 다른 동물(육식동물)을 제2차 소비자라고 한다.

동물의 사체와 마른 식물 등 유기물은 흙과 물속의 미생물에 의해 무기물로 분해된다. 이 미생물을 분해자라고 한다.

모든 생물은 생산자, 소비자, 분해자의 어느 곳에 속한다. 이와 같은 관계를 삼림생태계라 한다.

소비자는 스스로의 중량의 10배의 것을 먹지 않으면 안 되므로, 생산자·소비자·분해자의 균형은 어느 것인가가 지나치거나, 사멸하거나 하면 다른 그 자도 이윽고 사멸한다.

수은 등 분해되기 힘든 유해물질이 미량이라도 식물과 작은 동물에 조금이라도 있으면 이것을 먹은 동물에 다량의 수온이 축적하게 되어 큰 동물 등에 농축이 더해져 수온 중독이 일어나기 쉽고, 인간도 예외는 아니며 미나마타병이 발생하는 것도 이 이유이다.

손상되지 않는 자연에는 삼림생태계가 잘 작용하고 있고, 식물의 종류도 많지만 식물연쇄의 관계로부터 동물의 종류도 많아지지만, 퇴화했던 자연에는 동식물의 종류도 수도 감소된다.

3. 인간의 활동과 자연환경의 변화

지금까지, 인간의 활동에 의한 자연환경의 파괴와 그 영향에 관해 공부해 왔다. 이제부터 인간의 활동은 어떡해야 하는지 알아보자.

삼림의 역할은 직접적으로는 목재와 식량, 약재, 경치가 있고 간접적으로는 환경의 정화, 기후조절, 환경보전, 생태계보전 등이 있다.

직접적인 것과 간접적인 것을 아래와 같이 간략하게 설명한다.

1) 직접적

(1) 목재

가장 기본적으로 삼림이 제공하고. 땔감도 여기에 포함된다.

건축용이나 조선용, 공예용 목재를 구하려면 잘 짜여 진 조림사업이 필수이다.

그림 11-4 자연의 작용

(2) 식량, 약재

유실수(식용 가능한 열매를 가지는 나무)등을 많이 심었을 경우 기대되는 것으로 각종 부식물을 얻을 수 있으며, 약재도 얻을 수 있다.

(3) 경치

삼림은 존재하는 그 자체로 그 삼림을 보는 인간에게 많은 정서적 순화를 일으키게 한다.

2) 간접적

(1) 환경의 정화

특히 대기오염의 경우, 유독물질을 분산시키고 제거하는데 삼림이 큰 효과를 주며, 더불어 산소의 공급으로 주변 공기를 깨끗하게 한다.

토양오염과 수질오염에도 약간의 정화효과가 있다고 한다.

(2) 기후 조절

삼림이 있는 지역은 그렇지 않은 지역보다 일간 온도차나 년 간 온도차가 적고, 강수량이 많으면서도 고루 내립니다. 즉 변덕스런 날씨를 막아준다.

(3) 환경 보전

삼림은 비옥한 토양을 그 자리에 계속 붙잡아두면서 그 양을 늘리며, 급격한 강우로 인한 다량의 물을 일시 저장했다가 천천히 내보내어 홍수를 예방한다. 또한, 황사 등의 공중으로부터 오는 오염물질을 막아주는 데 이 역할 만 전문적으로 수행하는 삼림은 방풍림이라고 부른다. 따라서 삼림이 있는 주변은 환경이 급격하게 변하지 않는다.

(4) 생태계 보전

삼림은 그 안에 많은 동식물을 거주하게 할 수 있으며, 수많은 생태계의 먹이 사슬을 유지하도록 할 수 있는 능력을 보유하고 있으며 일부 특이한 생명체를 생존 가능하게 하기도 한다.

인간의 자연환경을 개척하여 그것을 인공적 환경으로 바꾸고 있는 것은, 보다 쾌적한 생활을 구하고 문화적적응력을 높이려고 하고 있기 때문이다. 하지만 사람의 힘이 강대하게 되면 공해처럼 지금까지의 삼림생태계를 무너뜨리게 된다.

삼림은 한번 파괴되면 원래의 상태가 되기까지 100년이 걸린다고 말해 주고 있다. 우리들은 다시 한 번 사람도 삼림생태계의 일원인 것을 인식하지 않으면 안 된다. 앞으로의 사람의 생활과 경제, 생활 활동도 무질서로 행하지 말고, 삼림생태계의 균형을 파괴하지 않고 그것을 이용하는 방향으로 생각할 필요가 있다.

제 12 장 직업과 건강

1. 현대의 노동과 건강

우리들이 하루 중에 장시간 보내는 환경이 위생과 안전함에 있어서 바람직한 상태가 아니면, 병과 상처가 많이 발생하게 된다. 일의 경우도 같이 대부분 8시간 이상을 보내는 직장의 환경은 작업하는 사람에게 영향을 주며 작업자의 건강을 크게 좌우한다.

그러므로 작업자의 건강에 관여되는 조건에는 정보, 자극, 획일화, 고속화, 도시화, 시간, 공간의 제도 등인 사회생활의 조건과 주택사정, 고독화, 휴양, 수면, 가정경제, 음주, 약물, 휴식 등의 가정생활의 조건, 습도, 온도, 조도, 경음, 분진, 방사선, 유해물질, 시설, 설비 등의 노동환경과 직종, 노동 강도, 노동시간, 작업조건, 인간관계, 복지관계 등의 노동조건이 수반된다.

현대의 노동과 건강을 살펴보면 오늘날, 농업에서 경공업을 지나 기술 집약형, 정보 형 산업이 한창이다.

이와 같은 직장에서는 육체노동이 차지하는 비율은 적어지고 노동시간도 단축되어 있다. 하지만, 유해물질이 새로이 등장시키거나 자동화에 의한 단순노동과 또 밤낮의 구별 없이 일하지 않으면 안 되는 직장도 늘어나 그곳에서 일하고 있는 사람들의 건강을 위협하고 있다.

2. 직업병

직업병(occupational disease)은 특정 직업에 공유한 조건의 직업에 종사하는 동안 발생하는 질병의 정상적으로 종사하고 있는 동안 불가피하게 발생되거나 모든 종사자에게 발생할 가능성이 있는 것으로 일하는 것 자체가 원인이 되어 일어나는 질병을 직업병이라고 한다.

직업병을 요인별로 분리하면 물리적요인, 화학적요인, 생물적 요인에 의한 것과 작업방법에 의한 것이 있다. 각각 구체적인 요인, 발생하기 쉬운 직종, 사람의 건강장해와 증상은 아래와 같다.

1) 업무상 질병의 현상

직업병의 발생에서 직장의 환경은 노동자들에게 ()를 주고 있다. 그것이 강하게 되면 그곳에서는 노동자에게 (), 소위 직업병이 발생한다. 같은 직종이라도 ()와 ()의 관리가 구석구석 미치는 직종에서는 발생하는 경우는 적고, 오히려 직장의 ()등 ()·심리적 요인이 건강문제에 관계돼 왔다.

요통방지를 위한 작업자세의 기본

1. 선자세로부터 마루에 있는 것을 들어 올릴 때는 한쪽 발을 조금 앞으로 내고, 무릎을 구부리듯이, 감싸서 이 자세로부터(그림 12-1 a) 무릎을 펴듯이 하여 들어올린다. 양쪽무릎을 편 채로 상체를 아래쪽으로 구부리는 자세를 취하지 말 것.(그림 12-1 b)

그림 12-1 a. 바른 자세 b. 바르지 않은 자세

그림 12-2 a. 바른 자세 b. c보다 좋지 않은 자세

2. 선 자세에서 물건을 신체 앞쪽으로 지탱할 경우에는 가능한 신체가까이에서 받히고, 허리높이보다 위쪽으로 들어 올리지 않도록 할 것. (그림 12-2 b 및 c)
또 신체를 뒤로 젖히지 말 것. (그림 12-2 c)

3. 노동재해

일하고 있을 때 돌발적인 사고가 일어나서 부상을 입거나 급성으로 중독되거나 사망하는 일을 노동재해라고 한다. 이 원인에는 건조물, 기계, 재료, 가스, 증기, 분진 등이 있다.

노동재해가 발생한 경우 본인은 물론이고, 그 가족의 정신적, 육체적 고통과 경제적 부담이 매우 크고, 기업으로서도 노동시간 등, 생산능률의 손실과 피해자에 대한 보상 등 노동재해로 인한 손실이 크다.

노동재해의 실질적인 예를 들면 추락, 굴러서 떨어짐으로 인한 재해와 기계에 손이 끼이거나 말려들게 되는 것과 유기용제나 납에 의한 중독 등이 있으며 사고에 의한 부상과 사망하는 비율은 직종과 노동환경에 따라 다르다. 재해발생의 연쇄적인 이유에는 관리부족, 기본적 원인(기인), 직적접 원인(징후), 사고(접촉),재해(손실) 등이 있다. 노동자가 작업으로 인해 부상을 입거나 병이 생겼을 때 사장은 그 사람에게 보상을 하지 않으면 안된다.

그림 12-3 노동재해

노동재해의 발생요인에는 노동자 자신, 노동환경, 작업 조건의 3가지 요인이 있다.

노동자 자신의 요인에는 사고를 일으키기 쉬운 사람에는 연령, 체력, 성별, 건강 등 심신의 특성에 공통성이 있다.

사고를 일으키는 요인이 되는 심신 상태는 수면부족과 결식 등 불규칙한 생활, 가정과 직장의 인간관계에 의한 정신적 스트레스 등의 심신 상태는 사고를 일으키는 요인도 된다.

음주에 의한 작업은 위험이 많아지므로 절대 피해야 한다.

그 사람 일에의 의욕, 기능, 안전에 관한 지식과 태도에 따라 사고의 발생률은 다르며, 피로에 의해 심신기능과 작업 능률이 저하되어 집중력과 주의력이 없어지면 사고로 연결된다.

노동환경 요인은 작업하는 기계와 시설이 안전해야만 한다. 그러기 위해서는 안전장비와 보완시설이 필요하고 점검정비가 갖추어져

야한다. 작업장의 배치 등도 위험물과 사람이 떨어져 작업하는 것이 가능하도록 해야 하고 노동자의 복장과 보호원 등의 유무도 요인이 된다고, 작업하는 곳의 온도, 습도, 조명, 환기, 소리와 진동도 재해와 관련이 있다.

작업조건의 요인은 같은 직장에서도 일하는 곳의 몸과 정신의 부담은 작업 방식에 의해 달라지고 피로도에도 영향을 주는 요인이 된다.

작업조건은 내용, 강도, 시간 등이 관련되어지고, 작업의 내용은 산업, 직종에 의해 달라지고 위험한 것, 비교적 안전한 것 등이 있지만 에너지대사율의 크고 작음과 정신적 긴장의 강약에 의해 피로 정도는 달라진다.

작업 강도는 작업 자세와 몸의 사용 부위, 작업의 속도와 밀도 등이 요인이 되며,· 작업하는 시간은 하루 노동시간, 휴식시간과 그 횟수, 그리고 교대제의 유무, 주당 근무일수와 시간 등이 노동재해와 관계한다.

4. 직장 보건

작업장에서 일하는 사람이 병에 많이 걸리는 것은 순환기계통의 병, 위상병, 감기 등이다. 이들 병은 현대 노동의 특징이라는 정신적 긴장과 운동부족 한 원인이라고 생각되고, 한편 작업장과 관계없다고 생각되어지는 병도 노동이 원인이 되는 경우도 많다. 직장의 보건관리는 직업병과 노동재해의 발생을 예방하기 위한 일은 하지 않고 일반적인 병을 포함한 작업하는 사람의 건강관리와 건강증진을 목표로 함을 소중히 여기고 있다.

직장 보건 활동은 직업병과 노동재해 발생을 방지하기 위해서 뿐 아니라 일반적인 병을 포함, 노동자의 건강증진을 지향하는 것이다.

노동환경과 작업조건의 점검과 개선은 작업장과 식당, 세면대, 휴식실 등의 위생시설을 포함해서 안전하며 위생적인 환경현장을 만들며 작업조건이 작업하는 사람에 따라 쾌적한가를 점검하여 나쁜 것을 개선하는 일이다. 사고나 직업병이 발생한 예를 조사해보면 그 사고의 원인이 무리한 작업조건이 있었던 경우도 있다. 작은 사고라도 그 원인을 개선하는 것이 좋다.

보건교육은 합리적이고 올바른 작업 방법, 직업병과 노동재해의 지식과 안전에 대한 이해, 기능, 바람직한 인간관계 등을 널리 알리는 활동과 계몽활동을 통해 교육시키는 것이다.

건강장해의 조기발견과 사후처리는 건강장해의 조기발견 정보를 얻기 위한 활동의 하나가 건강검진이다. 특히 위험물을 처리하는 곳에서는 실시 횟수도 많아졌다. 이 결과 건강조사, 건강 상담, 병과 상해로 쉬었던 기록은 직장 전체의 건강수준과 개인의 건강 상태를 아는 자료가 된다. 건강장해를 발견했을 때는 노동시간의 제한과 위치 전환 등의 조치를 취한다.

5. 건강증진과 자유시간의 활용

우리들이 적극적인 건강증진을 생각하는 경우 하루 24시간의 사용법, 특히 노동으로부터 벗어난 자유 시간 활용을 생각하는 것은 평생 건강에 큰 관련이 있다.

하루 24시간의 생활시간 활용으로 매일 지내는 법을 규칙적인 올바른 습관을 가지는 것이 필요하다.

사람이 풍부한 정신생활을 보내기 위해서는 삶의 보람이 필요하지만 일하는 것의 사회적 의의와 자신의 삶의 보람과 일치하지 않은 것이 많다.

하루 생활시간은 학교와 직장에서의 시간과 오고 가는데 필요한 왕복시간을 포함한 구속된 시간과 식사, 몸치장, 목욕, 휴식, 보건 등의 생리적 생활시간, 수면시간 그리고 자유시간의 3가지로 나누어진다.

구속시간이 짧아지면 병이 날 확률은 적지만, 수면시간을 8시간

취하기 위해서는 일이 끝나고부터 다음날 일까지의 간격이 8시간 정도 필요하다고 말해지고 있다.

생활하는 시간이 잘 배분되어지면 노동, 운동, 휴양, 영양, 균형상태도 좋아진다.

최근의 노동시간은 계속해서 짧아지고 휴무도 확대되고 있다. 자유 시간에 있어 행동 성격의 3가지는 첫째로 피로회복·기분전환(음악을 들으면서 식사, 조깅, 휴양, 직장 내 시합, 신문, TV, 라디오를 듣는 것 등)과 둘째로 자기계발·심신의 여력저축(스포츠, 개인적 교제, 피크닉, 취미, 감상 등), 셋째로 자기발현·가정생활의 충실·자주적 사회생활(지역활동, 클럽활동, 창작활동, 문화 활동, 자주연구 등)이 있다.

1일 200㎉의 운동을 하자

한가해지면 운동을 하지라고 생각하고 있어서는 운동을 제대로 할 수 없다. 운동은 정기적으로 하는 것이 필요하다. 가능하면 매일 , 또는 적어도 하루 간격으로 운동을 하자. 운동 목표는 매일 200㎉이다. 표에 여러 가지 운동소비 에너지를 나타내고 있다. 특별히 운동을 하지 않는 사람은 매일 30~50분 조금 빠르게 걷도록 하자.

6. 재활치료와 건강한 인간의 협력

기능 장해를 가진 사람이 증가 경향에 있고 점점 재활치료의 중요성과 그의 충실이 외쳐지고 있다.

1) 재활치료

오늘날 의학의 진보는 노동재해와 교통사고 등으로 상처를 입거나 중병 등에 걸린 사람의 목숨을 구하게 되었지만 기능장애가 남는 일도 있다. 이와 같은 사람은 신체적인 부자유뿐만 아니라 심리적으로도 뇌와 장래의 불안 등을 가진 불편한 생활 등을 해야 하므로 그 사람이 이룰 수 있는 최대한의 신체적 · 정신적 · 직업적 · 경제적인 능력을 회복시키도록 하는 것에 적극적인 마음가짐을 .기르게 하는 것이라고 할 수 있다.

2) 재활치료의 종류

재활치료는 기능과 형태의 장애와 그것에 따라 능력의 저하를 가진 사람에 대해 의학적인 치료와 훈련을 하는 의학적 재활치료, 직업적인 기능에 몸에 맞게 훈련하는 직업적 재활치료, 사회적인 불리함에 대응하는 행정조치와 자원봉사자 활동 등을 포함한 사회적 재활치료가 있다.

3) 건강한 사람의 협력

건강한 사람의 역할로서 사회적 재활활동을 유지하기 위해 자원봉사자에 적극적으로 참여하는 경우가 있다. 그 외에 협력 가능한 것으로써 헌혈과 사망 후의 각막과 신장 등의 제공으로 고통 받고 있는 많은 사람을 구하게 되므로 저극적인 협력이 요구된다.

7. 가정의 기능과 건강

우리들은 인생 대부분을 태어나서 자라는 가정과 결혼해서 스스로 쌓아가는 가정 속에서 생활 한다

결혼은 새로운 가정을 만드는 사회적인 계약이다. 결혼한 두 사람에게는 사회에 대해 부부로서의 의무와 책임이 생긴다. 그리고 부부는 가족과 함께 하나의 사회집단으로서의 가정을 경영해 간다.

가족의 건강에 관한 가정의 기능은 가족구성원의 인격을 높이는 것, 자녀들을 낳고 기르는 것, 가정을 보존하고 보호하는 것, 정서적 안정과 가족이 심리적으로 밀접한 관계를 만드는 것, 행동 ·

관습 · 말 등에 관한 사회적 · 문화적인 것을 가르치거나 배우도록 하는 교육적인 작용 등이 있다. ·

가정문제는 가족 모두가 건강하게 보내기 위해서는 가정에서 소유한 보건적 기능이 충분히 작용해야만 한다.

가족 구성원은 연령과 성별은 물론 생각도 다르기 때문에 서로의 욕구가 부딪칠 때도 있다.

가정은 상대의 생각을 이해하고 자신의 생각에 말하는 것에 훈련의 장이기도 하다.

가족 간의 관계가 악화되어 이혼과 가정 내 폭력 등, 가정을 붕괴시키는 문제로 이어지는 경우도 있지만 이처럼 건강치 못한 상태가 되지 않기 위해서도 서로의 입장을 이해하고 애정과 신뢰관계를 길러나가는 것이 중요하다.

가정 내에서 병이 걸리기 쉬운 어린 아이들과 노인이 건강하게 지내는 것이 가능토록 하는 것이 중요하다.

8. 엄마와 아이의 건강

태어날 아이가 건강하기 위해서는 모체가 모든 면에서 건강해야 한다.

1) 모자의 건강에 관계되는 것

엄마의 나이는 태어날 아이와 엄마 자신에게 엄마와 아이의 혈액형의 부적합은 아이에게 장해기 될 경우도 있다. 또 부모의 유전자에 이상이 있으면 유산과 사산, 선천성 이상의 발현률이 높아진다. 이런 장해를 막기 위한 하나로서 혈족결혼이 금지되고 있다.

2) 모자의 건강에 영향력을 미치는 요인

임신 초기에 풍진 등에 걸리면 유산하거나 선천성 이상이 일어나

그림 12-4 모자에게 나쁜 영향을 미치는 요인

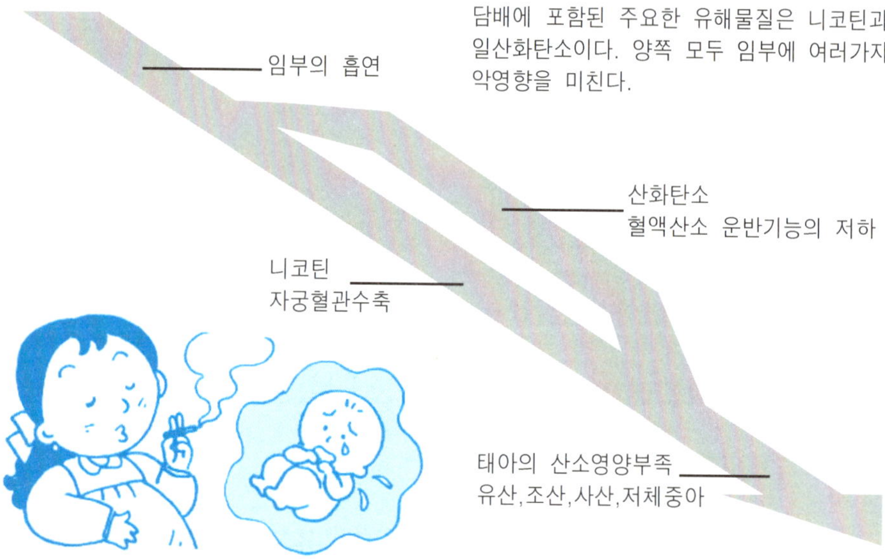

그림 12-5 담배의 해

기 쉽다.

물리적인 원인으로서 약·수온·PCB·알코올·담배, 화학물질에 의한 원인 등이 있다.

산모가 임신을 알아차리기 위해서는 수주일 걸리기 때문에 태아에게 영향을 주는 것에 대해서는 임신 가능성 있는 기간을 포함해 주의해야 한다. 임산부 사망의 원인이 되는 질병

고혈압, 분만 전·후의 출혈, 자궁외 임신 등이 있다.

9. 노인건강

노인의 건강을 생각할 때에는 현재 노인건강문제 뿐만 아니라 우리들이 건강하게 늙기 위해서는 어떻게 하면 좋을 까라는 일생을 통한 생활방법과 건강 만들기로서 다룰 필요가 있다.

노인의 심신기능 저하는 활동하고 있는 세포가 감소하기 때문에 기관과 몸 전체의 기능이 저하한다.

심신기능과 적응력, 저항력의 저하에 의해 몸에 이상을 갖는 사람과 심신의 쇠약에 대한 불안과 고독감을 느끼는 사람도 있다. 그러나 한사람이 몇 개의 이상을 가지고 만성으로 변하는 상태도 노인 특유의 일이다.

가정 및 사회에서는 이러한 변화를 이해하고 가족의 일원으로 노인을 친절하고 소중하게 대하는 마음을 가지고 접촉하는 일이 대단히 중요하다.

노화 현상은 개인차가 있으며 나이가 들어갈수록 개인차는 커진다. 규칙적인 생화습관, 운동의 실천, 균형 있는 식사, 금연, 조기검진, 치료 또는 사는 보람을 가지고 생활에 충실함이 대단히 중요하다. 노인이 되면서부터 급하게 이것들을 실행하는 것은 어렵기 때문에 청년기부터 생활습관을 기르는 것이 중요하다.

노화방지를 위한 4대 요소

- 운동 -- 운동은 몸과 마음의 영양제
- 휴양 -- 휴양은 내일에의 활력원
- 영양 -- 건강장수의 묘약은 좋은 식습관
- 의욕 -- 생활에 기쁨과 감사를

제 13 장 어린이의 인명구조법

1. 어린이의 구조호흡

1) 어린이의 호흡이상

구조호흡은 심장은 뛰고 있으나 호흡이 정지된 어린이에게 실시한다. 호흡이상은 교통사고, 익수, 가스질식, 화상, 독극물 중독에 의한 상해 및 기도폐쇄 등의 부상으로 일어날 수 있다.

호흡이상은 또한 중증의 후두염과 천식, 후두개염 같은 호흡기 염증 등의 질환에 의하여 생길 수 있다. 따라서 아래와 같은 호흡이상의 초기증상을 인지하는 것은 매우 중요한 일이다.

- 흥분, 격앙
- 졸음, 나른함
- 피부색 변화(창백해지거나, 회백색 또는 푸른색으로 변함)· 호흡곤란 증가
- 맥박과 호흡의 빨라짐 어린이가 이런 증상을 보이면 아래의 방법으로 응급처치를 시작해야 한다. 호흡이상의 가능성을 인지하고 이를 처치할 때는 심장 응급상황에 대비하여야 한다.

2) 어린이의 구조호흡

바닥에 쓰러져 움직이지 않는 어린이를 발견하면 곧바로 현장조사를 하고1차 기본조사를 실시해야 한다.

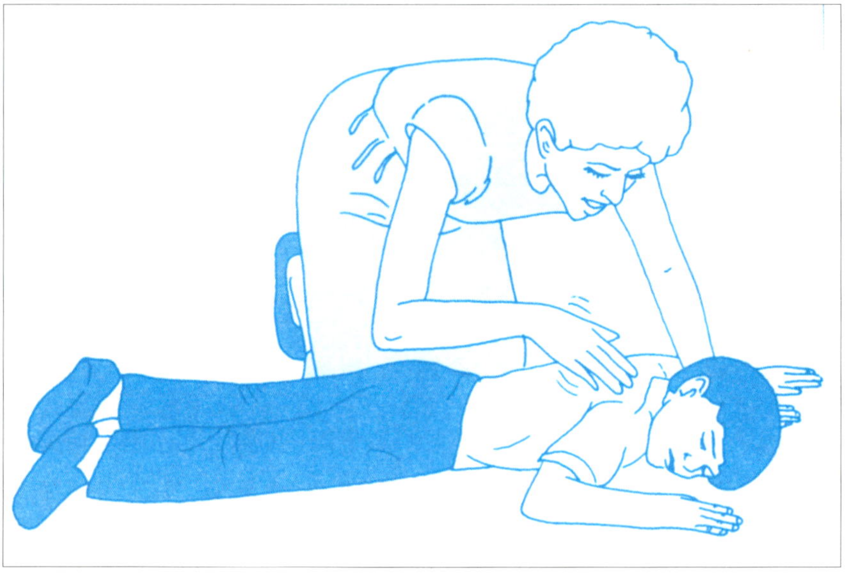

그림 13-1 의식유무에 대한 확인

(1) 의식유무 확인

제일먼저 해야 할 일은 어린이가 의식이 있는지 확인하는 일이다. 어깨를 두드리거나 가볍게 흔들면서 "괜찮니?"하고 크게 말한다.

(2) 도움요청

어린이가 움직이지 않거나 아무런 반응이 없으면 도와달라고 외친다. 이렇게 하여, 1차 기본조사를 완전히 마친 뒤, 응급의료서비스기관에 전화를 부탁할 수 있는 사람을 구한다.

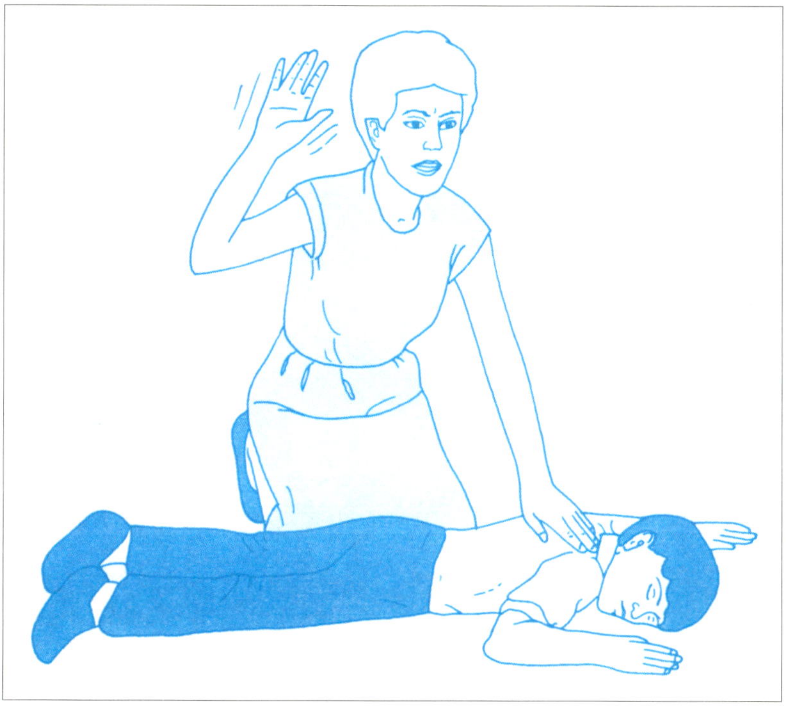

그림 13-2 "도와주세요"라고 외친다.

(3) 어린이의 자세교정

어린이를 똑바로 눕힌다. 이 때 한 번에 돌려 눕혀야 몸의 뒤틀림이나 어떠한 부상의 악화를 방지할 수 있다.

어린이의 자세교정은

- 어린이를 보면서 어린이의 엉덩이와 어깨의 중간쯤에 무릎을 꿇고 앉는다.
- 필요하면 어린이의 다리를 곧게 편다.
- 처치원쪽에 있는 어린이의 팔을 어린이의 머리위로 뻗쳐 놓는다.
- 어린이쪽으로 몸을 굽히고 한손은 어린이의 어깨를 다른 손은 엉덩이를 잡는다.
- 어린이를 처치원쪽으로 천천히 침착하게 끌어당기며 한 번에 돌려 눕힌다. 이때에 어린이의 머리와 몸이 뒤틀리지 않도록 해야

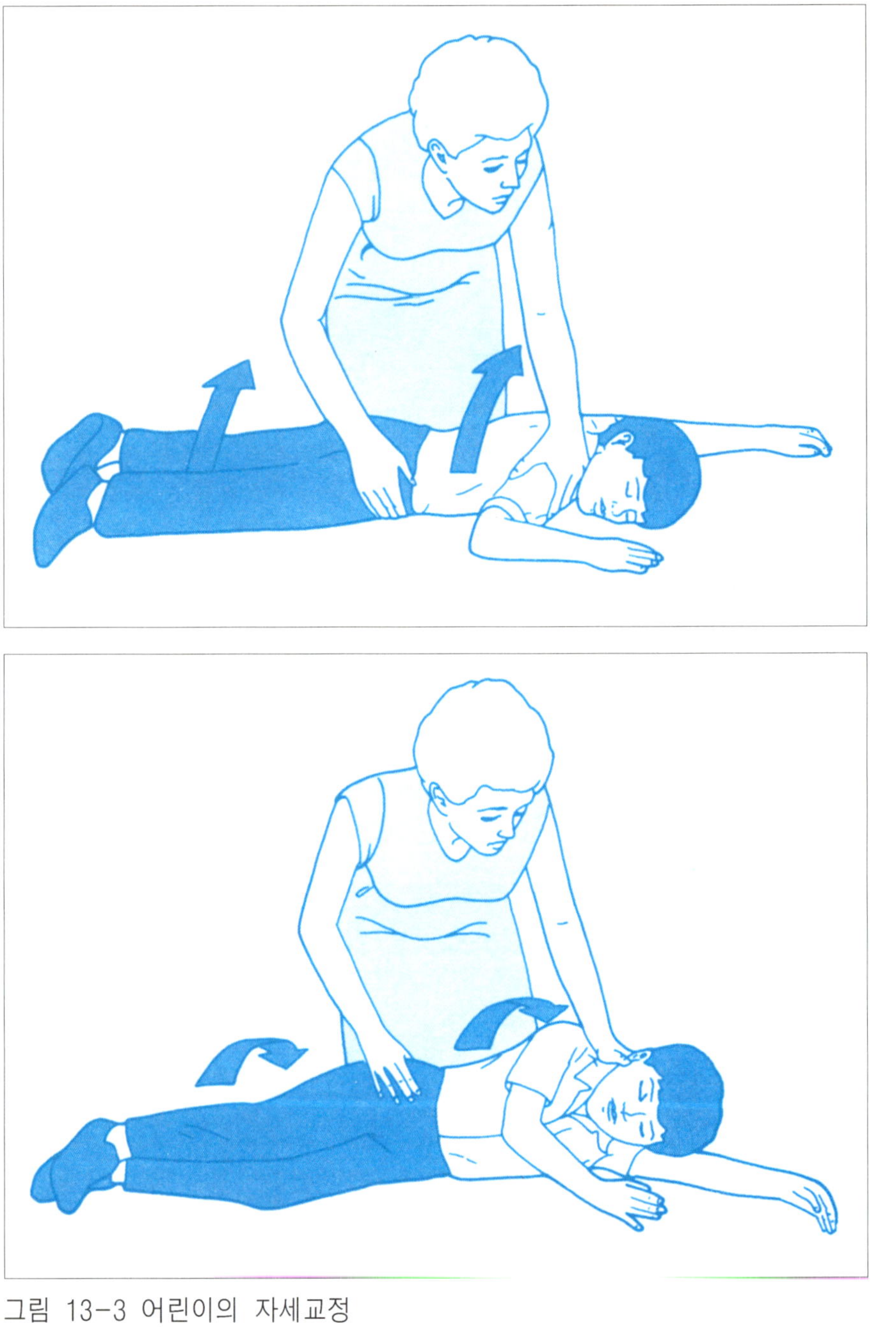

그림 13-3 어린이의 자세교정

한다.

- 어린이를 돌려 눕힐 때 어깨에 있던 처치원의 손으로 어린이의 목과 머리의 뒤쪽을 받친다.
- 처치원쪽에 있는 어린이의 팔을 어린이 옆구리와 나란히 놓는다. 자세교정은 가능한 한 신속하게 하는 것이 중요하다. 이는 10초 이내에 해야 한다.

* 구조호흡 또는 심폐소생법을 해야 할 어린이 중에는 등, 목, 머리에 중상을 입은 경우도 있는데 이런 어린이를 움직이거나 기도개방을 할 때 부상이 더 악화될 수 있다.

(4) 기도개방("A" - Airway)

즉각적인 머리 뒤로 젖히기/턱 끌어올리기를 하여 어린이의 기도를 개방한다. 이는 어린이를 소생시키는데 매우 중요한 것이다. 기도를 개방하기 위하여,

- 어린이의 머리 옆에 무릎을 꿇고 앉는다.
- 어린이의 머리 쪽에 있는 처치원의 손을 어린이의 이마 위에 얹는다.
- 다른 손의 손가락 한두개(엄지손가락은 제외)를 어린이의 아래턱뼈 부위 밑에 댄다.
- 이마에 얹은 손의 무게만으로 부드럽게 머리를 뒤로 젖히고, 턱을 끌어올린다. 어린이의 입을 막지 않도록 하고, 턱밑의 연한 부위를 누르지 않도록 한다.

머리를 부드럽게 뒤로 젖혀 neutral-plus(중립위치에서의 이동)위치로 한다. "neutral-plus"는 어린이의 기도를 개방하기 위해 머리를 뒤로 젖히는 정도를 설명하는데 필요한 용어이다. 어린이의 기도는 어른이나 영아의 기도와는 다르고, 또 커가면서 달라지기 때

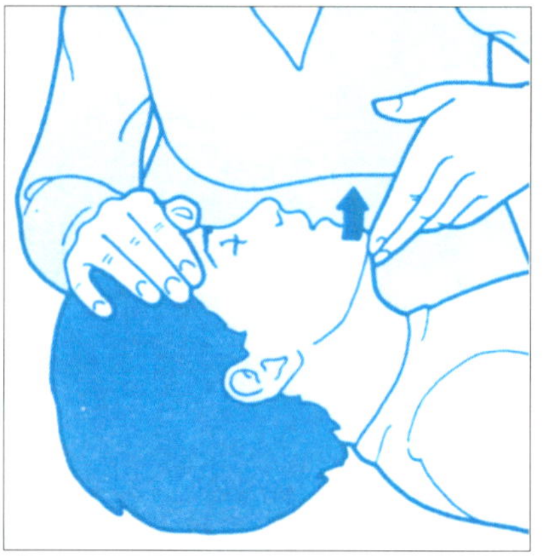

그림 13-4 머리 뒤로 젖히기/턱 끌어올리기

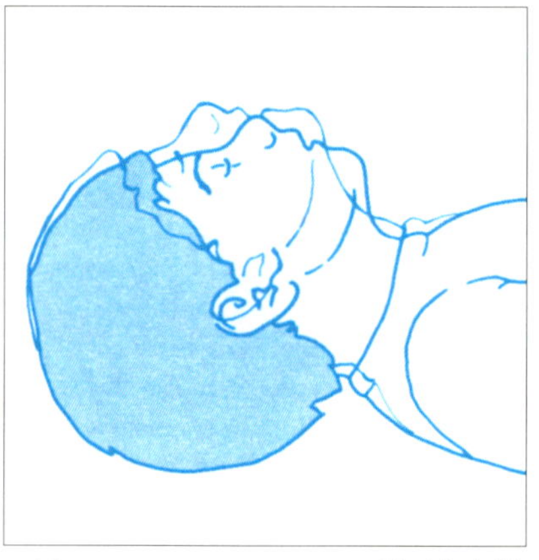

그림 13-5 neutral-plus위치(자세)

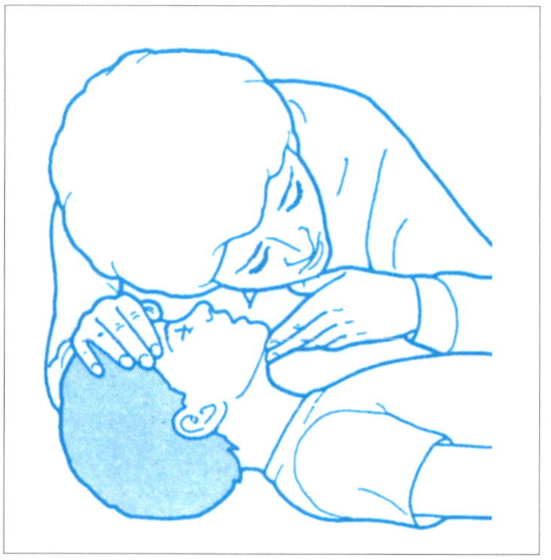

그림 13-6 neutral-plus위치(자세)

문에 어린이의 기도를 개방하는 위치(자세)는 한가지 일 수만은 없다. 그림에서 보듯이 "neutral-plus"의 개념은 위치 (자세)의 범위를 뜻하는 것이다.

어린이의 머리가 중립위치 (neutral position)에 오도록 머리 뒤로 젖히기/턱 끌어올리기를 한다. 제5단계에 설명되어 있는 것처럼 호흡을 하는지 확인한다. 호흡을 하지 않으면 두 번 천천히 불어넣기를 한 뒤 제6단계의 설명과 같이 가슴이 오르내리는지 지켜본다. 가슴이 오르내리지 않으면 머리를 약간 더위로 젖히고 두 번 천천히 불어넣기를 한 뒤 다시 가슴이 오르내리는지 살펴본다.

필요하면 계속 머리를 조금씩 뒤로 더 젖혀가며 구조호흡을 실시하여 불어넣을 때마다 가슴이 오르내릴 때까지 계속한다. 불어넣는 공기가 들어가는 머리의 위치를 찾게 되면 그것을 유념하여 불어넣기를 할 때마다 어린이의 머리를 그 위치에 두고 불어넣어야 한다.

- 불어넣기를 할 때마다 어린이의 가슴이 오르내릴 때의 머리의 위치가 정확한 머리 뒤로 젖히기의 위치 (자세)이다. 이 위치를 neutral-plus(중립위치에서의 이동)위치라 한다.

(5) 호흡유무 확인("B" - Breathing)-보고, 듣고, 느낌

어린이의 머리를 neutral-plus 위치에 두고 턱을 끌어올려 호흡을 하는지 보고 확인한다.

어린이가 호흡하는지 확인하기 위하여,

- 어린이의 입과 코에 귀를 대고 어린이의 가슴을 본다.
- 보고, 듣고, 느껴본다. 가슴과 복부가 오르내리는지 보고, 호흡하는지, 코와 입으로 공기가 나오는지 느껴보는 일을 3~5초간 계속한다.

숨을 쉬면 가슴과 복부가 움직이고 귀와 뺨으로 공기가 나가는 것을 듣고 느끼게 된다. 가슴과 복부가 움직인다고 항상 호흡하고 있음을 뜻하지는 않는다. 환자가 호흡을 하기위하여 애를 쓰는 현상일 수도 있다.

(6) 두 번 천천히 불어넣기

어린이가 숨을 쉬지 않으면, 곧바로 폐에 공기를 불어 넣어야 한다. 불어넣기 위하여

- 머리 뒤로 젖히기/턱 끌어올리기로 기도를 개방시킨 상태에서 어린이의 이마에 있는 손의 엄지와 검지로 어린이의 코를 부드럽게 잡아 막는다.
- 숨을 들이마시고 입을 크게 벌려 어린이의 입주위에 처치원의 입술을 밀착시킨다.
- 매회 1~1.5초 정도로 두 번 천천히 불어 넣는다. 불어넣기를 하는 사이에 입을 떼어 처치원 자신의 호흡을 충분히 들이 쉰다. 불어넣을 때 어린이 가슴이 올라가고, 불어넣은 후에 어린이의 가슴이 내려가는지 지켜본다. 가슴이 내려갈 때 공기가 빠져나가는지 듣고 느껴본다.

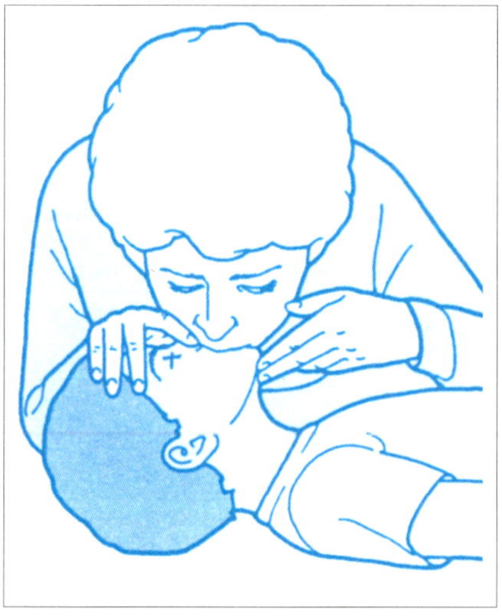

그림 13-7 neutral-plus위치(자세)

불어넣기를 할 때 저항감을 느끼거나 공기가 들어가지 않으면 이는 대부분이 기도개방을 적절하게 하지 않았기 때문이다. 다시 머리 뒤로 젖히기와 두 번 천천히 불어넣기를 한다. 그래도 공기가 들어가지 않으면 음식물이나 기타 이물질이 기도를 막고 있는 경우이다.

(7) 혈액순환 확인("C" - Circulation) -목 부위의 맥박검사

목의 옆쪽에 있는 맥박을 짚어 어린이의 심장이 박동하는지 확인한다. 이 맥박을 경동맥이라 한다. 경동맥을 확인하기 위하여,

• 어린이의 이마에 얹은 처치원의 손은 머리가 neutral-plus위치를

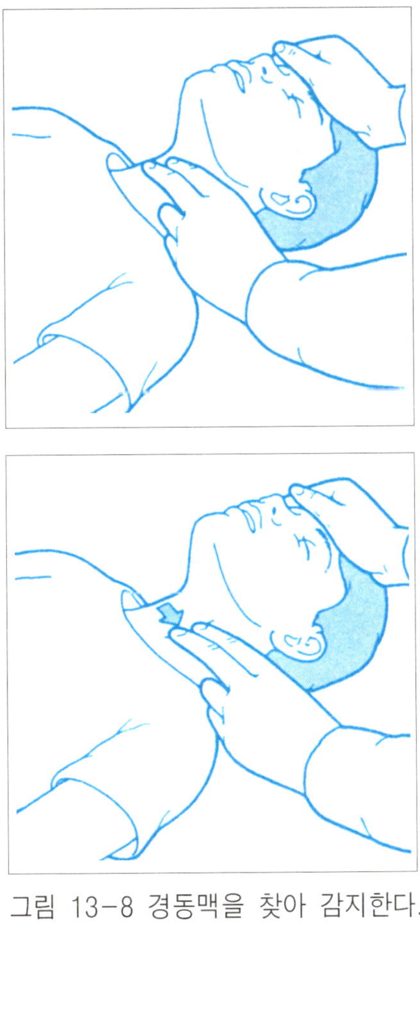

그림 13-8 경동맥을 찾아 감지한다.

유지하도록 두고 어린이의 발쪽에 있는 다른 손으로 맥박을 찾는다. 우선 검지와 중지를 어린이의 목에 있는 울대에 놓는다. 그런 뒤 어린이 목옆(처치원쪽)의 기관과 근육 사이에 우묵하게 들어간 곳을 따라 손가락을 미끌리듯 움직여 경동맥을 찾는다.

- 손가락 끝으로 가볍게 눌러 5~10초간 경동맥의 박동을 느껴본다. 엄지로 하면 처치원 자신의 맥박이 느껴질 수 있으므로 검지와 중지로 해야 한다.

(8) 응급의료서비스기관에 전화연락

맥박을 확인한 후, 응급의료서비스기관에 전화연락을 할 사람에게 어린이의 상태에 대한 충분한 설명 즉, 어린이의 의식유무, 호흡, 맥박 등을 알려주어 응급의료서비스기관에 이 내용을 전하게 한다.

(9) 구조호흡

실시맥박은 뛰나 호흡을 하지 않을 경우 구조호흡을 시작한다. (맥박을 느끼지 못하면 심장이 정지한 것이기 때문에 심폐소생법을 실시해야 한다)

구조호흡은,

- 머리 뒤로 젖히기/턱 끌어올리기로 어린이의 기도개방을 유지한다.
- 매4초마다 1회씩 1~1.5초간 불어넣기를 실시한다. 시간을 지키기 위하여 "하나, 둘, 셋, 넷"하고 숫자를 센다. 처치원 자신의 숨을 들이마신 후 어린이에게 불어넣어 주고 이때 어린이의 가슴이 올라가는지 본다.
- 불어넣은 후 입을 떼고 가슴이 내려가는지 보고 입과 코로 공기가 빠져나가는 것을 듣고 느낀다. 어린이가 스스로 다시 호흡하기 시작하는지 주의 깊게 들어본다.

(10) 맥박의 재확인

구조호흡을 1분간(약 15회)실시한 뒤, 어린이의 맥박을 확인한다. 맥박확인을 위하여,

- 한 손을 어린이의 이마에 얹어 기도개방을 유지한다.
- 다른 손으로 5초간 경동맥을 느낀다. 맥박이 있으면 3~5초간 호흡을 확인한다.

호흡을 하면 기도개방을 유지하고 호흡과 맥박을 주의 깊게 살핀다. 즉, 호흡을 하는지 보고, 듣고, 느끼고, 매분마다 맥박을 확인한다. 몸을 따뜻하게 덮어주고 가능한 한 조용하게 한다. 숨을 쉬지 않으면 구조호흡을 계속하고 매분마다 맥박을 확인한다.

다음과 같은 상황이 될 때까지 구조호흡을 계속한다.

- 어린이가 스스로 호흡을 하기 시작할 때
- 훈련된 다른 처치원과 교대할 때
- 응급의료요원이 포착하여 교대할 때
- 너무 지쳐 구조호흡을 계속할 수 없을 때

3) 어린이의 구조호흡에 대한 보충설명

(1) 위팽창

구조호흡을 실시하는 중에 때때로 어린이의 위로 공기가 들어가는 경우가 있다. 위에 공기가 들어가면 위가 팽창하여 매우 심각한 문제가 될 수 있다. 이렇게 되면 구조호흡시 폐가 팽창할 수 있는 충분한 여유가 없기 때문에 어린이의 소생에 필요한 산소가 부족할 수 있다. 위속으로 공기가 들어가는 것을 막기 위하여,

- 기도개방을 유지하도록 어린이의 머리를 neutral-plus 위치로 한다. 구조호흡시 가슴이 오르내리지 않으면 머리를 다시 좀 더 뒤로 젖히고 구조호흡을 계속한다.

- 천천히 공기를 불어넣는다. 매번 1~1.5초간 불어넣는다.
- 가슴이 올라갈 수 있는 정도의 공기를 불어넣은 후에는 공기가 빠져나가도록 입을 뗀다.

(2) 구토

의식이 없는 어린이를 처치할 때 때때로 구토를 일으키는데 이 때에는 토물이 폐로 들어가지 않도록 하는 것이 중요하다. 구토를 일으키면 빨리 어린이의 몸과 머리를 옆으로 돌린다. 입안을 닦아내고 구조호흡을 계속한다.

4) 코에 불어넣기

어린이의 입에 불어넣기를 할 수 없는 경우가 가끔 있다. 예컨대 사고시 턱과 입에 부상을 입거나 턱이 닫혀 열리지 않을 때이다. 이때에는 입으로 코에 불어넣기를 한다.

- 어린이의 머리 쪽에 있는 손을 어린이의 이마에 얹고 어린이의 머리가 neutral-plus 위치에 오도록 가볍게 뒤로 젖힌다.
- 다른 손으로 턱을 밀어 입을 다물게 한다. 이때 목이 눌리지 않도록 한다.
- 숨을 깊이 들이마시고 입을 크게 벌려 입을 어린이의 코에 밀착시킨다. 매번 1~1.5초간 천천히 공기를 코에 불어넣는다. 불어넣은 후 가능하면 어린이의 입을 벌려 공기가 빠져나가도록 한다.

2. 어린이의 기도폐쇄

1)기도폐쇄의 증상

어린이의 기도폐쇄시 이를 인지하는 것은 그 어린이의 생명을 구하는데 있어 매우 중요한 것이다.

기도폐쇄는 부분 기도폐쇄와 완전 기도폐쇄의 두 가지 유형이 있으며 이들을 구별할 수 있는 것이 중요하다.

(1) 부분기도폐쇄

부분 기도폐쇄가 된 어린이는 호흡을 할 수도 있고 잘 못하는 경우도 있다.

- 어린이가 호흡을 할 수 있는 부분기도폐쇄가 되어 혼자서도 세게 기침을 할 수 있는 경우에는 스스로 센 기침을 하여 이물질을 제거하려는 노력을 방해하지 말고 어린이 곁에서 계속하여 기침하게 한다. 어린이가 기침을 계속하면 응급의료서비스기관에 도움을 요청한다.
- 어린이가 호흡을 잘 하지 못하는 기도폐쇄가 되어 아주 약하고 잔기침하면서 숨 쉴 때마다 거릉거리고 씩씩대는 소리를 내는 경우에는, 완전기도폐쇄의 처치와 같은 처치를 해야 한다. 이런 경우는 처음부터 호흡을 잘 하지 못하는 경우와 처음엔 호흡을 잘하다가 호흡이 어렵게 되는 경우가 있다.

(2) 완전기도폐쇄

완전기도폐쇄가 된 어린이는 말할 수도 숨 쉴 수도 기침할 수도 없다. 이런 어린이는 공포에 질리거나 손으로 목을 움켜쥘 수 있다. 이것은 기도폐쇄의 고통을 나타내는 보편적인 증상이다. 이때 바로 기도폐쇄에 대한 바른 처치를 실시해야 한다.

2) 의식이 있는 완전기도폐쇄 어린이의 응급처치

어린이 가,

- 기침을 하지 못하거나, 말을 하지 못하거나, 호흡을 하지 못 할 경우
- 약하게 기침을 하거나, 목에서 거친 소리를 내는 경우에는 완전기도폐쇄로 간주하여 처치해야 한다. 이와 같은 어린이를 발견하면

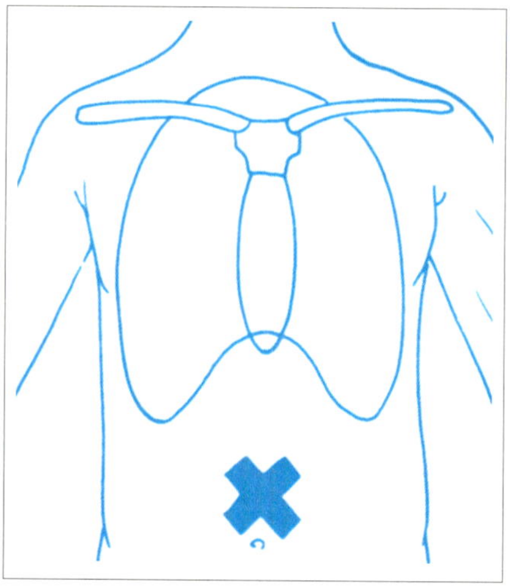

복부 밀쳐올리기의 위치

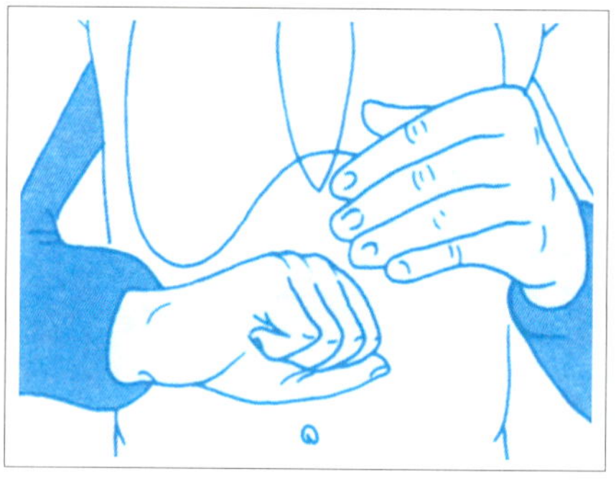

복부 밀쳐올리기의 위치

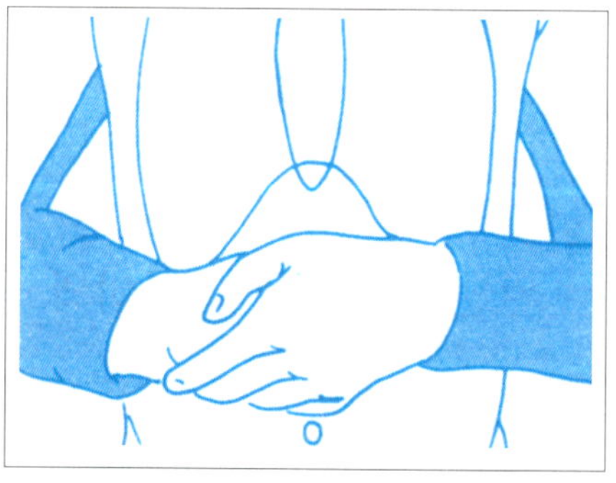

복부 밀쳐올리기의 손자세

그림 13-9 의식이 있는 완전기도폐쇄 어린이의 응급처치

어린이에게 다가가서 현장조사를 해야 한다.

1. "목이 막혔니?" 하고 물어 1차 기본조사를 시작한다.
2. 주위에 사람이 없으면 도와달라고 외친다.
3. 어린이에게 본인은 응급처치원이며 도와줄 수 있다고 말해 주고 누군가에게 응급의료서비스기관에 도움요청 전화를 하게한다.
4. 다음과 같이 복부 밀쳐올리기를 실시한다.

* 어린이의 뒤에 서거나 무릎을 꿇고 앉는다. 어린이는 앉히거나 세운다. 어린이의 허리를 팔로 감아 안고 한손의 주먹을 쥔다. 주먹 쥔 손의 엄지쪽이 어린이의 복부의 중앙에 (배꼽과 흉골 아래쪽 끝 사이에) 위치하게 한다.

- 다른 손으로 주먹쥔 손을 싸쥔다. 팔꿈치가 어린이 몸의 바깥쪽으로 가게하고 주먹으로 복부를 누르면서 빠르게 밀쳐 올린다. 누를 때 주먹이 복부 중앙선에 있도록 한다. (왼쪽 또는 오른쪽 방향으로 밀쳐 올리지 말 것)이물질을 제거하기 위한 복부 밀쳐올리기는 한 번씩 확실하게 해야 함을 유념해야 한다.
- 이물질이 제거되거나 어린이가 의식을 잃게 되어 할 수 없을 때까지 반복한다.

3) 기도폐쇄 처치의 중단

이물질이 나오거나 또는 어린이가 숨을 쉬거나 기침을 하기 시작하면 즉시복부 밀쳐올리기를 중단한다. 어린이를 잘 살피고 다시 자유롭게 호흡하는지 확인한다. 이물질을 뱉어냈다 할지라도 의사에게 보여야 할 문제가 있을 수 있다.

또한 복부 밀쳐올리기가 내장에 손상을 입힐 수 있다는 사실을 유념해야 한다. 이 같은 이유에서 응급의료서비스기관에 미처 연락을 하지 못했으면 전화연락을 취해야 한다. 어린이의 호흡이 회복되어 숨을 잘 쉴지라도 병원응급실에 데려가야 한다.

4) 의식이 없는 완전기도폐쇄 어린이의 응급처치

일반적으로 의식이 없는 어린이에게 응급처치를 할 경우에는 1차 기본조사부터 시작한다. 기도, 호흡, 순환(ABC:Airway, Breathing, Circulation)을 확인하면서 어린이의 기도폐쇄를 발견할 수 있다. 의식이 없는 어린이의 완전기도폐쇄를 확인하는 과정은 아래와 같다. 현장조사를 먼저 한 뒤 1차 기본조사를 해야 한다.

1. 의식유무를 확인한다.
2. 도와달라고 외친다.
3. 어린이를 바로 눕힌다.
4. 기도를 개방한다.
5. 호흡을 하는지 보고, 듣고, 느낀다.
6. 호흡을 하지 않으면 두 번 천천히 불어넣기를 한다.
7. 공기를 불어 넣을 수 없으면 다시 머리를 뒤로 젖히고 두 번 불어넣기를 한다. 어린이의 머리가 올바른 위치에 놓이지 않을 수도 있기 때문이다. 계속 공기를 불어넣을 수 없으면 누군가에게 응급의료서비스기관에 전화연락을 부탁하고 다음처치를 한다.
8. 복부 밀쳐올리기를 6~10회 실시한다.
9. 이물질 검사를 한다.
10. 기도를 개방하고 두 번 천천히 불어넣기를 한다. 이물질이 제거되거나 전문 응급의료요원이 도착하여 인계할 때까지 8, 9,10의 단계를 반복한다.

(1) 복부 밀쳐올리기

의식이 없는 어린이에 대한 복부 밀쳐올리기는 다음과 같이 실시한다.

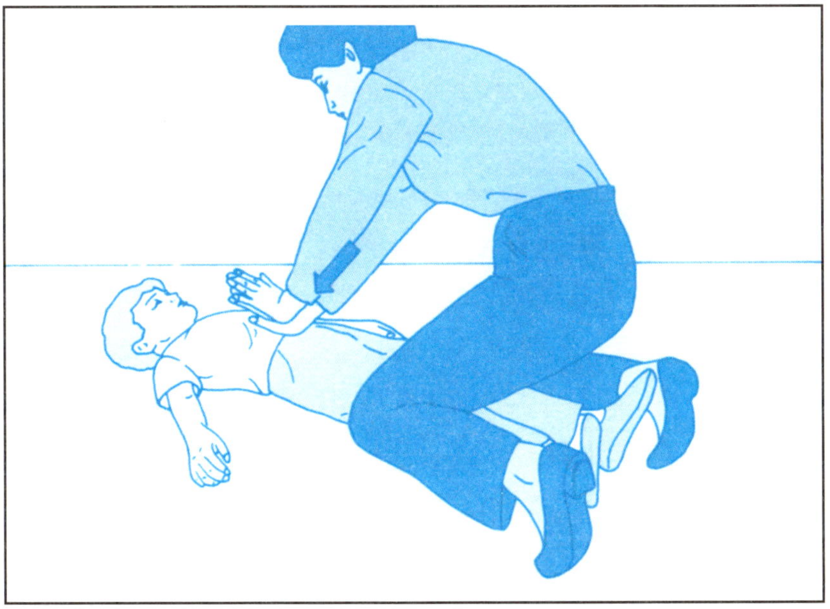

그림 13-10 의식이 없는 어린이에 대한 복부 밀쳐올리기

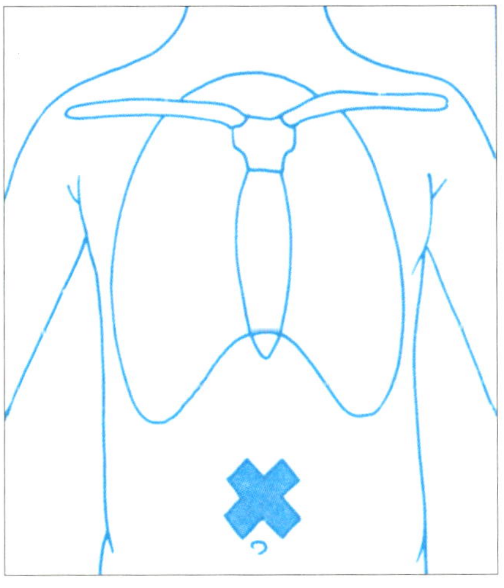

그림 13-11 복부 밀쳐올리기의 위치

- 어린이의 발쪽에 무릎을 꿇고 앉는다. 어린이가 크면 어른에게 하는 것처럼 무릎에 걸터앉는다.
- 한손의 손꿈치를 배꼽 바로 위와 흉골 아래쪽 끝사이의 복부 중앙에 올려놓는다. 다른 손을 처음 손위에 포개어 놓고 손가락이 어

린이의 머리를 향하도록 한다. 손가락이 어린이의 늑골을 누르지 않도록 한다.

- 복부를 빠르게 위로 밀치며 누른다. 이를 6~10회 실시한다. 누를 때 처치원의 손은 복부의 중앙선을 따라 눌러야 하며 왼쪽이나 오른쪽을 향해서는 안 된다. 복부 밀쳐올리기는 한 번씩 확실하게 하면서 이물질 제거를 확인한다. 6~10회의 복부 밀쳐올리기를 한 뒤 이물질이 기도에서 제거되었는지 확인한다.

(2) 이물질 확인

이물질을 확인하려면,

- 어린이의 머리 옆에 무릎을 꿇고 앉는다. · 어린이의 발쪽에 있는 손으로 입을 벌리고 엄지를 입속에 넣고 혀와 아래턱을 엄지와 다른 손가락 사이에 쥔 다음 턱을 위로 끌어올린다. 이렇게 하면 혀가 목 안쪽으로부터 끌어올려지며 그 곳에 있던 이물질도 같이 올라오게 된다.
- 이물질이 있나 살펴보고, 이물질이 있으면 손가락으로 꺼내기를 하여 제거하도록 한다.

※ 손가락으로 꺼내기를 하기 위하여 다른 손의 새끼손가락을 입속에 밀어 넣어 뺨 안쪽을 따라 혀뿌리까지 넣되 이물질을 밀어 기도 속으로 들어가지 않도록 한다. 손가락을 갈고리 모양으로 하여 이물질을 목 안쪽에서 꺼낸다. 손가락으로 꺼내기는 이물질이 보일 때만 실시한다.

(3) 두 번 천천히 불어넣기

이물질 확인이 끝나면 두 번 천천히 불어넣기를 다음과 같이 한다.

- 머리 뒤로 젖히기! 턱 끌어올리기로 기도를 개방한다.
- 두 번 천천히 불어넣기를 한다. 다음 세 단계를 계속한다.

1. 복부 밀쳐올리기를 6~10회 실시한다.
2. 이물질 확인을 한다.
3. 기도를 개방하고 두 번 천천히 불어넣기를 한다.

처음 시도에서 이물질을 제거하지 못하더라도 중단하지 않도록 한다. 어린이가 산소공급을 받지 못하는 시간이 길어질수록 목의 근육이 이완되어 이물질 제거가 쉬워질 수 있다.

이물질을 제거하고 공기를 불어넣을 수 있게 되면 두 번 천천히 불어넣기를 한다. 그런 후 어린이의 맥박을 확인한다. 맥박이 없으면 심폐소생법을 실시한다. 맥박은 있으나 어린이 스스로 호흡하지 못하면 구조호흡을 계속한다.

어린이가 스스로 호흡하기 시작하면 응급의료요원이 도착하여 인계할 때까지 호흡과 맥박을 지켜본다. 즉 기도개방을 유지하며 호흡하는지를 보고, 듣고, 느끼며 맥박을 계속하여 확인한다. 또한 어린이의 몸을 따뜻하게 덮어주고 가능한 한 조용히 안정시켜 준다.

5) 의식이 있다가 의식을 잃은 기도폐쇄 어린이의 응급처치

때때로 완전기도폐쇄로 인하여 어린이가 의식을 잃고 쓰러지는 경우가 있다. 이 때에는 도와달라고 외치고 어린이의 뒤에서 머리를 받치면서 천천히 바닥에 눕힌다. 바닥에 눕힌 뒤, 응급의료서비스기관에 연락을 미처 못 했으면 전화연락을 해달라고 부탁하고, 어린이 옆에 무릎을 꿇고 앉아 다음의 처치를 한다.

1. 이물질을 확인.
2. 기도를 개방하여 두 번 불어넣기를 실시
3. 공기를 불어넣을 수 없으면 복부 밀쳐올리기를 6~10회 실시한다.

이물질이 제거되거나 전문 응급의료요원이 도착하여 인계할 때까지 위의 3단계를 반복한다.

3. 어린이의 심폐소생법

1) 어린이의 심장이상

대개 어린이들의 심장은 건강하다. 어른과 달리 어린이는 처음부터 심장이상이 발생하지 않는다. 대부분의 경우 어린이들은 호흡이상이 먼저 있은 뒤 심장이상으로 발전한다.

어린이들의 심장이상을 일으키는 원인으로는 교통사고로 인한 상해가 가장 흔하다. 그 외에 일반적인 원인으로 익수, 가스질식, 화상, 독극물중독, 기도폐쇄, 작은 총기류에 의한 사고, 추락으로 인한 상해가 있다.

드물게는 호흡기 염증이나 천식과 같은 질환으로 일어나는 경우가 있다. 대부분의 경우 어린이들의 심장이상은 사전에 예방 할 수 있다. 첫째로 어린이들을 부상으로부터 예방하는 것이다. 부상의 위험을 감소시킬 수 있는 방법은 제6장에서 이미 배웠다.

둘째 어린이들에게 적절한 치료를 받게 하는 것이 중요하다. 세 번째 예방책은 심장이상이 종종 호흡이상으로부터 오기 때문에 호흡이상의 초기증상을 인지하는 것이다. 호흡이상의 초기증상은 다음과 같다.

- 흥분, 격앙
- 졸음, 나른함
- 피부색 변화(창백해지거나, 회백색 또는 푸른색으로 변함)
- 호흡곤란의 증가
- 호흡과 맥박의 빨라짐

2) 어린이의 심폐소생법

심폐소생법 (CPR)을 실시해야할지 알아보기 위하여 기도, 호흡, 순환(ABC: Airway, Breathing, Circulation)을 확인하는 1차 기본조사를 시작한다.

1. 의식유무 확인
2. 도움요청
3. 어린이의 자세교정
4. 기도개방
5. 호흡하는지 보고 듣고 느낀다.
6. 호흡이 없으면 두 번 천천히 불어넣기
7. 경동맥 확인
8. 응급의료서비스기관에 전화연락을 부탁

맥박이 없으면 심폐소생법을 시작한다. 심폐소생법을 시작하기 전에 5~10초간 경동맥을 확인하는 것이 중요하다. 왜하면 심장이 뛰고 있을 때 흉부압박을 하면 매우 위험하기 때문이다. 심폐소생법의 실시단계는, 어린이 옆에 무릎을 꿇고 어린이의 가슴 위로 몸을 굽혀 흉부압박의 정확한 위치를 찾은 후 흉부압박을 하고 구조호흡을 실시한다.

이 두 단계 조치로 산소를 함유한 혈액이 계속 혈관 속을 흐르게 된다.

(1) 압박위치 찾기

효과적인 흉부압박을 하려면 어린이를 딱딱하고 평편한 바닥에 가슴과 머리가 수평이 되도록 하여 바로 눕혀야 하며, 처치원은 다음과 같이 하여 손과 몸의 정확한 위치를 잡는다.

- 어린이의 가슴 옆에 무릎을 꿇고 앉는다.
- 어린이의 머리 쪽에 있는 손을 어린이의 이마에 얹고 머리를 젖혀 neutral-plus위치에 오게 한다.
- 다른 손은 처치원쪽으로 있는 어린이의 흉곽 아래끝 부분에 대고 가슴아래부분 중앙에서 늑골과 흉골이 만나는 위치, 즉 명치부위까지 중지로 더듬어 올라간다. 중지를 이 위치에 놓고 검지를 중

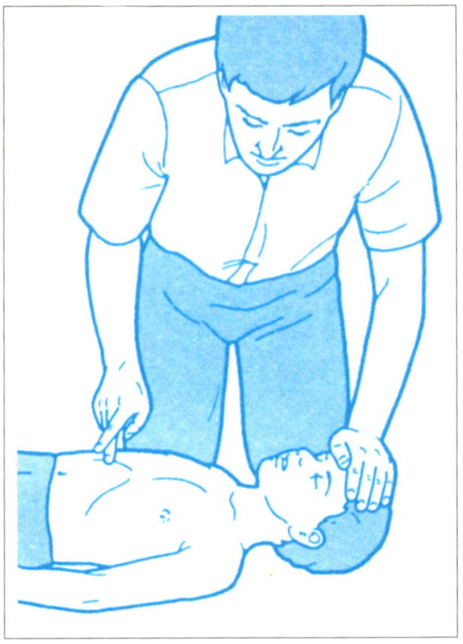

그림 13-12 흉곽끝으로부터 손가락을 미끌리듯 올린다.

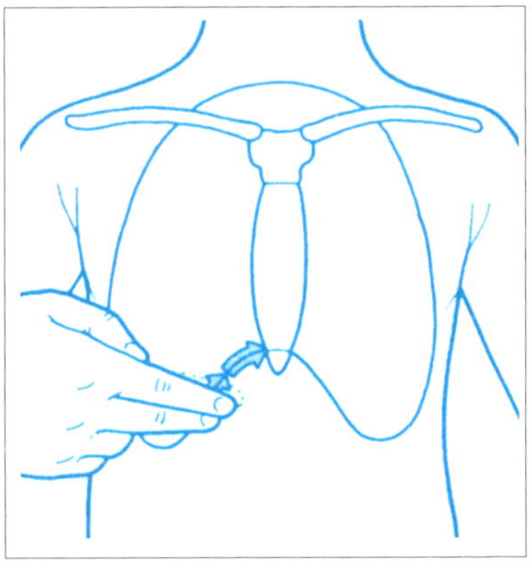

그림 13-13 정확한 위치 찾기

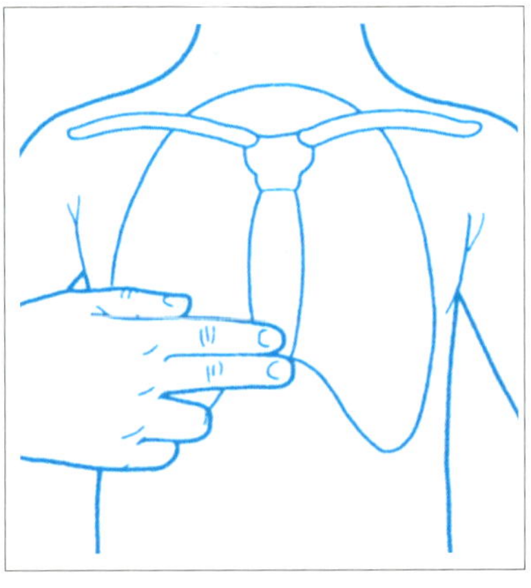

그림 13-14 흉골위의 손가락 위치

지와 함께 흉골 아래끝 부분 위에 놓이게 중지 옆에 놓는다.

- 검지의 위치를 주의 깊게 보아둔다. 흉골에서 손가락을 떼고 그 손의 손꿈치를 검지가 놓였던 곳 바로 위에 올려 놓는다. 가슴에 손가락이 닿지 않게 하고 손꿈치만 흉골 위에 올려놓는다.

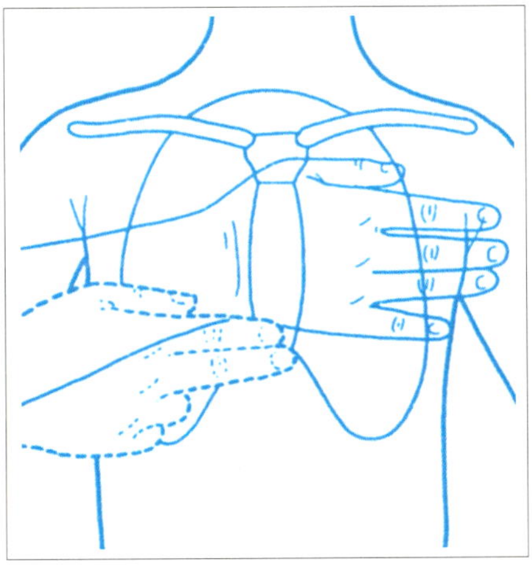

그림 13-15 흉골위의 손꿈치 위치

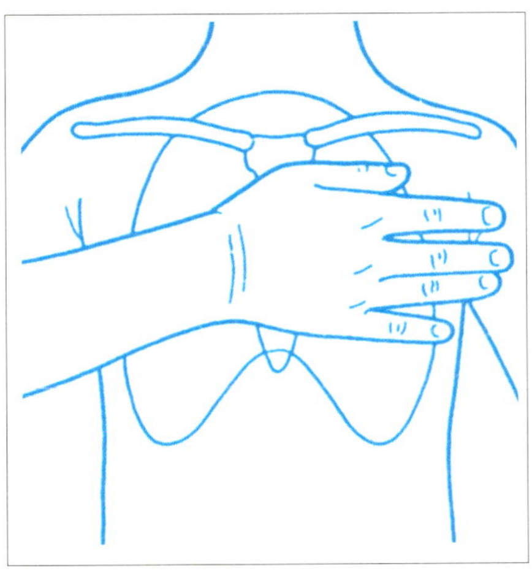

그림 13-16 흉골에서 손가락을 뗀다.

손을 정확한 위치에 놓음으로써 흉골의 양옆에 있는 늑골의 골절 위험이 줄고 또한 검상돌기가 흉골 밑의 복잡한 기관으로 밀려들어가지 않게 된다.

(2) 처치원의 자세

흉부압박을 하는 처치원의 자세는 매우 중요하므로 올바른 자세를 익혀야한다. 먼저 어린이 옆에 무릎을 꿇고 흉부압박의 정확한 위치에 손을 얹은 뒤 몸을 움직여 손 위에 어깨가 오도록 하고 팔을 쭉 편다.

이 자세에서 누르기를 하면 곧바로 흉골을 압박하게 된다. 다른 손은 어린이의 이마에 대고 기도개방을 유지하도록 한다.

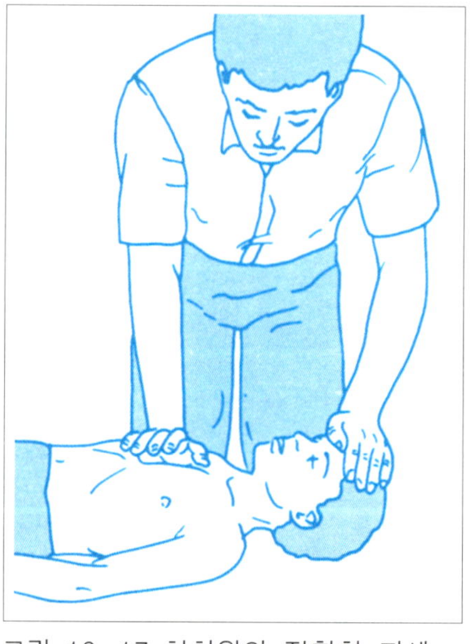

그림 13-17 처치원의 정확한 자세

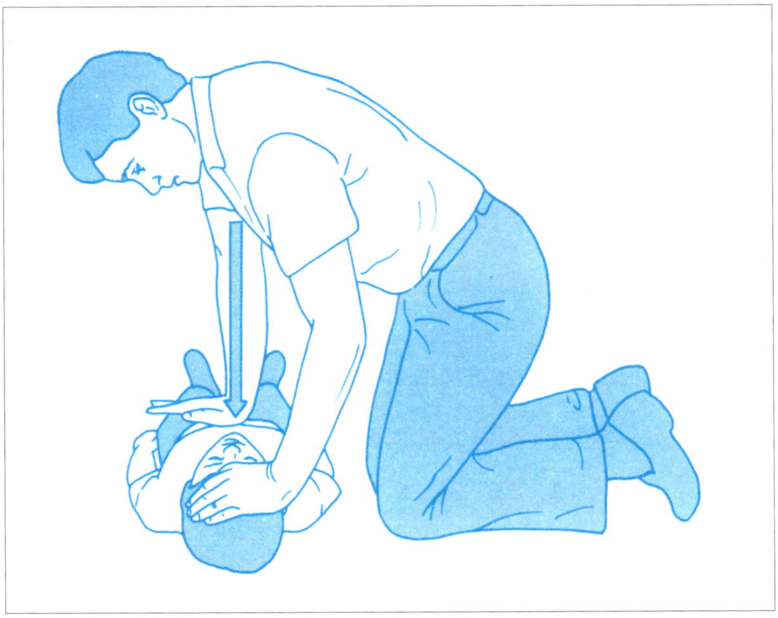

그림 13-18 흉부압박하기. 흉부압박은 2.5~3.8cm 정도 누른다.

(3) 흉부압박 요령

어린이의 흉부압박은 다음과 같이 실시한다.

1. 압박할 때는 어린이의 흉골 위에 얹은 손만을 사용한다. 성인의 경우와는 달리 두 손을 사용하지 않는다. 수직이 되게 하여 밑으로 누른다. 그렇지 않고 앞뒤로 흔들거나 수직방향이 안되면 효과적인 흉부압박을 할 수 없다.
2. 압박할 때마다 흉골을 2.5~3.8cm(1~1.5인치)정도 누르고, 압박의 동작은 급작스럽게 하지 않고 부드럽게 규칙직으로 쉬지 않고 한다. 힘을 주고 빼는 시간이 같아야 하고 힘을 뺄 때는 가슴에 압력이 가해지지 않도록 완전히 빼야 하나 가슴에서 손을 떼서는 안 된다. 손은 압박위치에 계속 놓여 있어야 한다.
3. 분당 80~100회의 압박을 한다.
4. 손이 놓인 위치를 잘 보고 기억해둔다. 손을 가슴에서 멘 뒤

다시 압박을 할 때는 그 위치에 손을 놓을 수 있어야 한다. 매번 손가락으로 흉곽을 더듬어 올라가 위치를 찾는 일은 하지 않아야 한다.

(4) 흉부압박/불어넣기의 주기

심폐소생법을 실시할 때는 5회 흉부압박과 1회 불어넣기를 1주기로 한다.

매 주기마다 한손으로 5회의 흉부압박을 하고 다른 손은 어린이의 이마에 얹어 어린이의 머리가 neutral-plus 위치에 있도록 젖힌다. 그런 후 가슴에서 손을 떼어 턱을 끌어올려 1회의 불어넣기를 한다. 불어넣기를 하고나면 다시 손을 가슴의 정확한 위치에 놓고 흉부압박을 한다.

는지 확인한다. 맥박이 있다는 것은 혈액이 몸속에 흐르고 있다는 것을 뜻한다.

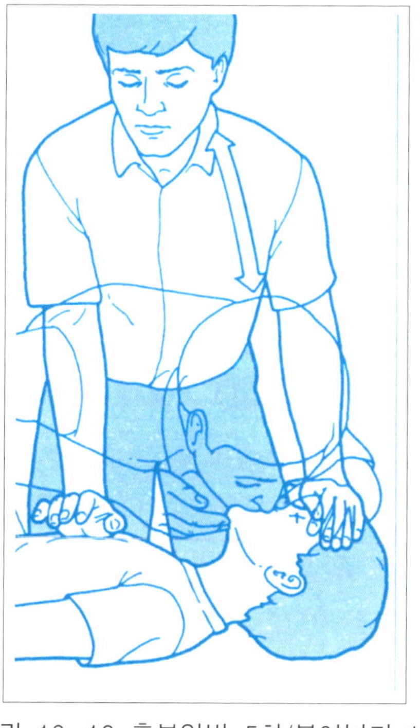

그림 13-19 흉부압박 5회/불어넣기 1회

제 14 장 성인의 인명구조법

1. 심장질환에 대하여

심장발작을 예방하고, 심장발작이 일어났을 때 어떻게 해야 할 것인가와 심장정지가 된 성인에게 심폐소생법을 실시하면서 어떻게 보살펴야 하는가? 심장정지를 유발할 수 있는 호흡계의 이상이나 숨막혀하는 성인에게 응급처치를 해주는 방법을 알아보자.

1) 심장질환은 성인 사망의 주요원인

심혈관질환은 성인사망의 주요원인으로써 심장과 혈관의 질환을 말한다. 암, 교통사고 등과 함께 가장 흔한 사망원인이다.

2) 심장발작으로 인한 사망을 감소시키기

대부분의 심장발작 환자는 병원에 도착하기도 전에 사망한다. 심장발작 및 심혈관 질환으로 인한 사망을 감소시킬 수 있는 최선의 방법은 심장발작을 유발하는 질환을 예방하는 것이다.

많은 사람들이 심장발작은 갑자기 일어나거나, 우연히 일어난다고 생각하고 있는데 사실은 그렇지 않다. 심장발작(심혈관 질환)을 일으키는 질환은 경우에 따라서는 아주 어린시기에 시작된다고 한다. 나이가 들면 이러한 질환이 나빠지게 되고 심장발작의 가능성

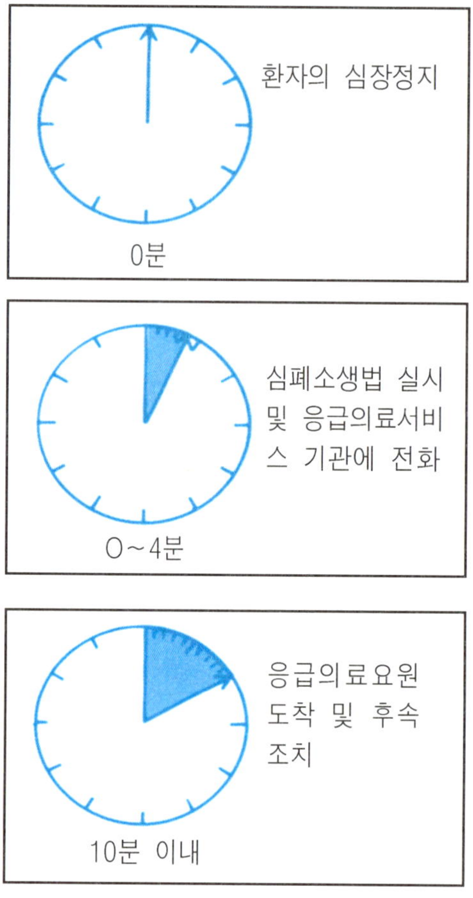

그림 14-1 인명구조의 한계시간

이 증가된다.

심장혈관 질환의 예방은 심장발작을 일으킬 수 있는 위험요인을 알고 이를 제거하기 위하여 할 수 있는 일을 하는 것이다.

심장발작으로 사망한 사람의 대부분이 심장발작 증세가 시작된 지 2시간 내에 사망한다. 어떤 환자는 응급처치를 하기도 전에 사망하는 경우가 있다. 심장발작 환자의 생명을 구하기 위해서는 심장발작이 일어났을 때 곧바로 응급처치가 가능해야 한다.

이 같은 응급처치는 심장발작의 증세를 감지하여 응급처치를 제공하고 전화로 응급의료를 요청할 수 있는 시민에 의해 가능하다. 심장발작을 인식할 수 있고 심장이 멈추기 전에 재빨리 조치를 취한다는 것은 많은 환자의 생사를 결정짓는 일이라 할 수 있다.

심장정지가 일어났을 때 응급의료요원이 도착할 때까지 심폐소생법을 실시하여 산소를 함유한 동맥혈이 폐에서 뇌와 심장으로 흐르도록 해줘야 한다.

모든 심장정지환자가 신속한 심폐소생법과 함께 10분 내에 응급의료요원의 응급치료를 받으면 많은 수가 구조될 수 있다고 전문가들은 생각하고 있다.

심장발작 외에 익사, 감전, 약물 과다복용 및 중독과 같은 응급사태도 심장정지를 일으킬 수 있다. 어떤 이유로 심장이 멈췄든간에 곧바로 심폐소생법을 실시해야 하고 10분 내에 응급의료진이 도착해야 한다.

3) 현장 대응인의 역할

현장의 누구나 응급처치원이 될 수 있고, 심장발작이 있어났을 때 심장정지를 예방하는 응급처치를 해주는 것이다. 호흡이나 심장에 이상이 생겼을 때 응급처치가 필요함을 인식하고 응급처치를 실시하며 응급의료서비스기관에 전화연락을 하는 것이 현장 대응인이 할 일이다.

심장발작이 일어났을 경우에는 환자가 전문 의료인의 응급치료를 받기 전까지의 위험한 시기에 뇌세포와 인체 각 부위의 세포에 산소를 계속 공급할 수 있도록 심폐소생법을 실시해야 한다.

응급처치강습을 받은 현장 대응인이라면 심장발작 환자가 쓰러졌을 때 호흡과 맥박을 확인하고 심폐소생법을 시작하면서 응급의료서비스기관에 전화연락을 취하도록 한다. 처치원은 환자가 전문가의 응급치료를 받을 때까지 심폐소생법을 계속한다.

훈련을 받은 처치원으로서 보다 효율적인 조치를 취한다면 심장발작 증세를 인지하여 응급처치를 시작하고 응급의료서비스기관에 전화연락을 하여 환자의 심장이 정지하기 전에 전문가의 치료를 받게 하는 것이다.

2. 성인의 구조호흡(인공호흡)

구조호흡(또는 인공호흡)은 호흡은 정지됐으나 심장이 계속 뛰고 있는 환자에게 실시한다. 1차기본조사에서 구조호흡이 필요한지를 판단하게 된다.

또한 호흡곤란이 왜 일어나게 되며, 구조호흡의 목적과 구조호흡이 왜 효과적인가에 대해 알아보자.

1) 생명유지

인체는 수백만 개의 세포로 이루어져 있고 생명을 유지하기 위해서는 이 세포에 계속하여 산소를 공급해주어야 한다.

산소의 공급은 인체의 호흡계와 순환계의 작용으로 이루어진다. 호흡계는 생명유지를 위해 인체 내에 산소를 공급한다.

코와 입을 통해 흡입된 공기는 목, 기관을 경유하여 폐에 이르게 되는데 코, 입에서 폐에 이르기까지의 공기통로를 기도라 한다. 폐 내의 공기 중 산소는 혈액에 흡입되어 순환계를 통해 신체 각부의 세포로 운반된다.

호흡계나 순환계의 작용이 정지되거나 이상이 생길 경우 세포에의 산소공급이 감소되어 곧 사망할 수 있게 되는데 이때는 전문적인 의료처치를 받을 때까지 구조호흡이나 심폐소생을 실시해야 한다.

2) 호흡이상

정상적인 호흡을 할 수 없거나 호흡이 약해져 충분한 공기를 흡입할 수 없을 때 이를 호흡이상이라 한다. 계속 산소를 공급해 주지 않으면 4~6분 뒤에 뇌사가 시작될 것이다. 이때 바로 구조호흡을 해야 생명을 유지할 수 있다.

구조호흡은 호흡정지나 호흡이 부적절한 환자의 폐속으로 공기를 불어 넣어주는 방법이다.

구조호흡으로 환자에게 흡입시켜 주는 공기에는 16%의 산소를 함유하고 있는데 이는 환자의 생명을 유지시키기에 충분한 것이다.

3) 호흡의 응급상황과 원인

호흡이상은 거의가 기도에 장애가 발생했을 때 일어난다. 기도장애에는 구조적 장애와 물리적 장애의 2가지 형태가 있다.

구조적 장애는 혀나 인후조직이 기도를 막을 때 일어난다.

- 기도폐쇄의 가장 흔한 경우로 혀가 뒤로 물러나 목구멍 뒤쪽을 막게 되는데 가끔 환자가 무의식 상태로 똑바로 누워있을 때 볼 수 있다.
- 인후조직이 부으면 기도가 막힐 수 있다.

인후조직은 목에 타격을 받거나 화상, 알레르기, 벌레에 쏘이거나 물렸을 때, 중독 및 특정질환으로 인해 부을 수 있다.

물리적 장애는 딱딱한 물질이나 유동물질이 기도를 막을 때 일어난다. 그 외에 감전, 익수, 쇼크, 가스질식, 가슴이나 폐의 부상 및 특정 의약품에 의해 호흡 이상이 생길 수 있다.

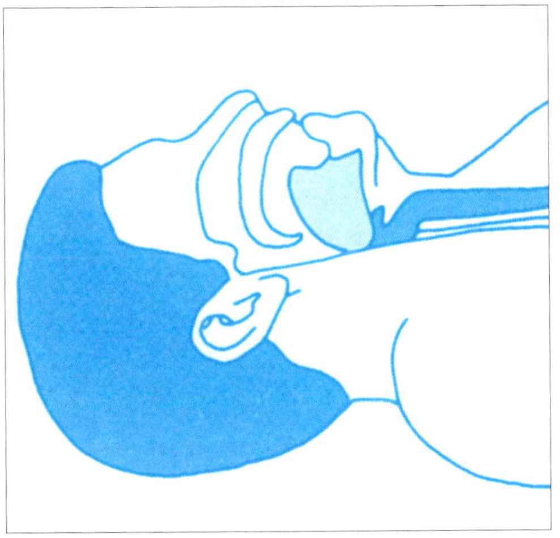

그림 14-2 혀가 뒤로 처져 기도가 막힌 경우

4) 성인의 구조호흡

쓰러져 있는 사람을 발견하면 현장조사와 1차기본조사를 실시한다.

(1) 의식유무 착인

먼저 환자 옆에 앉아 가볍게 흔들면서 큰소리로 "괜찮습니까?" 하고 물어보아 의식유무를 확인한다.

그림 14-3 의식유무에 대한 확인

(2) 도움요청

환자가 반응이 없을 때는 도와달라고 외친다.

그림 14-4

"도와주세요"라고 외친다.

(3) 환자의 자세 교정

그림과 같이 하여 환자를 똑바로 눕혀 신체의 뒤틀림이나 부상의 악화를 방지한다.

- 환자의 엉덩이와 어깨 중간쯤에서 환자의 얼굴을 보며 무릎을 꿇고 앉는다.
- 필요할 경우 환자의 두다리를 곧게 편다.
- 환자의 팔을 처치원쪽으로 당겨 환자의 머리 위로 뻗쳐 놓는다.
- 몸을 굽혀 한 손은 환자의 어깨를 다른 한 손은 엉덩이를 잡는다.

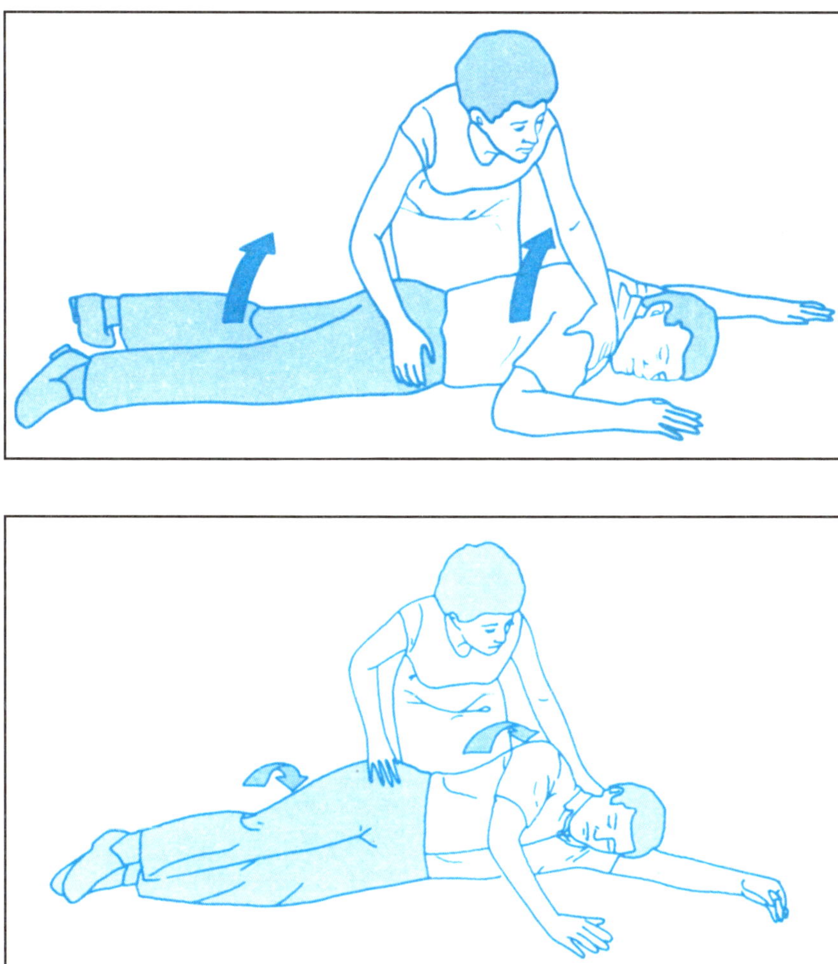

그림 14-5 환자의 자세 교정

- 환자를 천천히 끌어 당기면서 돌려 놓는다.
- 환자를 똑바로 눕힐 때 어깨를 잡았던 손으로 환자의 목과 머리 뒷부분을 받친다.
- 처치원 쪽에 있는 환자의 팔을 환자 옆에 나란히 놓는다.

환자의 자세교정은 가능한 한 신속하게 하는 것이 중요하다. 환자의 자세교정은 10초 이내에 해야 한다.

※ 구조호흡이나 심폐소생법이 필요한 대부분의 상황이 큰 부상 때문만은 아니다. 그러나 이러한 처치가 요구되는 부상자 중에는 머리, 등, 목에 중상을 입은 환자도 있을 수 있는데 이런 환자를 움직이거나 기도개방을 하게 되면 부상이 더 악화된다.

(4) 기도개방("A" - Airway)

즉각적인 기도 개방은 환자를 성공적으로 소생시키기 위하여 가장 중요한 것이다. 기도를 개방하는 기법을 머리 뒤로 젖히기/턱 끌

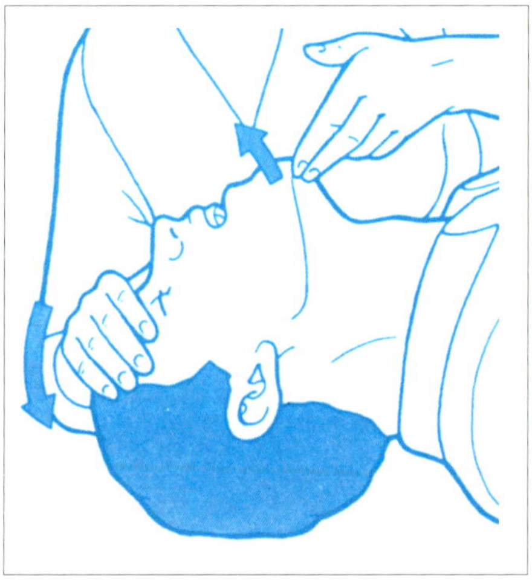

그림 14-6 머리 뒤로 젖히기/턱 끌어올리기

어올리기라 하는데 이는 환자의 머리를 뒤로 젖히며 동시에 턱을 끌어올리는 것으로써 이렇게 하여 환자의 목 안쪽을 막고 있는 혀를 끌어올려 기도가 열리게 하는 방법이다.

- 환자의 머리쪽에 있는 처치원의 손을 환자의 이마위에 얹고 손바닥으로 눌러 머리를 뒤로 젖힌다.
- 다른 손의 손가락을 환자의 아래쪽 턱뼈 밑에 대고 턱을 앞으로 끌어올린다.
- 위아래의 이가 거의 맞닿을 정도까지 턱을 끌어올린다. 이때 환자의 입이 닫히지 않도록 엄지손가락을 사용하며 입이 벌어지도록 한다. 턱밑의 연한 조직을 누르게 되어 기도가 막힐 수 있으니 이 부위가 눌리지 않도록 한다.

(5) 호흡유무 확인("B" - Breathing) - 보고, 듣고, 느낀다.

환자의 머리를 뒤로 젖히고 턱을 끌어올린 자세에서 환자가 호흡을 하고 있는지를 확인한다. 머리를 뒤로 젖히는 것만으로도 기도가 개방되어 호흡이 회복되기도 한다.

- 환자의 머리를 뒤로 젖히고 턱을 끌어올려 기도를 개방한다.
- 환자의 입과 코 가까이에 귀를 대고 환자의 가슴을 본다.
- 가슴을 오르내리는지 살펴보고, 호흡을 하는지 들어보고, 코와 입에서 공기가 나오는지 느껴보는 일을 3~5초 동안 한다.

환자의 가슴이 움직인다고 호흡을 하는 것은 아니기 때문에 반드시 보고, 듣고, 느껴 호흡을 하는지 확인해야 한다.

그림 14-7 호흡유무 확인

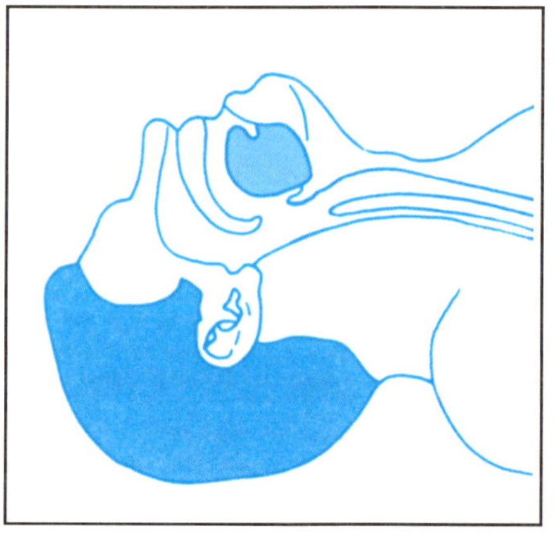

그림 14-8 개방된 기도

(6) 두 번 충분히 불어넣기

환자가 호흡을 하지 않으면 곧바로 환자의 폐속으로 공기를 불어넣어준다.

- 머리를 뒤로 젖히고 턱을 끌어올려 기도를 개방시킨 상태에서 환자의 이마를 누르고 있는 손의 엄지와 검지로 환자의 코를 부드럽게 잡아 막는다.
- 처치원은 자기 입을 크게 벌려 공기를 많이 들여마시고 환자의 입에 자기의 입을 공기가 새지 않도록 밀착시킨 후 환자의 입속으로 공기를 불어 넣는다.
- 불어넣을 때는 매회 1~1.5초 정도로 두 번을 충분히 불어넣는다. 공기를 불어넣으면 환자의 가슴이 올라오고 입을 떼면 가슴이 내려가는지 살펴보고, 가슴이 내려갈 때 공기가 빠져나가는지를 듣고 느껴본다.

이 때에 불어넣는데 저항을 느끼거나 공기가 들어가지 않으면, 대부분의 경우 머리 뒤로 젖히기를 충분히 하지 않았거나 환자의 혀가 목안쪽을 막고 있기 때문이다. 다시 한번 위의 과정을 반복하고, 머리를 충분히 뒤로 젖힌 상태에서도 공기가 들어가지 않을 때에는 음식물이나 기타 이물질이 기도를 막고 있을 수 있다

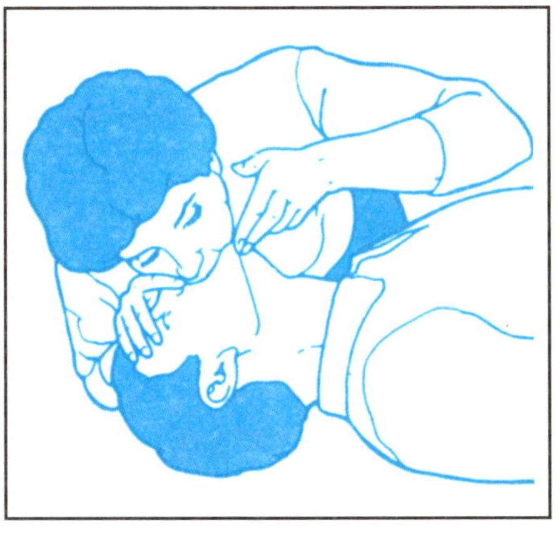

그림 14-9 입으로 불어넣기

(7) 혈액 순환 확인("C" - Circulation) - 목옆의 동맥 박동 확인

목 부위의 맥박을 짚어 심장이 박동하는지 확인한다. 이 맥박을 경동맥이라 한다.

- 한손으로 환자의 이마를 눌러 머리를 뒤로 젖힌 상태에서 다른 손의 검지와 중지를 울대(Adam's apple)에 놓고, 두 손가락을 처치원쪽으로 미끌리듯 움직여 목 옆쪽의 근육과 기관 사이의 움푹 들어간 곳에 있는 경동맥을 찾는다.
- 손끝으로 부드럽게 눌러 경동맥의 박동을 5~10초간 느껴본다. 엄지로 하면 처치원 자신의 맥박이 느껴질 수 있기 때문에 검지와 중지로 해야 한다.

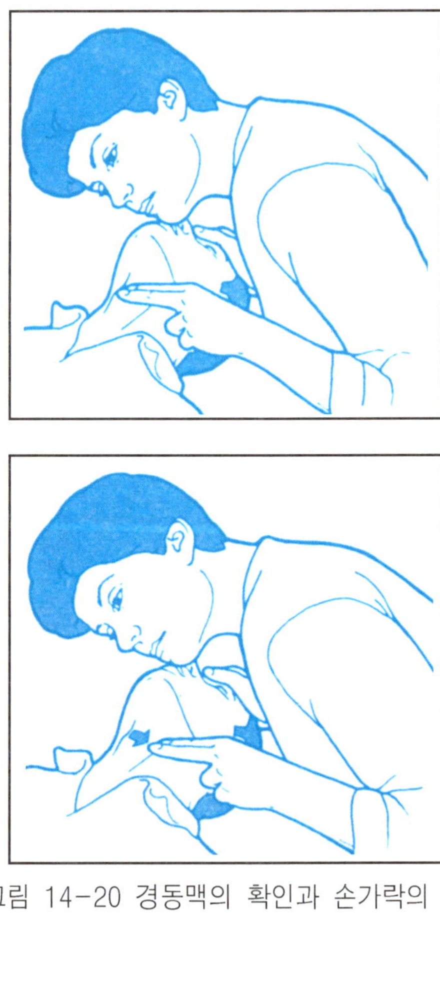

그림 14-20 경동맥의 확인과 손가락의 위치

(8) 응급의료서비스기관에 전화연락

맥박을 확인하면 응급의료서비스기관에 전화연락을 할 사람에게 환자의 상태에 대해 충분한 설명, 즉 환자의 의식유무, 호흡, 맥박 등을 알려주어 이 정보를 응급의료서비스기관에 전하게 한다.

(9) 구조호흡 실시

맥박은 뛰나 호흡을 하지 않을 경우 구조호흡을 시작한다. 구조호흡은,

- 기도를 개방하고
- 매회 1~1.5초간 불어넣기를 5초 간격으로 실시한다. 간격을 정확하게 하기위하여 하나에서 다섯까지의 숫자를 세도록 한다. 처치원 자신의 호흡을 들이마신 후 환자에게 불어넣고 이때 환자의 가슴이 올라오는지 지켜본다.
- 불어넣기를 하는 사이에 환자의 입에서 입술을 떼고 환자의 코와 입으로 공기가 빠져나가는지 듣고 느끼면서 가슴이 내려가는지 본다. 또한 환자가 다시 스스로 호흡을 시작하는지 주의하여 들어보아야 한다.

(10) 맥박의 재확인

구조호흡을 1분간(12회 정도) 실시한 뒤 환자의 맥박을 확인해야 한다. 맥박 확인은,

- 기도를 개방하고 5초간 경동맥을 느껴본다.

맥박이 뛰면 3~5초간 호흡을 확인하고 호흡을 하면 계속 기도를 열어주고 호흡과 맥박을 주의 깊게 관찰한다. 즉, 맥박을 확인하면서 호흡하는지 보고, 듣고, 느껴보아야 한다.

호흡을 하지 않으면 계속 구조호흡을 실시하고 1분마다 맥박을 재확인한다.

다음과 같은 상황이 될 때까지 구조호흡을 계속 실시한다.

- 환자 스스로 호흡을 하기 시작할 때
- 훈련된 다른 처치원과 교대할 때
- 응급의료서비스요원이 도착하여 환자를 처치할 때
- 너무 지쳐 구조호흡을 계속할 수 없을 때

5) 성인의 구조호흡에 대한 보충설명

(1) 위팽창

구조호흡을 실시하는 중에 때때로 환자의 위에 공기가 들어가는 경우가 있는데, 환자가 구토를 일으켜 매우 심각한 문제가 되기도 한다. 의식이 없는 환자가 구토를 하게 되면 구토물이 폐에 들어가 사망하게 할 수 있다.

위에 공기가 들어가는 위팽창은 다음 3가지 경우에 일어날 수 있다.

- 환자의 가슴이 팽창한 뒤에도 계속 공기를 불어 넣으면 남은 공기가 위속으로 들어간다.
- 환자의 머리를 충분히 뒤로 젖히지 않아 기도가 완전히 열리지 않았을 때
- 너무 빨리 공기를 불어 넣으면 과다한 압력이 생겨 위속에 공기가 들어가게 된다.

위팽창을 방지하기 위해서 반드시 환자의 머리를 뒤로 젖히고 가슴이 팽창할 정도의 공기를 불어넣어 주고 너무 빨리 불어넣지 않도록 한다.

환자의 폐에서 공기가 나올 수 있고 처치원이 다시 공기를 들이마실 수 있는 충분한 시간적 여유를 두고 구조호흡을 실시한다.

위팽창이 일어나면 환자의 머리를 뒤로 충분히 젖히고, 너무 세지 않고 너무 빠르지 않게 공기를 불어넣어 주어야 한다.

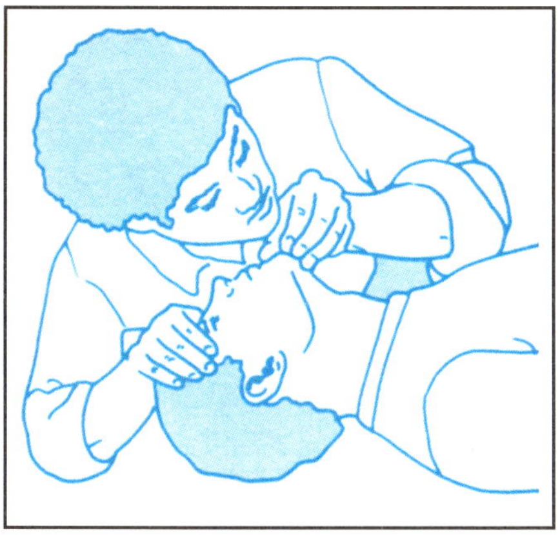

코에 불어넣기를 하기 위해 입을 막는다.

(2) 구토

의식이 없는 환자를 처치할 때 때때로 환자가 구토를 일으키는데 이 때에는 환자의 머리와 몸을 옆으로 돌려 토물이 입 밖으로 나오도록 하고 재빨리 닦아낸 후 처치를 계속한다.

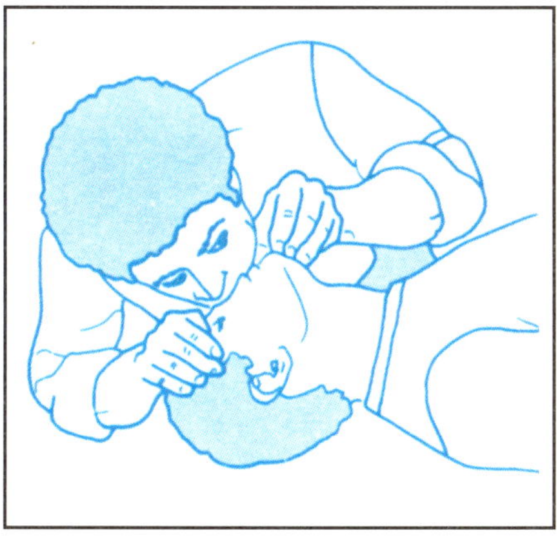

코에 불어넣기

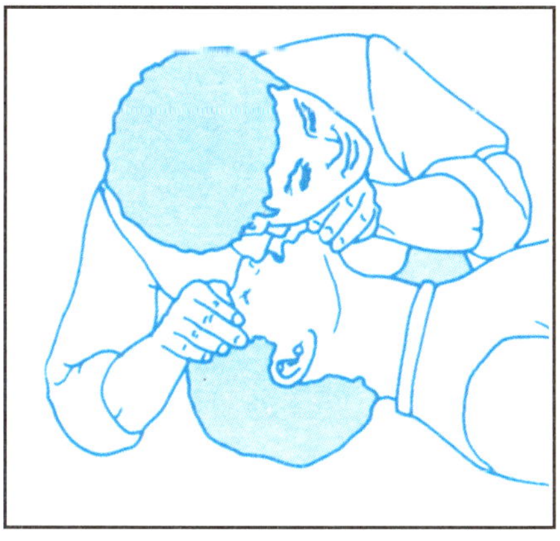

공기가 나오는지 확인

(3) 코에 불어넣기

사고로 인하여 턱이나 입을 다쳐 입을 벌릴 수 없거나 처치원의 입이 너무 작아 입으로 불어넣기가 어려울 때 코에 불어넣기를 해야 한다.

• 한손을 환자의 이마에 대어 머리를 뒤로 젖히고 다른 손으로 환자의 턱을 끌어올려 입을 다물도록 한다. 목을 누르지 않도록 해야 한다.

• 처치원은 숨을 크게 들이마신 후 환자의 코에 공기가 새지 않도록 입을 대고 충분히 불어넣는다. 그런 다음 입을 떼고 환자가 숨을 내쉬도록 한다. 가능하면 환자가 숨을 내쉴 때 공기가 나가도록 환자의 입을 벌린다.

그림 14-21 성인의 구조호흡에 대한 보충설명

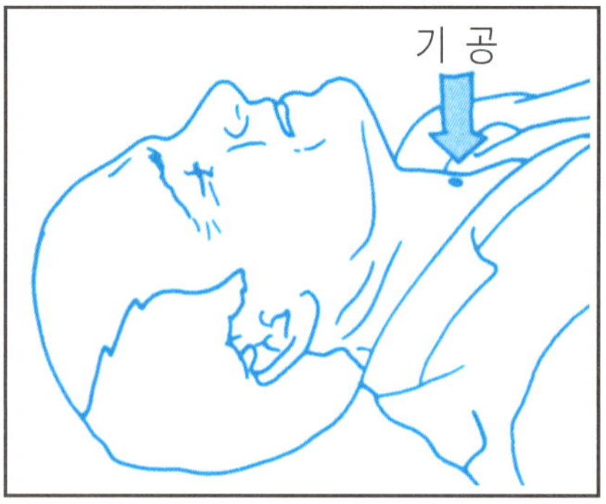

기공을 갖고 있는 환자

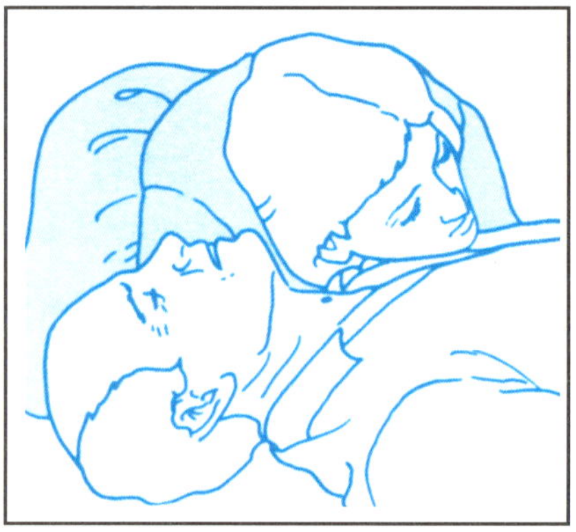

호흡유무 확인

기공에 불어넣기

그림 14-22 입과 기공을 통한 구조호흡

(4) 입과 기공을 통한 구조호흡

후두절제 수술을 받은 사람은 목 앞쪽의 기공을 통해 호흡을 하며 공기는 코나 입을 거치지 않고 곧바로 기관으로 들어간다.

대부분의 후두절제자는 후두절제자임을 알 수 있게 하는 목걸이, 팔찌 또는 의료증을 갖고 있으나 응급상황에서 시간이 없으므로 1차기본조사 때 기공이 있는지 목 부위를 살펴보는 것이 중요하다.

기공환자에 대한 구조호흡은 반드시 기공을 통해서 하고 그 방법은 입으로 불어넣는 구조호흡과 단계가 똑같다.

다른점은

1. 귀를 환자의 기공에 대고 숨쉬는 것을 보고 듣고 느낀다.
2. 기공에 공기를 불어넣는 속도는 입에 불어넣는 구조호흡과 같이 5초 간격으로 한다.

기공환자에게 구조호흡을 실시할 때 주의해야 할 중요사항들은 다음과 같다.

- 환자의 머리를 뒤로 젖히지 않는다.
- 환자의 코나 입으로 공기를 불어넣지 않는다. 위팽창이 일어날 수 있다.
- 환자의 유일한 호흡기인 기공을 막지 않는다.
- 부분 후두절제자의 경우 기공 외에 코나 입으로 호흡을 할 수도 있다. 공기를 불어 넣을 때 가슴이 올라가지 않으면 입과 코를 막고 기공을 통해 계속 공기를 불어넣는다.

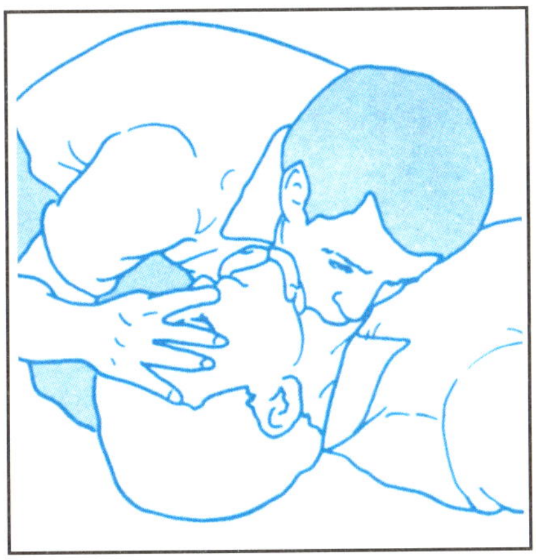

그림 14-23 부분 후두절제자에게 불어넣기

(5) 의치환자

구조호흡이 필요한 환자가 의치를 하고 있는 경우, 의치가 움직이지 않으면 그대로 둔다. 의치가 헐거워도 머리를 뒤로 젖히고 턱을 끌어올리면 그대로 두고 구조호흡을 할 수 있으나, 아주 헐거워 기도를 막거나 공기를 불어넣기가 어려우면 의치를 제거한다.

3. 성인의 기도폐쇄

음식물이나 이물질로 인하여 기도가 폐쇄되면 곧바로 호흡이 정지되고 의식을 잃게 되어 죽게 된다.

기도폐쇄의 증상과 기도폐쇄의 확인, 기도개방을 위한 응급처치법에 대해 알아보자.

1) 기도폐쇄의 원인과 증상

보편적으로 기도폐쇄는 다음 경우에 일어날 수 있다.

- 큰 조각의 음식물을 잘 씹지 않고 삼키려 할 때
- 음식을 먹으면서 술을 마실 때(술은 음식 삼키는 것을 도와주는 신경을 무디게 한다.)
- 의치를 했을 때(의치를 하면 음식을 씹고 삼킬 때 그 크기를 감지하기 어렵다.)
- 흥분해서 이야기하며 음식을 먹거나 웃으면서 음식을 먹을 때, 또는 너무 빨리 음식을 먹을 때
- 입에 음식물이 있는 상태에서 걷거나 놀거나 뛸 때.

기도폐쇄는 때때로 심장마비나 다른 심각한 상태로 오인되는 경우가 있다. 이때 적절한 처치가 지연되거나 잘못 처치될 수 있기 때문에 기도폐쇄 판별요령을 알고 있는 것은 매우 중요하다.

환자의 생명구조는 기도폐쇄를 인지하는 능력에 달려있다. 기도폐쇄는 부분기도폐쇄와 완전기도폐쇄의 두 가지가 있으며 이 두 가지를 구별할 수 있어야한다.

(1) 부분기도폐쇄

기도가 부분적으로 막히게 되면 호흡이 잘 되거나, 안될 수도 있다.

- 호흡이 가능한 경우에는 기침을 세게 할 수 있으나 숨쉬는 사이에 씩씩거리는 거친 소리가 날 수 있다. 환자 스스로 이물질을 뱉어

내려고 세게 기침을 하면 방해하지 말고, 곁에 지켜 서서 계속 기침하도록 도와주고, 기침이 멈추지 않으면 응급의료서비스기관에 연락하여 도움을 청한다.

- 호흡이 잘 안되는 경우에는 기침이 약하고 호흡할 때 거친 소리가 난다. 처음부터 호흡이 잘 안되는 경우가 있고, 처음엔 호흡이 잘 되다가 잘 안되게 되는 경우가 있다. 호흡이 잘 안되는 부분기도폐쇄는 완전기도폐쇄로 보고 다루어야 한다.

(2) 완전기도폐쇄

완전기도폐쇄가 되면 말을 할 수 없고, 호흡이나 기침을 할 수 없다. 환자는 한손 또는 두 손으로 목을 움켜쥐는 동작을 하는데 이는 목이 막혔다는 신호이다. 이때 바로 기도의 이물질을 제거해 줘야 한다.

그림 14-24 기도폐쇄의 공통적 증상

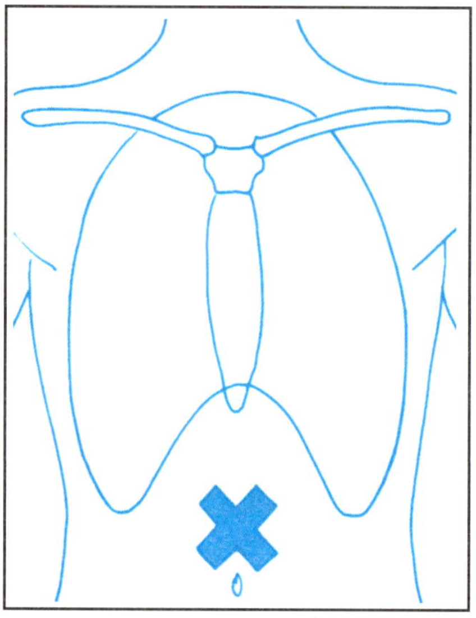
복부 밀쳐올리기의 위치

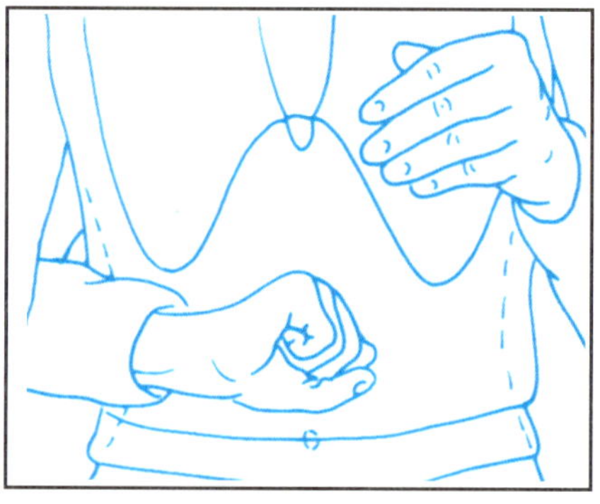
복부 밀쳐올리기를 위한 손모습

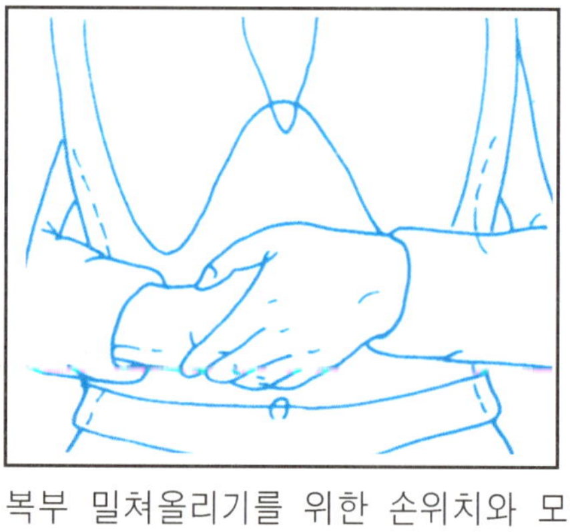
복부 밀쳐올리기를 위한 손위치와 모습

그림 14-25 의식이 있는 완전기도폐쇄 성인의 응급처치

2) 의식이 있는 완전기도폐쇄 성인의 응급처치

기도가 막힌 것처럼 보이는 사람을 보면 다가가서 현장조사를 한다.

1. "목이 막혔습니까?"라고 물어 1차 기본조사를 하며, 환자가 약한 기침을 하거나 거칠게 씩씩거리거나, 말, 호흡, 센기침을 할 수 없으면 환자에게 자신이 응급처치원임을 밝히고 도와주겠다고 말한다.

2. 주위에 아무도 없는 경우에는 소리쳐 도움을 요청하고, 누군가가 있으면 응급의료서비스기관에 도움요청 전화를 하도록 한다.

3. 복부 밀쳐올리기를 다음과 같이 실시한다.

- 환자를 세우거나 앉힌 뒤 환자 뒤에 서서, 환자의 허리를 팔로 감고 한 손은 주먹을 쥔다. 주먹쥔 손은 엄지손가락 부분이 배꼽 위와 흉골 아래쪽 끝 사이의 복부중앙에 오도록 한다.

그림 14-26 복부 밀쳐올리기

• 주먹쥔 손을 다른 손으로 잡고 팔꿈치가 환자의 바깥쪽을 향하게 하여, 환자의 복부 안쪽으로 주먹을 누르며 위를 향하여 빠르게 밀쳐올린다.

반드시 환자의 복부 중심선에 주먹이 오도록 하고 옆(오른쪽 또는 왼쪽)으로 밀치는 일이 없도록 한다. 이물질을 제거하기 위한 밀쳐올리기는 한번씩 확실하게 시도해야 한다.(계속적으로 반복하지 말고 한번씩하고 그 때마다 이물질이 제거되었는지 확인함)

• 밀쳐올리기는 이물질이 제거되었거나, 환자가 의식이 없어져 할 수 없게 될 때까지 반복한다.

(1) 혼자 있을 때 기도폐쇄가 일어날 경우

기도가 막혔을 때 주위에 도와줄 사람이 없으면 혼자서 복부 밀쳐올리기를 실시한다.

한손은 주먹을 쥐고 엄지손가락 부분이 배꼽 바로위와 흉골아래끝 사이의 복부 중앙에 오도록 한다. 다른손으로 주먹을 잡고 빨리 밀쳐올린다.

또는 몸을 앞으로 숙이고 의자등받이, 씽크대 난간과 같이 딱딱한 것으로 복부를 누를 수 있다.

이때 주의할 점은 끝이 뾰족한 것이나 모서리에 몸을 숙이면 상처를 입을수 있으니 잘 살펴보아야 한다.

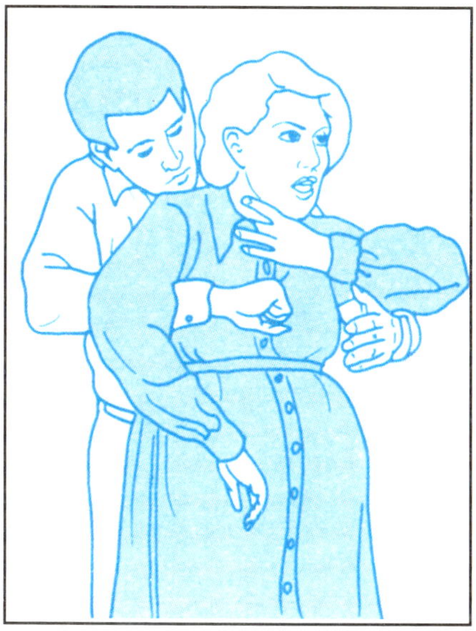

가슴압박의 손위치

(2) 의식이 있는 성인의 가슴압박

환자가 매우 비만하거나 임신말기여서 환자의 복부를 팔로 감쌀 수 없는 경우에는 가슴압박을 한다.

1. 환자를 서게 하거나 앉힌 뒤, 환자 뒤에 서서 팔을 환자의 겨드랑이에 끼고 가슴을 감싼다. 주먹의 엄지손가락 쪽을 흉골 중앙부위 위에 댄다. 주먹이 늑골 위나 흉골 아래끝 가까이에 놓이지 않도록 주의한다.

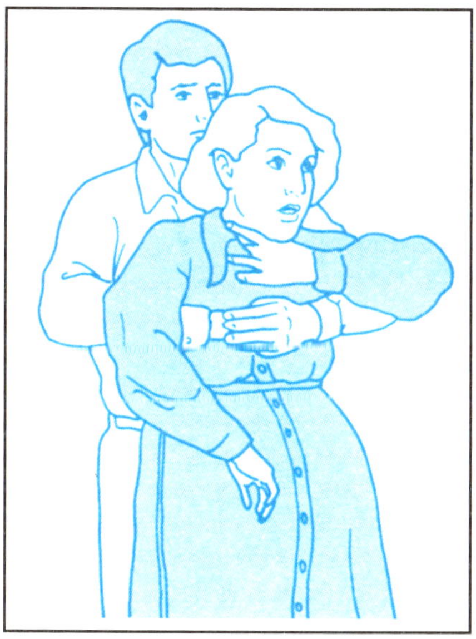

가슴압박

2. 다른 손으로 주먹을 잡고 빠르게 뒤쪽으로 압박을 한다.

3. 기도장애가 제거되거나, 환자가 의식을 잃는 경우에는 중단한다. 이물질을 제거하기 위한 가슴압박은 한번씩 확실하게(계속적으로 반복하지 말고) 시도해야 함을 유념해야 한다.

그림 14-27 의식이 있는 성인의 가슴압박

(3) 복부 밀쳐올리기 및 가슴압박의 중단

이물질이 제거되거나 환자가 숨을 쉬거나 혹은 기침을 하게 되면 즉시 복부 밀쳐올리기 또는 가슴압박을 중단해야 한다.

이물질이 나왔더라도 처치원이 잘 알 수 없는 호흡의 문제가 있을 수 있으므로 이물질이 제거되고 환자가 다시 자유롭게 호흡을 하는지 지켜보아야한다.

또한 복부 밀쳐올리기 및 가슴압박은 내장에 손상을 입힐 수 있다는 것을 명심하고 환자가 불편 없이 호흡을 하는 것 같더라도 가까운 병원의 응급실로 데려가야 한다.

3) 의식이 없는 완전기도폐쇄 성인의 응급처치

의식이 없는 환자의 응급처치는 1차기본조사로 시작된다. 기도, 호흡, 순환(ABC:Airway, Breathing, Circulation)을 조사하면서 기도가 막혀 있음을 발견할 수 있다. 의식이 없는 환자의 완전기도폐쇄를 확인하는 과정은 다음과 같다.

현장조사를 한 뒤 1차기본조사를 한다.

1. 환자의 의식유무를 확인한다.
2. 도와달라고 소리친다.
3. 환자를 똑바로 눕힌다.
4. 기도를 개방한다.
5. 호흡하는지 보고, 듣고, 느낀다.
6. 호흡을 하지 않으면 두 번 충분히 불어넣기를 한다.
7. 환자에게 불어넣기를 할 수 없으면 머리 뒤로 젖히기를 다시 하고 두 번 충분히 불어넣기를 한다. 처음 기도개방시에 환자의 머리를 충분히 뒤로 젖히지 않았을 수도 있기 때문이다. 그래도 불어 넣을 수 없으면 주위의 사람을 시켜 응급의료서비스기관에 전화 연락을 하도록 하고, 다음 단계를 실시한다.

8. 복부 밀쳐올리기를 6~10회 한다.
9. 환자 기도의 이물질을 제거하기 위하여 손가락으로 꺼내기를 한다.
10. 기도를 개방하고 충분히 불어넣기를 두 번 한다.

이물질이 제거되거나 응급의료요원이 도착하여 환자를 인계할 때까지 8, 9, 10의 단계를 반복한다.

(1) 복부 밀쳐올리기

• 환자의 대퇴부에 걸터앉는다.

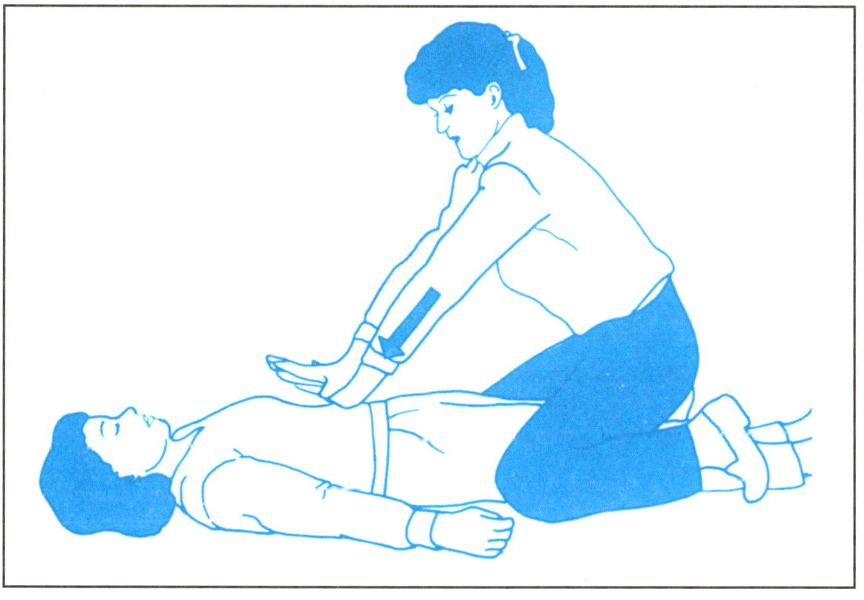

그림 14-28 의식이 없는 환자의 복부 밀쳐올리기

• 손가락이 환자의 머리를 향하도록 두 손을 서로 포개어 밑에 있는 손의 손꿈치를 환자의 배꼽 위와 흉골 아래쪽 끝 사이의 복부중앙에 놓는다.

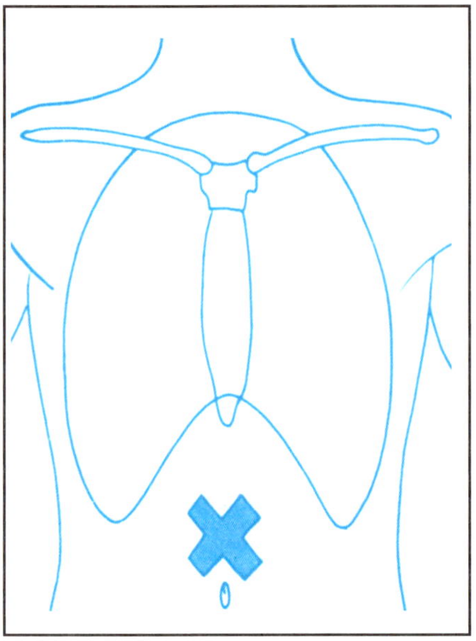

그림 14-29 복부 밀쳐올리기의 위치

- 위로 빠르게 6~10회 복부를 누르며 밀쳐올린다. 누를 때 손은 복부의 중앙에 있어야 하고, 오른쪽이나 왼쪽으로 밀쳐서는 안 된다. 이물질을 제거하기 위한 밀쳐올리기는 한번씩 확실하게 시도해야 한다. 밀쳐올리기를 6~10회 실시한 뒤 손가락으로 꺼내기를 한다.

그림 14-30 혀와 턱을 쥐는 방법

(2) 손가락으로 꺼내기

손가락으로 (휘저어)꺼내기는,

- 처치원이 환자를 걸터앉았던 위치를 이동하여 환자의 머리 옆에 꿇어 앉아 환자의 얼굴을 똑바로 위를 향하게 하여 지켜보면서 환자의 입을 열고, 환자의 다리 쪽에 있는 처치원의 손의 엄지와 기타 손가락으로 혀와 턱밑을 쥔다. 턱을 끌어올리면 목안쪽에서 혀가 당겨져 나와 이물질이 제거될 수도 있다. 이러한 처치만으로도 기도폐쇄를 푸는데 도움이 될 수 있다.

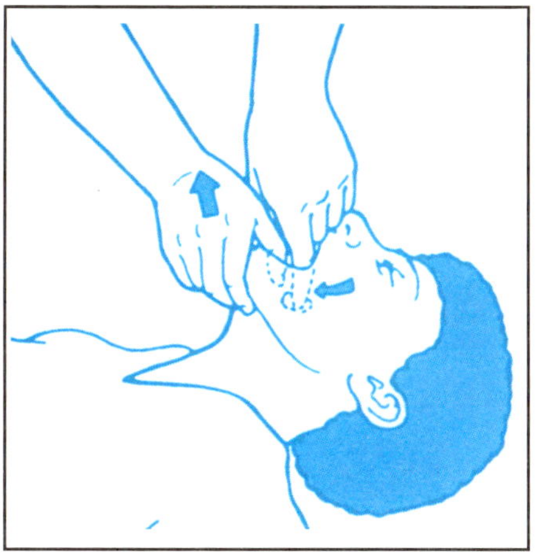

그림 14-31 손가락으로 (휘저어) 꺼내기

• 턱과 혀를 끌어올린 상태에서 다른 손의 검지를 혀뿌리가 있는 목구멍 안쪽까지 미끄러듯 넣는다. 그런 뒤에 손가락을 갈고리처럼 구부려 이물질을 환자의 입안으로 끄집어내어 제거한다. 만약 이물질이 닿으면 잡아서 끄집어낸다. 힘을 가하여 이물질이 기도 안으로 더 깊이 들어가지 않도록 주의한다.

(3) 의식이 없는 성인에 대한 가슴압박

의식이 없는 기도폐쇄환자가 임신말기이거나 너무 비만할 때는 가슴 압박을 해야 한다. 의식이 없는 기도폐쇄환자에게 응급처치를 할 때와 같은 단계를 밟는다. 무의식 환자에게 가슴압박을 할 때는,

1. 환자를 향해 무릎을 꿇고 앉는다.
2. 심폐소생법 실시 때의 가슴압박과 같은 위치에 손을 놓는다.
3. 가슴누르기를 6~10회 실시한다. 매번 3.8~5cm(1.5~2인치) 정도를 천천히 그리고 한번씩 확실하게 누른다.
4. 손가락으로 꺼내기를 한다.
5. 환자의 기도를 개방하고 두 번 충분히 불어넣기를 한다.

기도장애가 제거되거나 응급의료요원이 도착하여 환자를 인계할 때까지 3, 4, 5의 과정을 반복한다.

(3) 의식이 없는 성인에 대한 가슴압박

의식이 없는 기도폐쇄환자가 임신말기이거나 너무 비만할 때는 가슴 압박을 해야 한다.

의식이 없는 기도폐쇄환자에게 응급처치를 할 때와 같은 단계를 밟는다. 무의식 환자에게 가슴압박을 할 때는,

1. 환자를 향해 무릎을 꿇고 앉는다.
2. 심폐소생법 실시 때의 가슴압박과 같은 위치에 손을 놓는다.
3. 가슴누르기를 6~10회 실시한다. 매번 3.8~5cm(1.5~2인치) 정도를 천천히 그리고 한번씩 확실하게 누른다.
4. 손가락으로 꺼내기를 한다.
5. 환자의 기도를 개방하고 두 번 충분히 불어넣기를 한다.

기도장애가 제거되거나 응급의료요원이 도착하여 환자를 인계할 때까지 3, 4, 5의 과정을 반복한다.

4) 의식이 있다가 의식을 잃은 기도폐쇄 성인의 응급처치

기도가 폐쇄된 환자에게 복부 밀쳐올리기나 가슴압박을 하는 동안 환자가 의식을 잃게 되면 소리쳐 도움을 요청하고 환자를 뒤에서 부축하여 머리가 바닥에 부딪히지 않도록 주의하며 천천히 바닥에 눕히고, 응급의료서비스기관에 미처 연락하지 않은 상태면 누군가에게 즉시 연락을 취하도록 하고 환자 옆에 꿇어 앉아 다음의 처치를 한다.

1. 손가락으로 꺼내기
2. 기도개방 및 두 번 충분히 불어넣기
3. 불어넣기가 안 되면 복부 밀쳐올리기를 6~10회 실시

이물질이 제거될 때까지, 혹은 응급의료요원이 도착하여 인계할 때까지 위의 3단계를 같은 방법으로 반복한다.

4. 심장발작

심장마비 환자의 생존 가능성을 높이는 최선책은 심장발작의 증상을 초기에 인지할 수 있어야 한다. 심장발작의 증상을 인지하는 것이 항상 쉽진 않지만 일단 인식하면 적절한 응급처치를 실시해야 한다.

1) 심장발작

심장에 혈액을 공급하는 혈관이 막히면 심장발작이 일어난다. 혈관이 막히면 산소를 함유한 혈액의 흐름이 차단되어 이부분의 심장 조직세포가 죽게 되고 심장은 적절한 펌프작용을 못하게 된다.

심장의 대부분의 혈관이 막히게 되면 심장은 펌프기능을 전혀 하지 못하게 되어 정지하게 되는데 이를 심장정지라 한다.

심장발작으로 심장정지가 될 수 있기 때문에 심장발작에 대한 인지능력은 중요하다.

심장발작을 인식하면 즉각적인 조치를 취하여 심장정지를 예방할 수 있어야한다. 심장이 뛰고 있는 환자는 심장이 정지된 사람보다 생존가능이 훨씬 높다는 것은 명백한 사실이다.

심장발작으로 사망하게 되는 대부분의 경우는 심장발작의 첫 증상을 보인 후 1～2시간 내 일어난다. 환자의 주위에 있던 사람이 심장발작의 증상을 인지하고 즉각적인 조치를 할 수 있다면 이들 중 많은 사람들이 생명을 구할 수 있을 것이다.

2) 심장발작과 증상

심장발작의 가장 중요한 증상은 가슴이 답답하거나 고통이 오는 것이다. 흉골 뒤쪽의 가슴 한가운데가 심히 눌리고 답답하고 조이거나 쑤시는 듯 아프거나 묵직한 느낌이 들고 이 증상이 양쪽 팔, 어깨, 목, 턱으로 퍼진다.

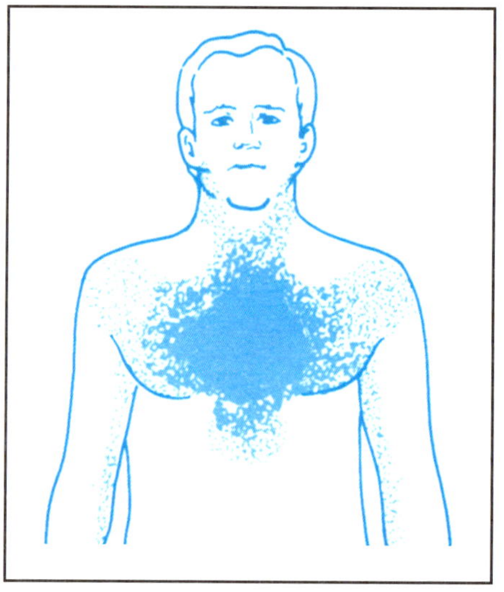

그림 14-32 심장발작시 통증부위

심장발작의 증상으로는 다음과 같다.

- 가슴 통증
- 발한
- 메스꺼움
- 숨 가쁨

많은 환자들이 그들의 심장에 이상이 있다는 것을 그들 스스로와 다른 사람이 인정하는 것을 원하지 않아, 심장발작의 증상을 부인함으로써 꼭 치료해야 할 시기를 놓치고 있다.

이런 환자들은 "나는 너무 건강하다', "소화가 안돼서 그렇거나 과식했다.", "나한테는 별일이 없다", "이 정도는 내가 처리할 수 있다", "놀라게 하고 싶지 않다"거나 "심장발작이 아니면 귀찮게 한 사람들을 바보로 생각할거다"라는 등의 변명을 늘어놓는다. 이러한 핑계를 대며 부인하면 즉각적인 조치를 취해야 한다는 신호이다.

3) 심장발작에 대한 응급처치

심장발작 환자에 대한 응급처치는 다음과 같다.

1. 심장발작의 증상을 인식하고 조치를 취한다.
2. 환자가 하던 일을 중단시키고 편안한 자세로 앉거나 눕도록 한다. 환자를 움직이게 해서는 안 된다.
3. 응급의료서비스기관에 전화연락을 부탁한다. 환자와 처치원 단 둘이면 처치원 자신이 직접 연락해야 한다.

심장발작 환자의 생사는 얼마나 빨리 전문적인 치료를 받느냐에 달려있으므로 즉시 응급의료서비스기관에 연락하는 일이 중요하다.

모든 구급차가 사고현장의 환자에게 제공할 수 있는 전문적인 의료장비와 인력을 확보하고 있는건 아니지만, 대개의 경우 구급차를 불러 환자를 이송하는 편이 개인의 차로 이송하는 것보다 낫다. 병원 이송중 환자의 상태가 악화될 수 있으며 구급차에는 이송중 진행될 수 있는 상황을 처치할 수 있는 인력과 장비를 갖추고 있기 때문이다. 또한 개인차로 환자를 옮기면 운전자에게 심리적 부담을 주게 되어 차에 탄 사람들에게도 위험을 초래할 수 있다. 그러나 구급차 이용이 어려울 경우엔 위험상황을 판단하여 개인차로 환자를 병원으로 옮겨야 한다.

모든 병원과 의료시설이 심혈관 응급환자에게 전문적인 처치를 할 수 없고, 할 수 있다 하더라도 24시간 진료하는 것이 아니기 때문에 지역사회의 응급의료서비스체계를 알아두고 사전에 응급상황시의 계획을 세워두는 일이 중요하다.

응급의료서비스기관에 전화연락을 한 뒤 환자에게 환자에 관한 상황을 물어봐야 한다. 또한 주위사람에게서도 환자에 관한 사항을 알 수 있다.

환자에 대해 알아야 할 사항들은 제1장에서 설명한 대로 다음과 같은 것들이다.

- 환자의 이름
- 환자의 나이
- 과거의 병력("전에도 이 같은 일이 있었습니까?")
- 언제부터 어디가 아팠는지?
- 아픈 증상은?

심장발작 환자의 심장은 박동이 정지할 수 있기 때문에 심폐소생법을 실시할 준비를 하고 있어야 한다.

4) 심장발작의 원인

심장발작이 갑자기 일어나는 것처럼 보이지만, 심장발작의 원인이 되는 심혈관 질환은 경우에 따라서는 여러 해에 걸쳐 진행될 수 있다.

심혈관 질환은 지방질과 기타물질이 혈액에 쌓여 혈관벽에 흡착되면서 혈관이 탄력을 잃으면서 생기게 된다.

시간이 지나면 혈관이 점점 좁아지면서 심혈관이 부분적으로 혹은 완전히 막히는 상태가 된다.

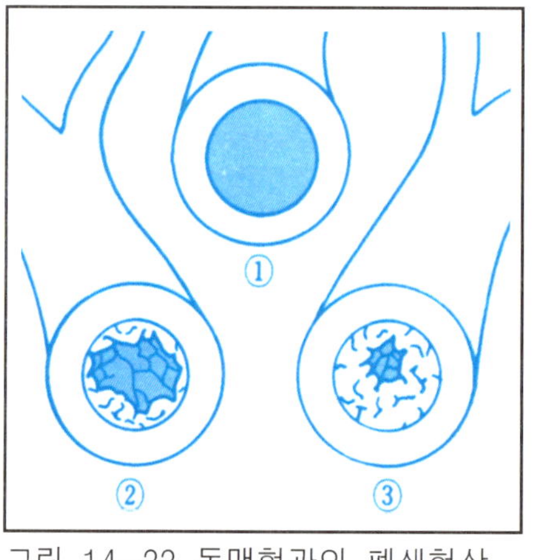

그림 14-33 동맥혈관의 폐쇄현상
① 깨끗한 모양
② 부분 폐쇄된 모양
③ 완전폐쇄에 가까운 모양

심장혈관 질환은 약만으로는 치료할 수 없고 생활방식을 바꿈으로써 치료하거나 그 진행을 늦출 수 있다.

5) 심혈관 질환의 위험요소

심혈관 질환의 위험요소는 변화시킬 수 없는 것과 있는 것이 있다.

- 유전(심혈관 질환의 병력이 있는 가족)
- 성별(남자가 더 위험하다)
- 연령(나이가 많을수록 위험하다)

(1) 변화시킬 수 있는 위험요소

- 흡연
- 고혈압
- 포화지방 및 콜레스테롤 과다섭취·당뇨병
- 비만
- 운동부족·스트레스

변화시킬 수 있는 심장혈관 질환의 위험요소는 의사의 주의사항을 지키고 생활방식을 바꾸는 노력으로 그 위험을 예방할 수 있다.

5. 성인의 심폐소생법

심장박동이 정지된 성인에 대한 응급처치 즉, 산소를 함유한 혈액이 환자의 몸속을 계속 흐르도록 하는 방법에 대해 알아본다.

심폐소생법은 흉부압박과 구조호흡을 함께 실시하여 환자의 혈액에 산소를 공급하고 혈액순환을 회복시켜 신체 각 조직에 산소를 공급하는 방법이다.

심장정지가 일어나면 즉시 심폐소생법을 실시해야 하고 10분 내에 전문적인 응급진료를 받게 해야 한다.

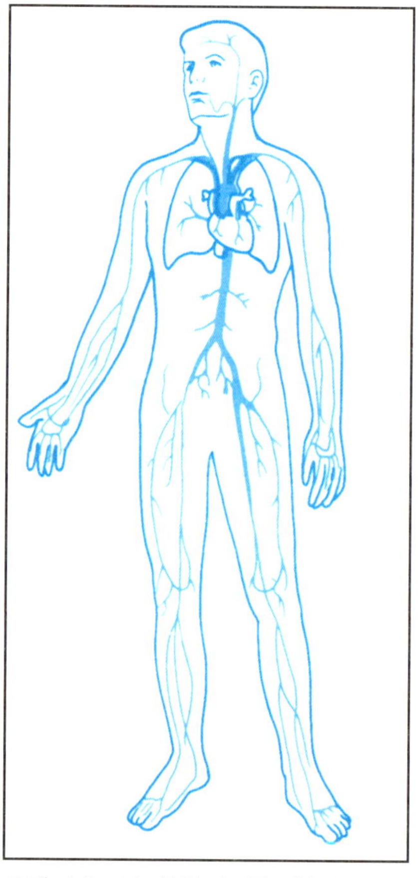

그림 14-34 심장과 주요혈관

1) 심장

심장은 자기의 주먹만한 크기의 단단한 근육조직으로, 가슴 한가운데(두 폐의 사이 그리고 흉골의 가운데 아래쪽)에 위치하고 있다.

심장은 앞은 늑골과 흉골이 뒤는 흉추가 보호하고 있다. 심장은 혈관을 통해 신체의 각 조직에 혈액을 보내는 펌프작용을 한다. 이 같은 기능은 심장과 혈관의 상태에 따라 크게 좌우된다.

평균적으로 성인의 심장은 매분 70여회, 하루 100,000여회의 펌프작용을 한다.

심장박동이 정지하면 즉각적인 처치를 하여 전문응급의료요원이 도착할 때까지 신체 각 조직에 산소를 함유한 혈액을 보낼 수 있도록 해야 한다.

2) 심폐소생법의 목적

심장이 정지한 사람에게는 반드시 심폐소생법을 실시해야 한다. 심폐소생법에는 두 가지 목적이 있다.

1. 산소를 공급하는 폐의 기능을 유지시킨다.
2. 혈액순환을 유지하여 뇌, 심장 기타 신체부위에 산소를 운반한다.

생명을 유지하기 위하여 신체의 모든 조직은 끊임없는 산소공급이 필요하기 때문에 심장이 정지하게 되면 즉시 심폐소생법을 시작해야 한다. 심폐소생법 실시가 지연되면 전문응급의료원이 혈액순환을 회복시킬 수 있는 가능성이 감소된다. 뇌세포는 산소공급이 중단된 지 4~6분이 지나면 죽기 시작한다.

3) 성인의 심폐소생법

심폐소생법이 필요한지를 알아보기 위하여 1차기본조사를 시작한다.

1. 의식유무 확인
2. 도움요청
3. 환자자세 교정(똑바로 눕힌다)
4. 기도개방
5. 호흡하는지 보고 듣고 느끼기
6. 호흡이 없으면 구조호흡(두 번 충분히 불어넣기)
7. 경동맥 확인
8. 응급의료기관에 전화연락(부탁)

맥박이 없으면 심폐소생법을 시작하되, 시작하기 전에 5~10초간 경동맥을 확인하는 것이 중요하다. 왜냐하면 심장이 뛰고 있는데 흉부압박을 하면위험하기 때문이다.

심폐소생법의 실시 방법은 환자 옆에 무릎을 꿇고 가슴 쪽으로 몸을 숙여 정확한 흉부압박 위치를 찾는다. 압박하는 시간과 힘을 빼는 시간이 일정하게 흉부압박을 한 뒤 구조호흡을 실시한다.

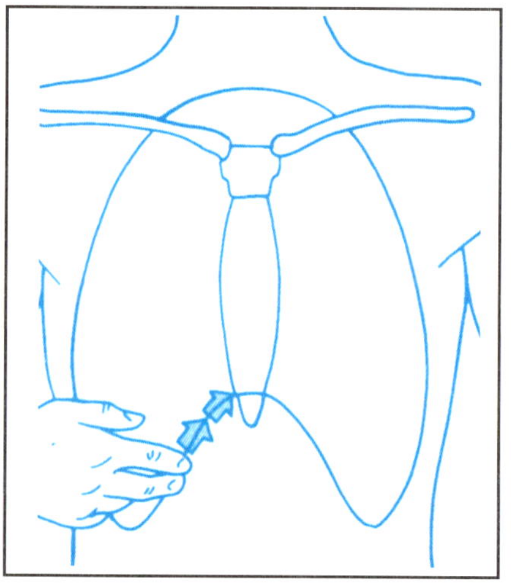

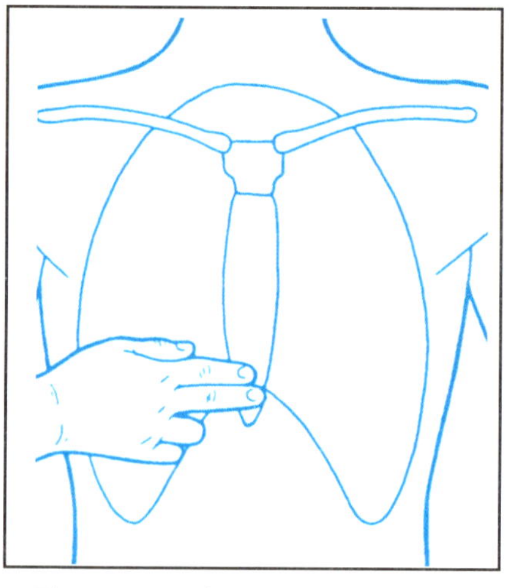

그림 14-35 바른 위치찾기

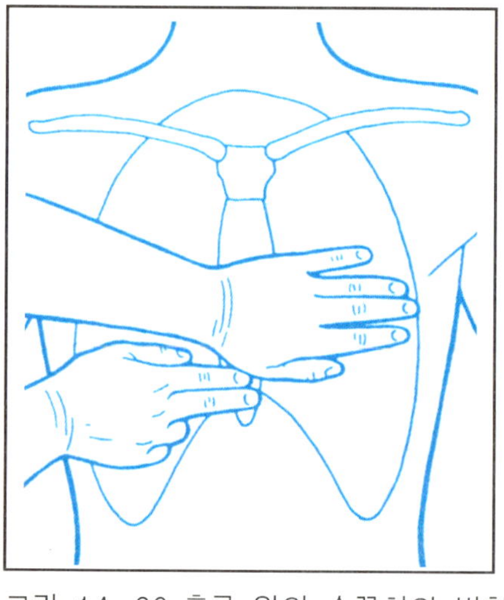

그림 14-36 흉골 위의 손꿈치와 방향

(1) 흉부압박 위치 찾기

흉부압박을 효과적으로 하려면 환자를 딱딱하고 편평한 바닥위에 수평으로 눕혀야 하고, 반드시 환자의 머리가 심장과 같은 높이에 있어야 한다.

처치원의 몸과 손을 정확하게 자리해서 효과적인 흉부압박을 한다.

- 환자의 가슴께에서 처치원의 무릎을 가지런히 하여 환자의 가슴을 보며 꿇어 앉는다.

- 환자의 다리 쪽에 있는 손을 처치원쪽으로 있는 환자의 늑골(흉곽) 아래쪽 끝부분에 댄다. 검지와 중지를 흉곽의 끝부분으로부터 명치부위까지 더듬어 올라간다. 명치위에 중지를 두고 검지를 중지 옆의 흉골 아래쪽 끝부분(검상돌기)에 놓는다.

- 다른 손의 손꿈치를 검상돌기위에 있는 검지 바로 옆에 얹는데 손꿈치가 흉골의 세로를 따라 자리하게 한다.

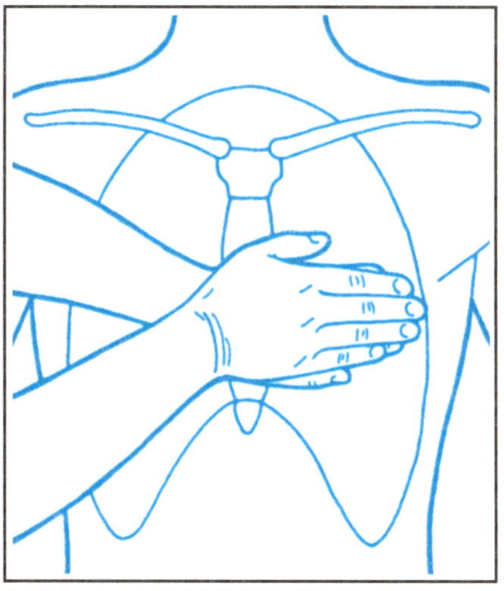

그림 14-37 처음에 자리 잡은 손 위에 다른 손을 포개어 얹는다.

• 환자의 가슴위에 손꿈치의 자리를 잡으면 곧바로 명치부위에 있는 손을 옮겨 이미 환자의 흉골 위에 있는 손등에 포개어 얹는다.

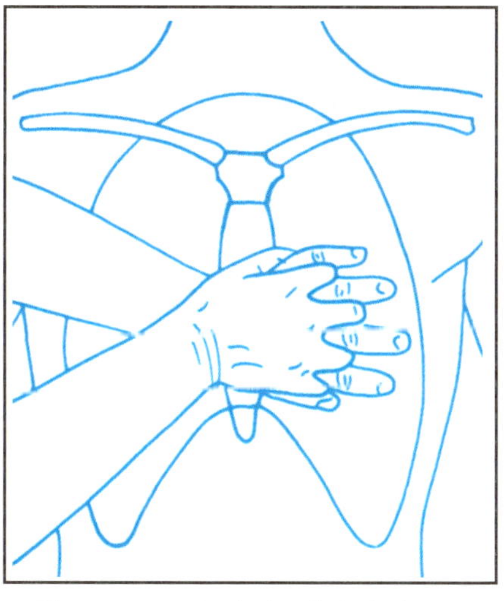

그림 14-38 손가락 깍지끼기

• 처치원의 손가락이 환자의 가슴에 닿지 않도록 한다. 그렇게 하려면 손가락을 서로 깍지끼거나 손가락이 위를 향하도록 잡는다.

• 이와 같이 하여 정확한 손의 위치를 잡으면 곧바로 흉골을 누르게 된다. 검상돌기나 늑골에 압박이 가해지지 않도록 한다. 그래야 흉골의 양쪽에 있는 늑골이 골절되지 아니하며 검상돌기가 그 밑의 복잡한 기관들 속으로 밀려들어가는 일이 일어나지 않는다.

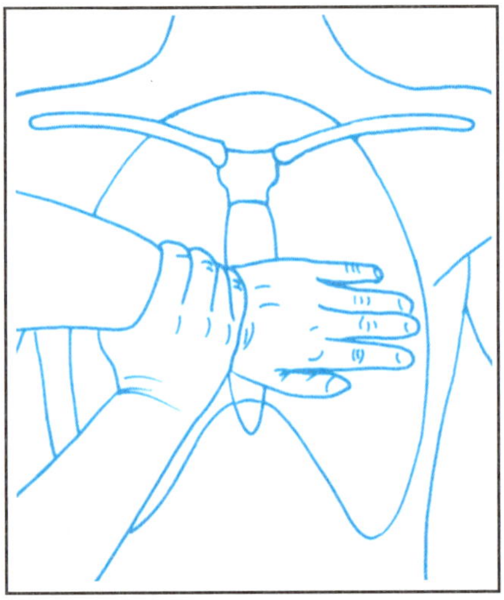

그림 14-39 다른 방법으로 하는 손자세

• 그 밖의 손의 자세로는, 가슴위에 얹은 손의 손목을 다른 손으로 잡는 방법이 있는데 이는 처치원의 손목관절에 이상이 있을 때 유용하다.

(2) 처치원의 자세

흉부압박시 처치원의 자세는 매우 중요하다. 환자의 가슴을 보며 무릎을 꿇고 앉아 손을 정확한 위치에 놓는다. 팔꿈치가 구부러지지 않게 팔을 곧게 펴고 어깨가 손과 수직이 되도록 하여야 한다. 이렇게 하여 상체의 무게로 환자의 흉골을 똑바로 내리누른다.

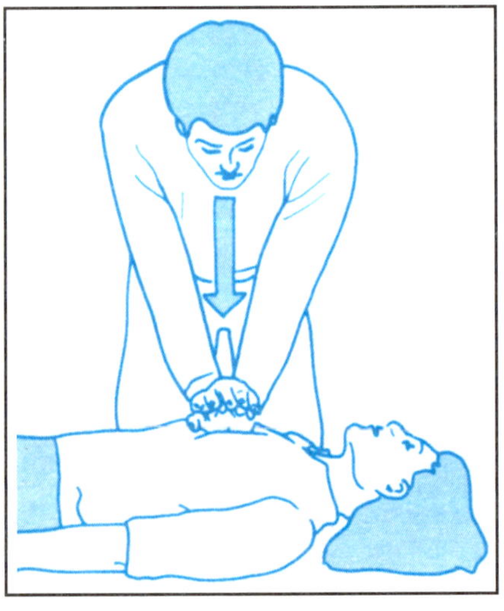

그림 14-40 처치원의 자세

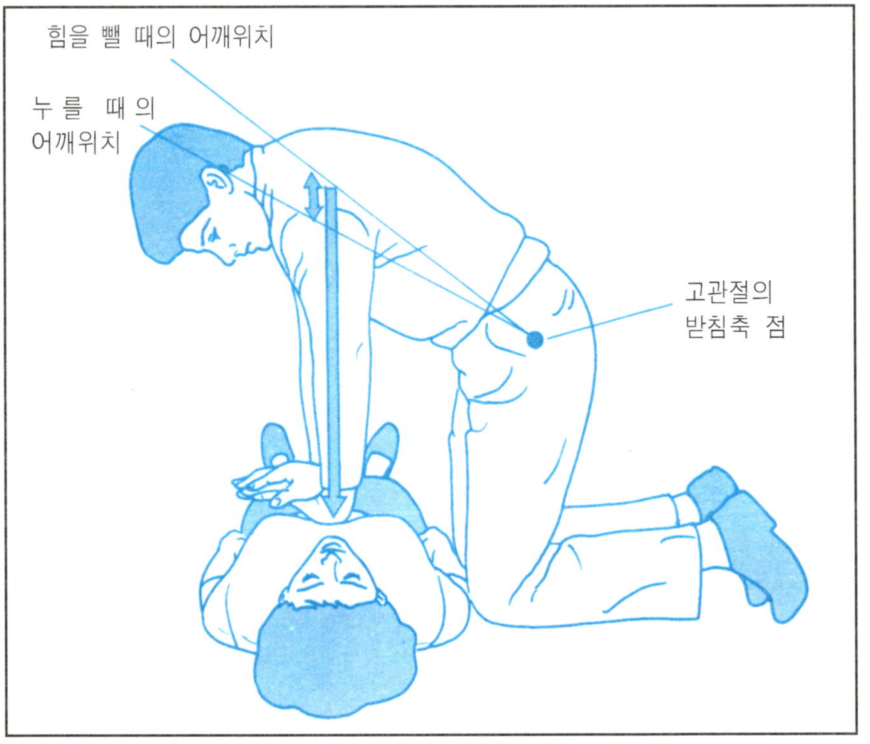

그림 14-41 흉부압박의 자세와 실시요령

(3) 압박 요령

1. 압박은 팔의 힘으로 하는 것이 아니고 상체의 체중을 이용하여 수직으로 힘을 가한다. 앞뒤로 흔들거나 수직압박이 안되면 압박의 효과가 없다.
2. 압박할 때마다 흉골을 3.8~5.1cm 정도 누른다. 가슴을 누르고 힘을 빼는 동작은 갑작스럽게 힘을 가하지 말고 부드럽게 해야 한다. 누르는 동작사이에 쉬어서는 안 되며 규칙적으로 꾸준하게 하여야한다. 힘을 뺄 때는 가슴에 가한 압력을 완전히 풀되 가슴에서 손을 떼거나 손의 위치가 움직이지 않도록 해야 한다.
3. 1분에 80~100회 정도의 누르기를 한다.
4. 만일 가슴에서 손을 떼게 되면, 처음 시작할 때처럼 하여 정확한 손의 위치를 다시 잡아 실시해야 한다.

(4) 흉부압박과 불어넣기의 비율

심폐소생법은 15회의 압박과 두 번 불어넣기의 비율로 실시한다. 15회 압박을 가한 후 기도를 개방하고 두 번 충분히 불어넣기를 한 주기로 하여 실시한다.

흉부압박과 불어넣기의 주기를 다시 시작할 때마다 흉골 아래쪽 끝의 검상돌기를 찾아 압박하기 위한 정확한 손의 위치를 잊지 않도록 해야 한다.

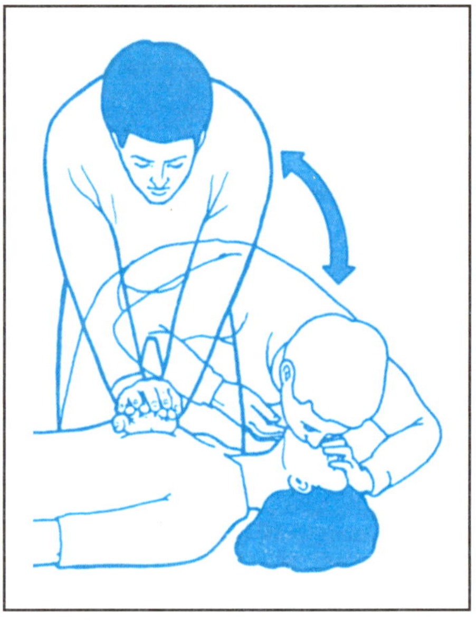

그림 14-42 흉부압박(15회)과 불어넣기(2회)

4) 성인의 심폐소생법에 관한 보충설명

(1) 도와달라는 외침에 아무도 응하지 않을 때

무의식 환자를 발견하면 제일 먼저 해야 할 일 중의 하나가 도와달라고 외치는 것이다. 왜냐하면 응급의료서비스기관에 전화연락을 해줄 수 있는 인근에 있는 사람의 주의를 끌기 위해서이다. 그러나 아무도 응하지 않으면, 심폐소생법을 적어도 1분은 실시해야 한다.

이러는 동안에도 계속 도와달라고 소리치면서 한편 직접 전화 연락할 방법을 생각한다.

심폐소생법 실시 후 1분이 지나도 도와줄 사람이 없으면 가능한 한 전화가 있는 곳으로 뛰어가서 응급의료서비스기관에 연락하고, 환자에게 돌아와 다시 심폐소생법을 시작한다.

(2) 현장에 다른 처치원이 있을 때

현장에 심폐소생법 강습을 받은 다른 처치원이 있으면 이 처치원은 두가지일을 해야 한다. 첫째 응급의료서비스기관에 전화연락을 하고, 둘째 첫 번째 처치원이 지치면 교대해준다. 제2의 처치원과 교대하는 방법은 다음과 같다.

- 제2 처치원은 우선 자신이 심폐소생법 훈련을 받은 처치원으로서 도와주고자 한다는 뜻을 밝힌다.
- 응급의료서비스기관에 연락을 취했고 제1처치원이 지쳐 도움을 요청하면

1. 제1 처치원은 두 번 불어넣기까지 한 후 심폐소생법을 중단한다.
2. 제2 처치원은 제1 처치원의 맞은편 쪽으로 환자 가까이에 무릎을 꿇고 앉아 환자 머리를 뒤로 젖히고 5초간 경동맥을 확인한다.
3. 맥박이 없으면 제2 처치원이 두 번 불어넣기를 하고 심폐소생법을 계속한다.
4. 제1 처치원은 제2 처치원의 불어넣기와 흉부압박이 적절한지 확인한다. 즉, 불이넣기를 할 때 환가의 가슴이 오르내리는지 지켜보고 가슴을 누를 때 경동맥이 박동하는지 느껴본다.

제 15 장 현대사회생활을 건강하게 보내기 위하여

1. 운동과 생활

1) 운동부족과 건강

운동부족이 요인이 되어 발생하는 건강장해를 총칭하여 운동부족증이라고 부른다. 예를들면, 순환기 장해, 요통, 노화현상의 가속화, 비만, 스트레스에 대한 저항력의 저하, 피로도의 증가 등을 들 수 있다. 일상의 신체활동을 정지하고 6~7주간 계속 침대에 누워 있으면, 점점 소변에 칼슘의 배설이 많아져 뼈가 약해지며, 근육이 위축되어 간다. 이러한 사실은 일상생활에 있어서 양발의 사용이 정상적인 신체기능을 유지해 가는데 얼마나 중요한 것인가를 나타낸 것이라 할 수 있다.

또한, Hammond E. C는 약 46만 명의 중·고령자를 대상으로 일상생활 속에서 운동을 하고 있는 정도와 연령별 사망률과의 관계에 관해 조사했다(그림 15-1). 이 조사를 통하여, 「꽤 운동을 한다」와 「적당히 운동을 한다」는 그룹과 비교해 볼 때, 「특별히 운동을 하지 않는다」는 그룹에서는 고령이 높아질수록 사망률이 높아지는 것을 알아내었다.

이러한 결과에서도 알 수 있는 바와 같이, 인간의 신체는 사용하지 않으면 퇴화되며, 적당히 사용하면 발달 내지는 건강을 유지할

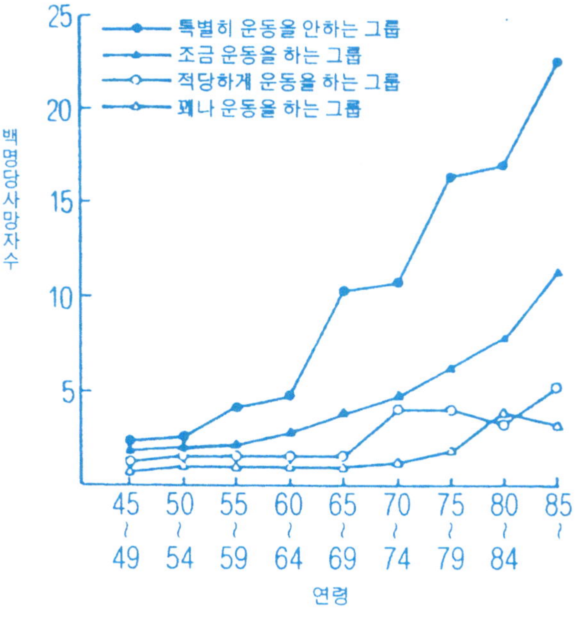

그림 15-1 일상생활에 운동을 하고 있는 정도와 연령별로 본 사망률

수 있다는 것을 알 수 있다. 그 외에도 일상적인 운동이 부족한 사람은 관상(冠狀)심질환에 의한 사망률이 높거나, 고혈압에 걸릴 가능성이 높다는 연구 결과도 있다.

2) 건강의 여러 측면과 스포츠의 효과

(1) 신체적 효과

대부분의 스포츠는 많은 근육을 사용하는 전신(全身)운동이 주체가 되기 때문에, 위에서 언급한 운동부족을 예방하는 신체적 효과 외에, 근력, 지구력, 순발력, 신경계의 조절력 등 신체의 성장발달을 촉진·조장하는 작용이 있다.

(2) 적극적 휴식

최근 경영합리화를 배경으로 기계화된 작업의 전문화가 진행되어

옴에 따라서 한정된 국소근(局所筋)의 반복사용과 어쩔 수 없이 동일한 작업자세를 장시간 견지해야 하는 작업이나 단조작업 등이 증가하고 있다.

물론, 이러한 작업은 에너지소비 면에서 보면 매우 낮은 활동이고, 작업의 고밀도화를 기하기 쉬우나, 비교적 조기에 국소의 과중한 부담을 주기 쉽다. 또한, 이러한 작업은 정신적으로도 대뇌의 활동수준이 낮기 때문에, 단조감이나 권태감에 빠지기 쉽다. 이러한

경우의 휴식형태로서는 단지 앉아 있거나, 누워 있지 말고, 오히려 목·어깨·팔·허리 등의 근육긴장을 완화하거나, 피곤한 두뇌를 자발적인 활동에 의해 응어리진 곳을 푸는 것이 중요하다.

이렇게 하기 위해서는, 신체를 움직이는 스포츠 활동 등이 효과가 있다. 이와 같이, 어느 정도의 적극적인 활동이 휴식의 역할을 담당하는 것을 적극적 휴식(active rest)이라고 칭한다.

(3) 감정·정서의 안정

오늘날의 일상생활은 여러 가지 제약이 많고, 희로애락은 물론 감정의 기복조차도 스트레스로 표현할 수 없는 경우가 많다. 이러한 상태가 거듭되면 마음의 건강을 유지한다는 면에서도 바람직한 것은 아니다. 그러나 스포츠에서는 이러한 감정도 활발한 신체활동과 함께 과감하게 발산시킬 수 있다. 큰소리로 외치거나 웃거나 때로는 울거나 할 수도 있다. 스포츠에 있어서의 이러한 감정표현은 일상생활에서의 정서의 안정, 사회성의 향상, 감정억제 등으로서의 기능과 효과를 가진다고 알려져 있다.

(4) 욕구불만의 발산과 승화

욕구가 충족되지 않은 상태를 욕구불만이라고 하지만, 그 상태가 지속되면 심리적으로 불안정하게 된다.

즉, 안절부절 못하거나, 화를 잘 내거나, 불안한 경향이 높아지거

나, 식욕부진, 잠이 잘 들지 않고 잠에서 깨어나기 힘들거나, 제멋대로 행동하거나 한다. 이러한 상태가 계속되면, 경우에 따라서는 심신증(心身症)으로 연결될 가능성도 있다.

중·고령자에게는 증·고령성 우울증의 원인이 되기도 한다. 그러나 대부분의 인간은 자아방어체재라는 마음의 작용에 의해 왠지 놓여진 상황에서 벗어나려고 여러 가지 궁리를 한다. 그 자아방어체재의 대표적인 것으로는, 대상(代償)행동과 보상(補償)행동이 있다.

스포츠는 욕구불만을 해소하기 위한 대상행동으로서 매우 유효하다. 또한, 욕구 중에서도 공격적 욕구나 성적 욕구는 사회적으로 공공연히 충족시킬 수 없는 것도 있다. 그러나 그것들을 사회적으로 인정하는 형태로 충족시키는 것을 승화라고 말한다. 스포츠는 공격성이나 성적 욕구의 승화에도 뛰어난 형태와 기능을 갖추고 있다는 것은 잘 알려져 있는 사실이다.

(5) 대인관계의 안정

대부분의 스포츠 활동은 대인관계에 의해 성립된다. 스포츠 활동은 기술을 서로 겨룰 뿐만 아니라, 대인관계를 깨지 않기 위해서 타인에 대한 배려짐, 자기 역할의 수행, 자기의

책임성 인식 동이 필요로 하기 때문에, 필연적으로 인간의 상호관계를 높여 갈 수 있다.

3) 건강 만들기를 위한 운동

적당한 운동이란 연령, 성, 개인의 능력에 맞는 적절한 것이어야 한다. 그렇지 않으면 단순한 에너지 소모로 끝날 뿐만 아니라, 위험한 상태를 조래하기노 한다.

많은 생리학자들에 의하면, 건강을 위한 최선의 운동은 몇 가지의 체력요소 중에서도 전신(全身)지구력이며, 그 중에서도 유산소운동이 가장 좋다고 주장하고 있다. 일반적으로, 하루에 300cal이상의

특별한 활동이 요구되나, 실제로는 이 기준에 이르는 경우는 적다.

이 기준에 이르기 위해서는, 예를 들면 매일 80m/분의 보행으로 약 1시간, 테니스라면 1시간 정도의 활동이 필요하다.

Cooper. K. H는 산소섭취능력을 촉진시킬 수 있는 건강에 좋은 운동으로서, 달리기, 수영, 자전거 타기, 걷기, 제자리 뛰기, 배구, 농구 등을 들고 있다. 이러한 전신운동을 하면 호흡순환기능은 에너지수요수준에 응하여 항진한다. 특히, 큰 근육군의 율동적인 수축·이완에 의해 환류정맥혈(還流靜脈血)은 증가하고, 심장기능은 한층 강하게 구혈(驅血)을 계속하기 때문에 심장기능도 증대해 가게 된다.

앞에서도 언급했듯이, 심박출량(心拍出量)의 증가는 1회 박출량과 심박수의 증가에 따르나, 1회 박출량은 빠른 시기에 최대로 되기 때문에, 자신이 느끼기로는 호흡 곤란을 가져오지 않는 편안한 운동으로서 충분한 트레이닝이 된다.

제7장에서도 언급했듯이, 심박수는 어느 정도 산소섭취량과 비례하기 때문에, 운동 강도의 좋은 지표가 된다. 연령에 따라 다르지만, 심박수는 운동 직후에 멈춰 서서 손가락 3개로 손목을 짚어서 15초간 계산하여 그 수치를 4배로 하고, 측정 중의 오차를 수정하는 뜻에서 이것에 10번을 더함으로서 1분간의 심박수(박/분)를 얻을 수 있다.

이와 같이, 맥박수를 기준으로 하는 경우, 운동의 강도가 최대산소섭취량의 50%에 해당하는 맥박수는 110~130번/분 정도이고, 많아도 최대산소섭취량의 70%를 넘지 않도록 안전하게 실시해야만 한다.

또, 주관적 척도를 기준으로 하는 경우, 운동을 시작하고 3~5분 경과했을 때의 운동에 대한 전신의 느낌이 「좀 편하다」라는 정도의 운동은 최대산소섭취량의 약50% 정도이고, 70%로 되면 전신의 느낌이 「좀 심하다」는 상태로 되며, 「매우 심하다」라고 느끼는 운동강도는 위험을 초래한다.

인간의 생활은 활동과 휴식의 반복이며, 이 양자의 균형이 인간의 건강이나 체력유지증진의 기초적 요소이다.

활동의 수준도 일상적인 작업이나 생활에서 보는 수준, 스포츠 활동에서 보는 수준 등

여러 가지가 있지만, 인간의 적극적인 신체활동은 건강이나 체력증진에 어떤 형태로든 기여하고 있으나, 그것보다도 큰 즐거움이 있기 때문에 많은 사람들이 운동에 참가하는 것이다.

2. 피로와 휴식

1) 활동과 휴식

최근 피로과학에서는 피로란 「어떤 활동을 그대로 계속하면 피곤이 쌓이고, 쉬면 회복될 수 있는 예측 가능한 형태로 발생하는 체내의 변화로서, 이에 따라 본인이 이러한 변화를 감지하여 휴식을 요구하는 상황」이라 정의하고 있다.

이와 같이, 피로는 인간이 생활을 영위하기 위한 활동과 휴식의 반복 속에서 존재하는 것이다.

여기에서 발생하는 대부분의 피로는 극히 자연적인 생리적 과정으로서, 휴식을 함으로서 회복 가능한 것이다.

그러나 어떤 활동을 계속하는 한 피로는 진행되며, 마지막에는 계속적인 활동을 중단해야 할 뿐만 아니라, 실수, 사고, 건강장해를 일으키는 경우도 적지 않다.

실제생활에서 나타나는 피로는 작업이나 운동의 형태, 그 강도나 밀도, 개인의 작업·운동능력에 대한 부담의 크기, 연속시간, 휴식방법 등에 따라 다르다. 급속히 진행하는 경우도 있는 반면, 짧은 휴식으로는 회복할 수 없는 것도 있다.

이와 같이, 실생활의 피로의 정도를 결정하기 위해서는, 필요로 하는 휴식조건을 확인해 두면 좋다.

만약, 필요로 하는 휴식이 허용되지 않는다면, 피로는 계속적으로

진행되기 때문에 전신적으로 피로가 축적되어서, 마침내 녹초가 되는 상태에 이른다는 사실이 하나의 사례이다.

2) 휴식 패턴으로 본 피로의 분류

피로는 휴식을 포함한 생활 사이클의 시간적 흐름에 따라서 급성(急性)·아급성(亞急性)·일주성(日週性)·만성(慢性)의 4가지로 분류된다(그림 15-2).

먼저, 급성피로란 몇 분에서 몇 십 분이라는 단시간 동안에 피로가 발생함에 비해, 아급성피로는 몇 시간 단위로 발생하는 피로를 말한다.

전자의 예로서는, 근육의 일정한 부위에 일정한 힘을 유지하는 정적근(靜的筋)부담의 경우 등이 그것이다. 이 경우, 근육부위나 보존해야 하는 힘의 크기에 따라서 그 최대 지속시간은 물론 다르며, 적어도 몇 십 분내에 근육통이나 근육의 떨림이 생겨서, 이러한 종류의 작업을 계속할 수 없게 되는데, 이것이 급성피로이다.

아급성피로는 VDT(Visual Display Terminals)작업을 예로 들면 알

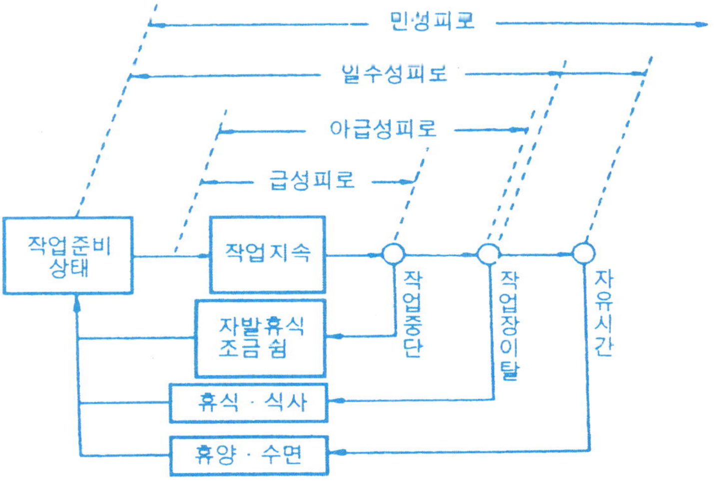

그림 15-2 활동길이와 휴식과의 관계에서 본 피로의 분류

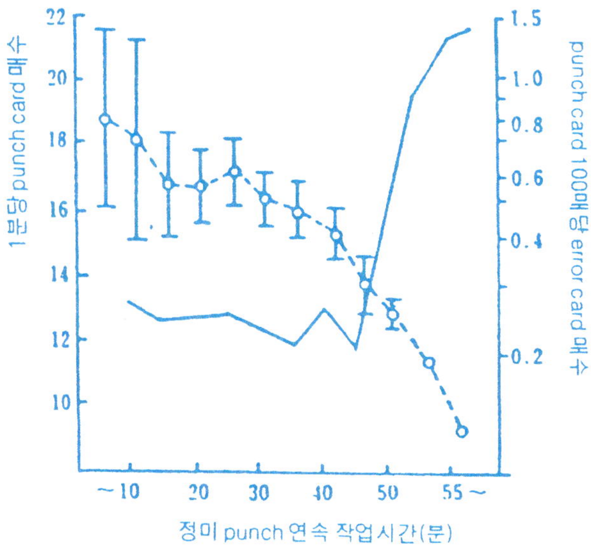

그림 15-3 Key-in 작업을 연속할 때의 입력속도(점선)와 실수률(실선)

기 쉽다.

VDT작업에서는 목, 어깨, 팔, 허리 등을 끊임없이 동일한 자세로 유지해 가면서, 매우 빠른 속도로 문자나 숫자를 읽어냄과 동시에 손가락 운동으로 옮겨가기 때문에, 구속성(拘束性)이 높을 뿐만 아니라 시각의 부담도 크다.

언뜻 보면 순조롭게 계속할 수 있는 경쾌하게 보이는 일이지만, 30분을 넘길 때부터 작업속도가 떨어지고, 40~50분 경에서는 급격히 떨어진다. 그때에 작업의 실수율도 크게 증가해 가는 것을 알 수 있다(그림 15-3). 만약, 이때에 충분한 휴식을 취하지 않으면, 피로는 하루 동안 쌓여서 다음날까지 이어진다.

일주성 피로는 하루의 활동이나 작업이 그 날 바로 자택에서의 휴식과 수면에 의해 회복될지 어떨지가 문제시되는 경우이고, 만성피로는 휴일을 포함한 일주간의 활동이나 작업에 의한 피로가 그 주일의 휴일에 회복될지 어떨지가 중요시된다.

이 일주성 피로와 만성피로는 장시간 활동이나 교대근무제, 불규칙 근무 등이 문제시되며, 급성·아급성 피로의 축적에 의해 그 형태가 정해진다.

3) 피로 대책으로서의 휴식의 방법

피로는 당연히 휴식을 취하는 방법과 밀접한 관련이 있다. 예를 들면, 급성피로인 경우에는 본인 스스로 휴식을 취하거나, 잠시 쉬거나, 소휴지(小休止), 보상행동 등이 요구되며, 아급성피로에서는 활동의 중단, 활동의 전환, 휴식의 삽입 등이 필요하다.

또한, 일주성피로인 경우에는 활동이나 작업장에서의 이탈, 휴양과 여유활동, 자택에서의 수면 등이 요구되며, 그리고 만성피로의 경우에는 휴일에 충분한 휴양이나 임시휴양, 장기간 휴양 등이 필요하다. 따라서 활동시간이 길어지면 그에 따라 발생되는 피로를 회복하기 위한 휴식도 길어지는 것이다.

특히, 만성피로의 경우에는 일일 생활리듬, 휴식을 포함한 일주간마다의 생활리듬이 자연리듬에 따라 크게 흐트러지지 않게끔, 운동·기분전환·오락이나 사회문화 활동을 하고, 여유를 갖고서 수면이나 식사를 즐기는 것이 바람직하다.

이 자연리듬이 교대제근무나 야근 활동 등에서 유지되지 않는 경우일지라도, 가능한 한 수면시간을 어느 정도 확보하여야 하며, 만일 수면이 부족하면 그 다음날에 곧 되돌릴 수 있게끔 조건을 확보해 둘 필요가 있다.

3. 수면

1) 수면이란

수면은 인간이 매일 경험하는 신체의 휴식과 피로를 회복하기 위하여 중요한 것이다. 사람은 일생의 1/3을 잠속에서 보내고 있다.

정말로 자고 있는지 어떤지는 별개로 하더라도 대부분의 생물은 오랫동안 활동을 쉰다. 이것은 활동과 휴식의 개일(槪日) 리듬(circadian rhythm) 혹은, 단순히 일주기(日週期)리듬이라 불리는 생물 특유의 리듬현상으로서, 유전적으로 계승되는 성질이라고 보여진다.

고등 척수동물을 제외한 대개의 생물의 휴식 상태는 명암·기온의 변화, 먹이와 천적의 유무 등과 같은 외부환경리듬에 크게 의존하고 있다.

각성(覺醒)과 수면의 리듬에도 확실한 일주성이 있다. 이 리듬은 다른 리듬(예를 들면, 체온리듬, 식사리듬, 호르몬배설리듬 등)과 연동되어 변한다. 물론, 외계의 변동요인에 의해서도 좌우된다. 이들 리듬의 관계를 보면, 각성과 수면리듬은 활동과 휴양리듬의 일부분인 것을 알 수 있다.

이와 같이, 수면을 진화의 과정에서 보면 하등동물의 휴식상태에서 파생한 새로운 생체기능이라 할 수 있다. 또한, 고등동물의 수면은 외부환경리듬에 맞추어 수동적으로 휴식한다라고 하기보다는, 오히려 체내환경 그 자체가 요구하는 고유의 휴식상태를 능동적으로 달성하기 위하여 존재한다고 할 수 있다.

수면이란 어떠한 것인가를 정의하기에는 의외로 어렵다. 조류(鳥類)나 포유류 이상의 고등동물은 뇌가 잘 발달하여, 뇌에서 발생하는 미약한 전기적 활동인 '뇌파'가 수면을 취할 때에는 각성을 취할 때와는 다른 파형을 나타내기 때문에, 수면 유무는 이 뇌파패턴을 통하여 판정할 수 있다.

따라서 동물에서 나타나는 휴식상태 중에서 뇌파에 특유한 변화가 나타나는 경우만을 수면이라 한다면, 적어도 조류와 포유동물 이상의 고등동물에서는 수면을 「뇌의 작용에 따라 발생하는 동물의 생리적 활동의 저하상태이며, 적당한 감각자극이 있으면 완전히 각성이 가능한 상태」라고 정의 할 수 있다.

2) 뇌파에서 본 수면의 상태

인간의 뇌파의 변화를 조사해 보면, 각성(覺醒)에서 입면(入眠), 얕은 수면에서 깊은 수면으로의 이동의 경과가 확실히 나타난다(그림 15-4).

각성 중에는 낮고 빠른 파(低振幅速波; β파)가 주성분이다. 안정상태에서 눈을 감고 있으면 10Hz 전후의 α파가 연속해서 출현한다.

침상에 들어가서 잠시 지나면 깜빡깜빡 졸기 시작하는 '얕은 수면기(淺眠期;수면 제1단계)'가 출현하는데, 이때에는 주파수가 다양하며 진폭이 낮은 파가 섞여 있는 뇌파패턴이 된다.

계속해서 가벼운 숨소리를 내면서 자는 '가벼운 수면기(수면 제2단계)'가 출현하는데, 이때의 뇌파는 12~14Hz가 무리 지어 나타나며, 도중에 방추형으로 보이는 파가 출현하기 때문에 방추파(spindle)라고도 불린다.

수면이 점차 깊어져 푹 잠이 든 '중정도 수면(수면 제3단계)'에서는 높고 늦은 파(徐波), 즉 0.5~2Hz의 δ파(삼각형으로 보이기 때문에 δ파라고도 한다)가 나타나고, 이 δ파가 기록지의 20~50%를 차지하게 된다. 좀 더 깊은 '심수면기(深睡眠期;수면 제4단계)'에서는 이 δ파가 기록지의 50% 이상을 차지한다.

수면 제3단계와 제4단계는 모두 δ파가 많이 나타나기 때문에, 양자를 합쳐서 '서파수면'(slow wave sleep;SWS)이라 부르며, 깊은 수면기이다.

깊은 수면 후, 수면은 다시 옅어져 "REM수면(REM sleep)"이라 불리는 상태로 바뀐다. 이 수면은 얕은 수면기와 비슷한 뇌파를 나타내고, 안구가 눈꺼풀 아래에서 움직이거나, 얼굴이나 수족이 경련을 일으키기도 하는 특이한 수면상태이다.

이 REM이라는 것은 급속안구운동(rapid eye movement)의 영어 약어이다. 이에 비해, 수면 제1단계에서 제4단계까지를 종합하여 논렘수면(non-REM sleep)이라 한다.

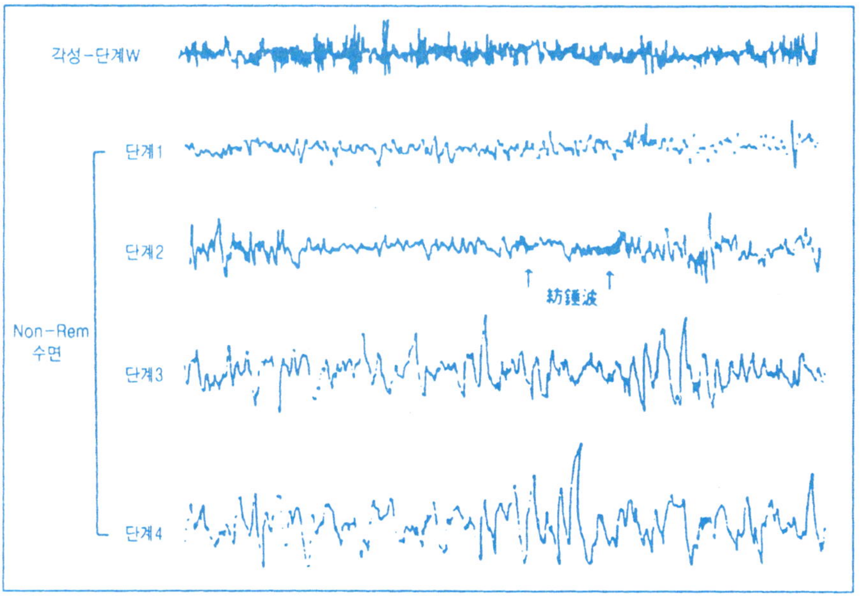

그림 15-4 수면, 각성중의 여러 가지의 뇌파

표 15-1 생리상태에서 본 non-REM·REM수면의 비교

생리현상	REM수면	non-REM수면
안구운동	빠르다	느리다
동공	크게 열림	축소
맥박	불규칙화(증가)	감소
호흡	불규칙화(증가)	감소
혈압	현저하게 동요	저하
뇌혈류량	현저하게 증가	증가
뇌O_2소비	증가	불변
뇌온	상승	저하
위액분비와 위산량	증가	감소
오줌량	현저하게 감소	감소
음경	발기	위축
발한	없음	있음
혈중 아드레날린	현저하게 증가	증가

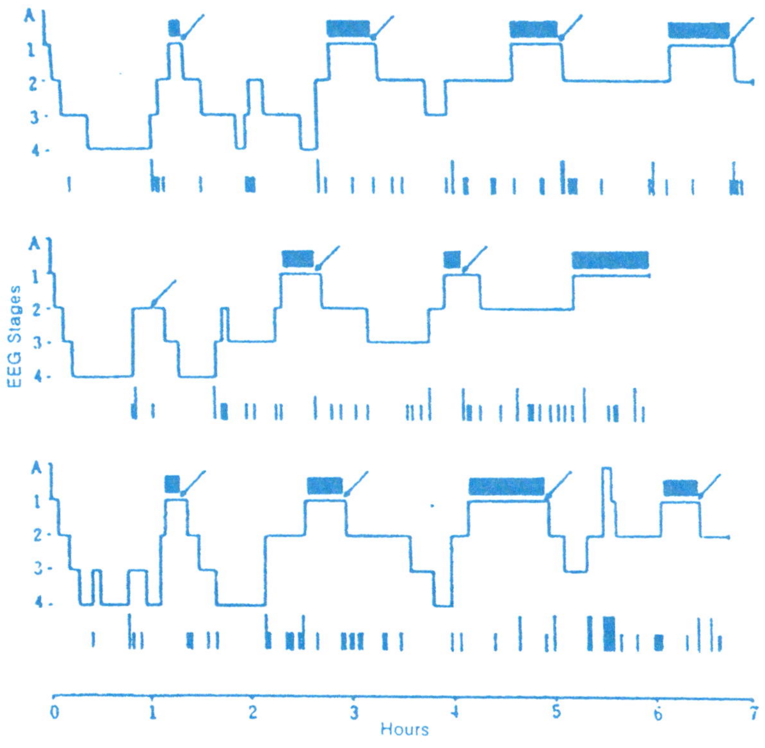

그림 15-5 세 피험자의 하루밤 수면경과도

또한, REM수면 때에는 신체의 자세를 유지하는 근육(자세근, 항중력근)의 긴장이 거의 없어지고, 맥박, 호흡, 혈압 등의 자율신경기능이 불규칙적으로 변하기 때문에 '자율신경계의 폭풍'이라고도 불리며, 그 외 페니스나 클리토리스(clitoris)가 불수의(不隨意)적으로 발기하며, 자궁의 근육활동이 활발하게 될 뿐만 아니라, REM 수면기에는 정신활동이 활발해지기 때문에, 이 시기에 종종 꿈을 꾸는 등의 특징이 있다(표 15-1).

성인의 야간수면은 non-REM수면과 REM수면이 약 90분을 주기로 하룻밤동안 4~5회 반복된다(그림 15-5).

그러나 최초의 수면주기에서는 non-REM수면 중에서 서파수면의 비율이 많으나, 그 후 적어져서 점차로 얕은 수면이 많아진다.

한편, REM수면은 횟수를 거듭할수록 1회 지속시간이 길어지며 기억에 남지 않을 정도의 단속(斷續)적인 각성상태도 빈번히 출현한다. 또한 아침에 가까워지거나, 활동기에 가까워질수록 입면기와는 반대로 '수면압(睡眠壓)'이 쇠퇴하는 대신에 '각성압(覺醒壓)'이 높아진다.

3) non-REM수면과 REM수면의 역할

잠이 어떠한 역할을 하는가에 대해서는 아직 확실하지 않다. 그 역할을 알 수 있는 하나의 방법으로서 잠을 제거했을 때 어떠한 장해가 일어나는 가를 조사해 보는 것이다.

인간이나 동물로부터 잠을 전부 혹은 부분적으로 제거한 실험을 단면(斷眠;sleep deprivation)실험이라고 한다.

뇌파, 심박수, 체온 등과 같은 생리적 측정을 통한 신뢰할 수 있는 단면실험으로서는, 일본에서는 23세 청년을 피험자로 101시간 8분 30초의 기록이 있고, 독일에서는 28세 대학생이 114시간 단면기록이 있다.

이 실험을 통하여 그 결과를 보면, 단면 3일째부터 피험자는 거칠고 의심이 많아지며, 반응속도가 늦어지며, 소리가 강하게 들리거나 사물의 형태를 바로 볼 수 없게 된다. 4일째가 되면 판단력이나 비판력이 저하되며, 기억이 확실하지 않고, 서 있는 상태로 잠에 빠져 버린다고 한다.

단면후의 수면에서는 현저하게 서파수면이 증가하고, 보통은 non-REM수면을 경과하지 않으면 REM수면이 나타나지 않지만, 이 회복야(回復夜)에서는 각성상태에서 갑자기 나타나는 현상, 즉 '입면시 REM수면'이 일어나기 쉽게 된다.

이것은 난면을 계속하면 non-REM수면의 압력이 높아짐과 동시에 REM수면의 압력도 높아지기 때문에, REM수면을 억누르기 어렵게 되기 때문이라고 생각된다.

non-REM수면 특히 서파수면은 계통 발생적으로는 고등동물일수록, 대뇌의 발달이 좋아질수록 대량으로 출현한다. 또한, 출생 직후의 동물에서는 REM수면의 출현율이 높고, 연령이 높아지고 대뇌가 발달함에 따라서 non-REM수면이 증가하며 상대적으로 REM수면은 저하한다. 이러한 결과로 미루어 볼 때, 서파수면은 대뇌의 기능, 특히 정신기능과 밀접한 관계가 있다고 보여진다.

이에 반해, REM수면은 신체의 자세를 유지하는 항중력근(抗重力筋)의 긴장이 거의 완전히 소실되는 것 등으로 미루어 볼 때, 신체적인 휴식이나 회복에 관련이 있을 가능성이 높다. 또한, 의식활동이 없는 식물인간의 혼수상태에서는 서파수면은 나타나지 않는반면, REM수면은 나타나며, 다른 수면에서는 나타나지 않는 생리적 특징을 지니는 것으로 미루어 볼 때, 인간개체의 생명력 유지와 직결되는 수면상태인 것을 알 수 있다.

그 외 REM수면에서는 각성기에 뇌에 들어온 기억을 재구성한다는 설, 불필요한 기억을 지우는 역할을 한다는 등의 설이 있으나 가설에 지나지 않는다.

4) 운동과 수면

우리들은 적당히 운동을 한 후에는 잠이 잘 오고, 잠에서 깨어났을 때도 기분이 상쾌한 것을 일상생활에서 자주 체험한다. 지금까지 운동을 포함한 신체활동과 수면과의 관계를 연구한 보고는 비교적 많다. 그 대표적인 것으로 각성시의 운동부하가 높아지면, 그 후의 수면에서는 서파수면이 증가한다는 '서파수면-운동가설'이 제기되고 있으나, 이것을 부정하는 보고도 있다. 이 가설을 지지하는 입장에서의 연구결과를 살펴보면 다음과 같다.

① 평상시 운동을 하고 있는 스포츠 선수는 운동을 하지 않는 사람보다도 서파수면의 출현량이 많다.
② 운동하지 않는 사람이 하루만 격심한 운동을 해도 서파수면은 증가되지 않고, 역으로 된다.
③ 운동을 계속하는 사람이 일시적으로 중단하면 서파수면이 감

소한다.

④ 오전 중에 하는 운동은 야간수면에 크게 영향을 미치지 않으나, 오후나 저녁의 적당한 운동은 입면을 빠르게 하여, 서파수면의 증대를 초래한다.

⑤ 입면전의 격심한 신체활동이나 정신 긴장은 입면을 큰 폭으로 연장시키며, 서파수면의 감소, 각성경향을 강화시키는 등이 보고되고 있다.

따라서 매일 적당한 운동을 해야 하며, 운동하는 시각은 오후나 저녁이 바람직하며 잠자기 직전의 운동은 바람직하지 않다고 말할 수 있다.

5) 수면장해

불면(insomnia)은 옛날부터 인류를 괴롭혀온 증상 중 하나이다. 현재 일본에서는 불면정도의 차이는 있으나 5명에 1명 정도 불면으로 괴로워하고 있다고 한다. 이러한 증상은 미국에서는 3명에 1명, 영국에서는 4명에 1명, 독일과 프랑스에서는 일본과 비슷한 정도라고 한다.

불면이 인간을 괴롭히는 것은 어느 정도 이상 강한 불면이 오래 계속되는 경우, 즉 지속성 불면이 문제가 된다. 수면의 이상이란 앞에서 언급한 수면감소나 수면부족 등과 같은 불면뿐만 아니라, 너무 많이 자는 상태 즉, 수면과잉과 과면증(過眠症), 또 밤에 자지 못하면 낮에 그 영향을 미쳐 졸기 쉽게 되는 것 등이다. 그래서 최근에는 수면장해에 대해서 불면 즉, 수면이 감소하는 장해뿐만 아니라, 너무 많이 자는 것, 즉 각성기능 장해를 포함하여 생각해 볼 필요가 있게끔 되었다.

1979년에 제정된 수면각성장해의 국제 분류에서는 표 15-2에서 보듯이 크게 4개로 나누고 있다. 수면과잉은 앉아서 조는 병이라 하여 「나르콜렙시(narcolepsy)」, 수면 중 호흡장해에 의한 낮 동안의

「과면증」, 수면각성스케줄과 관계가 있는 교대근무제나 시차병 등과 같은 수면시간대와 관련된 장해 등이 있고, 파라소무니아(parasomnia)에서는 잠병, 잠꼬대, 야뇨증(夜尿症) 등이 포함된다.

특히, 현대사회에서는 여러 사정으로 인해 수면각성 스케줄을 빈번히 바꾸면서 생활하지 않으면 안 되는 사람들이 늘어나고 있다.

이들은 전 세계를 돌아다니는 기업인이나 국제적으로 활동하는 사람, 항공승무원, 작업시간이 빈번하게 변하는 야근·교대근무자, 현대사회의 학생의 일부분에서 잘 볼 수 있는과도하게 「밤늦게까지 자지 않는 것·아침 늦게까지 자는 것」, 「주야가 바뀐 생활」을 하는 사람 등이 있다.

그림 15-6은 3교대 근무에 종사하는 병원간호사의 낮 근무후의 야간수면과 심야근무후의 주간수면의 수면경과도를 나타낸 것이다.

낮 근무후의 야간수면은 표준적인 수면패턴을 나타내고 있는 반면, 야근후의 주간수면에서는 입면(入眠)후 갑자기 REM수면이 출현하고, 중간각성의 증가, 최초의 REM·non-REM사이클의 단축, REM·non-REM사이클의 혼란, 수면시간의 단축 등이 보여진다.

게다가 맥박수는 전반적으로 그 수준이 높고, 특히 오후부터 증가하는 경향이 있다. 이것은 수면 중에 자율신경계가 불규칙하게 되기 쉽다는 것을 나타낸다. 이러한 경우에는 만성불면과 과면(瓜麵)이 혼합된 상태가 발생하여, 수면시간은 분단되어 단축하고, 각성하고 싶은 시기에 졸림이나 작업능력의 저하가 발생하여, 일상적인 신체의 부조화의 원인이 된다고 생각할 수 있다.

또, 가끔 시간적 여유가 있을 때 규칙적으로 자려고 해도 규칙적인 수면을 취할 수 없고, 생체리듬도 혼란스럽게 된다.

이러한 상태가 반복되면 위장장해나 우울증상태, 인지력 장해가 발생하여 수면제, 항우울증제, 정신안정제, 알코올 등의 사용빈도가 증가하는 경우가 많다.

표 15-2 수면각성장해의 분류

A:불변증군(수면의 개시와 지속의 장해)

1. 정신생리적 요인에 의한 것
2. 정신질환을 수반하는 것
3. 약물사용, 음주에 의한 것
4. 수면 중 호흡장해를 수반하는 것
5. 수면시 間代性근경련 (myoclonus)이나 "Restless Legs"를 수반하는 것
6. 그 외의 내과질환, 중독, 환경조건을 수반하는 것

B:과면증군(수면과잉장해)

1. 정신생리적요인에 의한 것
2. 정신장해에 의한 것
3. 약물사용, 음주에 의한 것
4. 수면중 호흡장해를 수반하는 것
5. 수면시 間代性근경련(myoclonus)이나 "Restless Legs"를 수반하는 것
6. 발작성 수면(narcolepsy)
7. 돌발성 중추신경성과민증
8. 기타

C:수면각성 스케줄장해

1. 일과성
2. 지속성

D:수면, 수면단계, 부분적 각성을 수반하는 기능장해

1. 몽유병
2. 야경증
3. 야뇨증
4. 그 외 기능장해

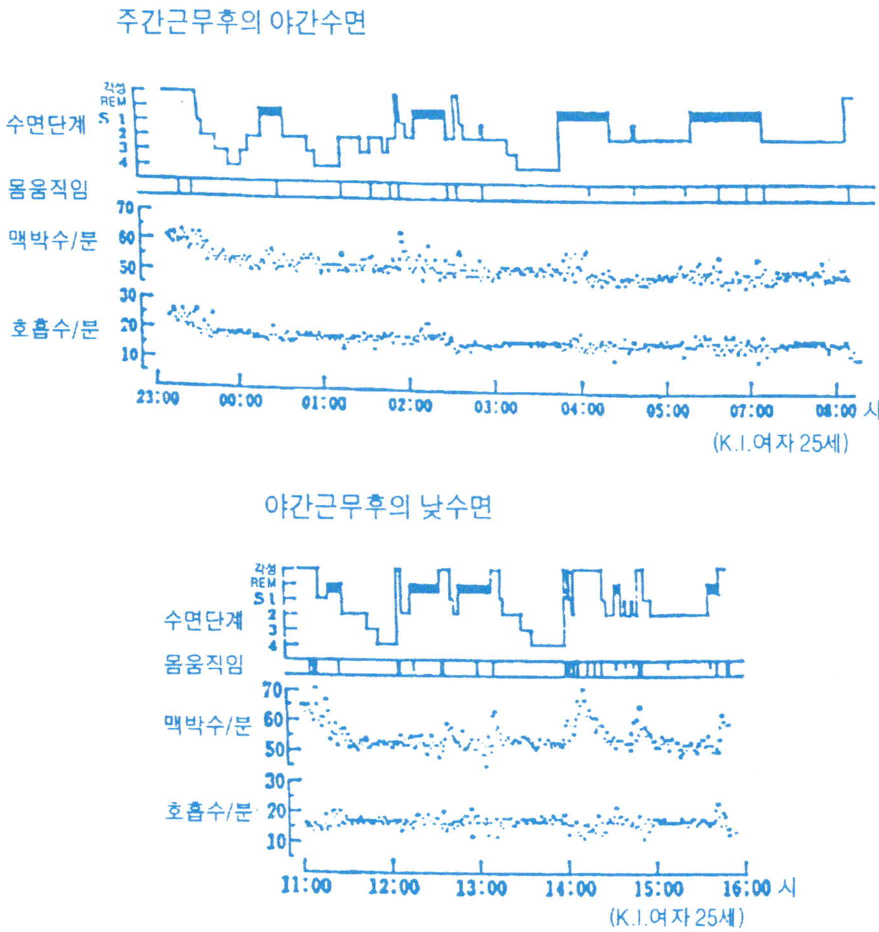

그림 15-6 낮 근부 후의 야간수면과 야근 후의 주간수면의 수면경과도

6) 불면대책

불면대책으로는 좋은 수면을 취할 수 있는 조건을 구비하는 것이 중요하다. 이 조건을 구비하는 것을 최근에는 「수면위생」(sleep hygiene)이라 부른다.

수면위생은 수면환경의 조정, 수면시간의 조정, 가면대책, 수면 전 심신의 조절, 그리고 입면법(入眠法) 등으로 나눌 수 있다.

(1) 수면환경의 조정

수면환경의 조정이란 침실의 온도, 습도, 소음 등과 같은 물리적 조건을 정비하거나, 침구, 잠옷을 개인에게 알맞은 것을 사용하는 것 등이 있다.

예를 들면, 소음대책에는 창이나 문의 개조, 두꺼운 커튼을 사용하는 것, 필요하다면 귀마개를 사용함으로서 완화시킬 수 있다.

온·습도에는 난방기구(적당히 사용하는 것)를, 조명에는 차광용 커튼을 이용하는 것 등이 효과가 있다.

또, 잠을 자기 위한 침실의 분위기를 만드는 것도 중요하다.

(2) 수면시간의 조정

매일 밤 일정한 시각에 침상에 들어가고 일정한 시각에 기상하면, 신체의 개일(概日)리듬이 낮은 시간, 즉 체온이 낮은 시기와 취침하고 있는 시간이 일치하게 되어 입면하기 쉽다.

매일 수면시각이 불규칙하면 이러한 몸의 리듬이 유지되지 않는다.

그래서 규칙 바른 생활을 하는 것은 단순한 도덕적인 문제뿐만 아니라, 몸의 리듬이라는 면에서 보아도 가장 능률적인 방식이다.

(3) 가면대책

야근 중에는 2시간 정도 가면을 취함으로서 수면부족을 보충할 뿐만 아니라, 피로회복에도 다소 효과가 있다는 것을 알았다.

가면을 취할 경우에는 체온이 낮은 시간대(한밤중에서 이른 아침 사이)에 최소한 REM·non-REM수면의 1회 사이클을 확보할 수 있는 시간이 필요하다.

이 시간대에 가면을 취함으로서 체온리듬의 혼란을 최소화시킬 수 있고, 원래 리듬의회복도 쉽게 되기 때문이다(그림 15-7).

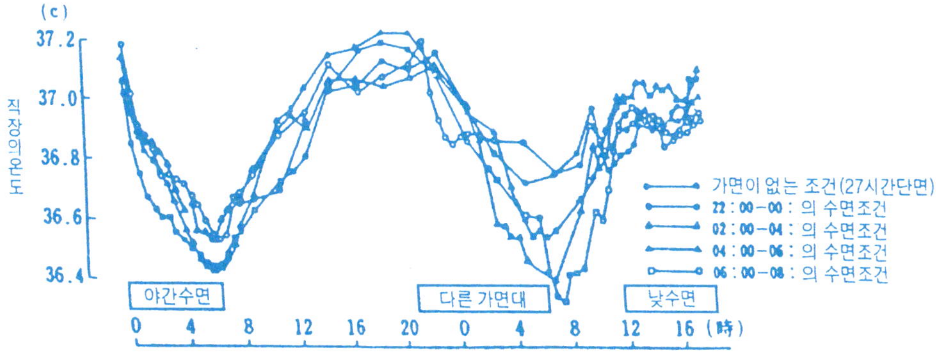

그림 15-7 야간가면 유무에 따른 체온리듬의 차이점

(4) 수면전의 심신의 조절

수면전 심신의 조절에는 ①자기 전 기분전환, ②가벼운 운동과 저녁식사후의 놀이, ③커피 등을 삼가고 공복을 피한다, ④입욕 등이 있다.

특히, ①에 대해서는 낮 동안의 활동에 따른 뇌의 흥분이나 감정의 흥분은 단지 휴식하는 것만으로는 안정시키기 어렵고, 본업과 관계없는 일을 해서 분산시켜야 한다.

이것이 기분전환이고, 가족과 저녁식사를 하면서 얘기하는 것도 좋으며, TV, 라디오, 독서, 게임, 운동 등 여러 가지 방법이 있다.

한편, 잠자기 전에 술을 마시는 것은 옛날부터 입면을 촉진하는 방법으로서 자주 사용되고 있다.

단, 일본술 2홉 정도를 마시면 REM수면을 감소시키고, 일본술 4홉 정도를 마시면 REM수면을 감소시킬 뿐만 아니라, 일종의 마취작용에 의해 수면 전반에는 깊은 수면이 많아지고, 후반에는 역으로 각성이 일어나 아침 일찍 잠에서 깨어나기 쉽다. 매일 소량의 술으로 상쾌하게 일어날 수 있는 사람이라면 잠자기 전에 술을 마시는 것도 좋지만, 꽤나 많은 술을 마시지 않으면 잠들 수 없는 사람은 오히려 주량을 줄이고 의사의 진단을 받아 볼 필요가 있다.

4. 건강한 식생활

1) 영양분과 그 작용

(1) 영양분의 종류

인간은 생명을 유지하고, 생활 활동을 영위하기 위하여 외부로부터 영양소를 섭취해야만 한다. 영양소에는 탄수화물(당질, 함수(含水)탄소), 지방, 단백질, 무기질(미네랄, 전해질),비타민 및 물이 있다.

체내에 들어와서는 이들 영양소의 기능은 각각 달라진다.

이들 작용을 크게 분류하면 ① 에너지를 공급하는 것 ② 근육, 신경, 골치(骨齒), 혈액 등 조직구성에 사용되며, 소모물질의 보수원(補修源)이 되는 것, ③ 다른 영양소의 중간역할을 하여 신체기능을 조절하는 것 등이다.

한편, 체내에서 화학반응을 일으켜 에너지원으로 되는 것은 탄수화물 중의 당질 및 지방, 단백질로서, 이 3가지를 특히 3대 영양소라고 부르기도 한다.

(2) 탄수화물(당질)과 그 작용

우리들이 영양소로서 섭취하는 탄수화물은 전분으로, 쌀을 비롯한 곡물과 감자류 등이 주성분이다. 이것은 신체의 구성요소로서는 별로 중요하지 않으나, 에너지원으로서는 가장 연소하기 쉬운 물질로서, lg의 산화로 4cal의 열을 발생한다.

섭취된 당질은 그 대부분이 소화되어, 소장(小腸)에서 포도당으로 흡수된다. 흡수된 포도당은 글리코겐으로 근육이나 간장에 축적된다.

인간의 간장에는 겨우 200~250g의 글리코겐 밖에 축적할 수 없기 때문에, 잔여 포도당은 지방으로 전환하여 피하에 축적된다. 당질은 소화되기 쉽고 완전 연소되기 때문에, 스포츠 활동시의 에너지로서는 아주 좋다.

최근에는 지구성이 요구되는 스포츠활동에 있어서, 경기 전에 의

도적으로 고당질을 섭취하여 성적을 상향시키려는 방법도 쓰인다.

식물선유(植物線維)에는 인간이 지닌 소학효소로는 분해되지 않는 선유소(cellulose), 헤미세루로스(hemi-cellulose), 펙틴(pectin) 등의 난소화성(難消化性)의 당류, 난소화성단백질 등이 포함되지만, 그 양이나 종류에서 보면 탄수화물성이 많다. 이 식물선유가 최근에 혈장(血漿)콜레스테롤을 저하시키거나, 식물첨가물의 독성을 억제하거나, 대장암의 발생을 예방하는 등의 중요한 작용을 가졌다는 것이 규명되어 갑자기 각광을 받고 있다.

탄수화물은(carbohydrates)은 우리 식사 가운데 총 섭취 열량의 60%를 차지하는 주된 열량 영양소이므로 매우 중요하다. 탄수화물은 탄소, 수소, 산소를 그 분자 내에 가지고 있는 유기화합물로서 식물체나 동물에 의해 만들어질 수 있으나 주로 식물체에 의해 형성되고, 식물체는 아주 중요한 반응인 광합성(photosynthesis)을 통하여 공기 중의 이산화탄소와 토양 중의 물로부터 탄수화물을 합성한다.

① 탄수화물의 분류

a. 단당류

탄수화물에는 여러 가지 종류가 있으며 그들의 분자크기와 구조에 따라서 몇 가지로 분류해 볼 수 있는데 그중 가장 기본적이고 간단한 것이 탄소3개의 수화물인 3탄당이다. 식품 중에는 주로 5탄당이나 6탄당이 많이 들어 있다.

그 중에서도 식품에 제일 흔하게 들어있는 단당류는 6탄당으로 식품에 들어있는 6탄당의 대표적인 것으로는 포도당(glucose), 과당(fructose), 갈락토스(galactose)등이 있는데 이들은 단맛을 가지며 물에 녹는 성질을 갖고 있다. 이런 당들은 물에 녹아 있을 때 그 수용액을 통해 나가는 빛을 굴절시킨다.

포도당은 수용액에서 빛을 오른쪽으로 굴절시키므로 우선성(dextrorotatory)이라고 하며, 이런 이유로 포도당을 종종 덱스트로스라고 부르기도 하고 또 과당은 수용액에서 빛을 왼쪽으로 굴절시키므로 좌선성(levorotatory)라고 부르기도 한다.

b. 이당류

식품 중에는 단당류보다 조금 더 복잡한 형태의 탄수화물이 많이 들어 있다. 이들은 이당류라고 하며, 당도나 물에 대한 용해도가 각각 다르다. 중요한 이당류에는 서당(sucrose), 맥아당(maltose), 그리고 유당(lactose)의 세 가지가 있는데 세 가지 이당류는 모두 기본적으로 포도당을 가지고 있고, 나머지 다른 한 개의 단당이 무엇이냐에 따라 이당류를 서로 구별된다.

C. 올리고당류

단당류3개 내지는 10개 정도가 모여서 이루는 당류는 올리고당으로 분류합니다. 단당이나 이당류보다는 단맛이 덜하지만 단맛을 가지고 있고, 식품 중에 많이 들어있지 않으며 탄수화물의 소화과정 중에 형성되기도 한다.

d. 다당류

단당류 10개 이상, 보통 수천 개가 물 1분자씩을 내놓고 결합하여 이루는 탄수화물을 다당류 또는 복합탄수화물이라고 한다. 주요 다당류에는 전분, 셀룰로스, 펙틴질 등이며, 동물성 탄수화물이면서 포도당의 저장고 역할을 하는 글리코겐도 식품을 통해 사람이 섭취하기는 하나 그 양은 이주 소량이다.

② 탄수화물의 기능

a. 에너지 공급

신체 활동을 위해서는 에너지가 끊임없이 요구된다.

중추신경계는 에너지 급원으로 오직 포도당만을 사용하므로 중추신경계의 원활한 작용을 위해서는 탄수화물은 꼭 있어야 하고 지방도 에너지 급원으로 쓰여지긴 하지만 이때에도 탄수화물이 필요합니다.

탄수화물은 지방이 에너지로 쓰일때 그 과정에서 중간대사 산물인 케톤체(ketone bodies)가 지나치게 쌓여 일어나게 되는 비정상적인 상태인 케톤뇨를 예방해준다.

b. 단백질 절약 작용

탄수화물의 다른 중요한 기능 중의 하나는 단백질 절약 작용(protein sparing action)이다. 단백질도 에너지를 낼 수 있으나 단백질의 에너지를 내는 일 외에도 단백질 고유의 중요하고도 필수적인 기능이 있다. 그러나 식사 중에 탄수화물이나 지방에 부족하게 되면 단백질은 이 기능을 못하고 에너지를 내는데 쓰이게 된다. 그러므로 탄수화물과 지방은 단백질이 에너지원이 되는 것보다 단백질의 고유기능을 행하도록 단백질을 절약 시켜주는 작용이 있다고 볼 수 있다.

C. 장내 운동싱

식이섬유질(dietary fiber)은 셀룰로스, 헤미셀룰로스, 리그닌, 펙틴질, 검 같은 것들이 이에 속한다. 이것들은 장내에서 물을 흡수하여 부드러운 덩어리를 만들고, 이것이 소화기관 근육의 수축을 자극하여 장내에서 음식물이 잘 이동하도록 연동운동을 돕는 역할을 한다.

d. 신체 구성 성분

탄수화물은 함께 신체내에서 중요한 몇 가지의 화합물을 형성하는데 주로 윤활물질이나 손톱, 뼈, 연골 및 피부등의 중요한 구성요소가 되고 있다. 그 외에도 단당이면서 5탄당인 리보스는 DNA와 RNA의 중요한 구성성분이 되며 이당류인 유당은 칼슘의 흡수를 돕는 작용을 한다.

③ 탄수화물의 소화와 흡수

a. 소화

탄수화물의 소화는 입에서부터 일어나는데 입에서는 기계적으로 씹어 잘게 부수어 줄뿐만 아니라 침과도 잘 섞이게 해준다. 입에서는 이런 물리적인 분해뿐 아니라 화학적으로도 소화작용이 일어나는데 프티알린이라는 타액 아밀라제(salivary amylase)가 분비되어 전분의 일부를 덱스트린이나 맥아당으로 소화시킨다.

위에서는 아무런 탄수화물 분해효소도 분비되지 않고 다만 위액 중 염산은 이당류인 서당을 단당류인 포도당과 과당으로 분해시키기도 하나 위에서 주된 소화작용은 음식물을 유미즙 상태로까지 액화시키는 장소 제공으로서의 역할이며, 이 역할이 끝나면 탄수화물은 작은창자로 내려가 그곳에서 더 소화된다.

b. 작은창자에서의 소화

작은창자로는 췌장액, 작은창자 벽에서 분비되는 액, 그리고 간으로부터의 담즙 등 여러 가지 소화액이 분비되어 액성을 알카리성으로 만들어주는데 이런 상태에서는 탄수화물의 소화가 잘 일어나게 된다.

췌장 아밀라아제는 타액 아밀라아제와는 그 구조가 약간 다르나 전분을 분해하는 효소라는 점에서는 같다. 이 효소는 전분에 작용하여 전분을 덱스트린으로 만들고, 다시 이낭류인 맥아당으로까지 소화시키고 이렇게 되어 모두 이당류가 되면 그 다음으로는 작은창자의 점막세포에서 분비되는 이당류 분해효소들이 작용을 시작하여 이당류들을 단당류로 소화시킨다. 말타아제는 맥아당을 포도당2분자로, 수크라제는 서당을 포도당과 과당으로, 락타아제는 유당을 포도당과 갈락토오스로 분해시킨다.

c. 흡수

소화가 가능한 이당류나 다당류들이 모두 단당류로 소화가 되고 나면 흡수가 일어나는데 소화기관 중 흡수가 일어나는 주된 부위는 작은창자 중에서도 중간 부위인 공장으로서 단당류들은 이곳에 있는 융모와 미세융모를 통해 수동적 확산(passive diffusion)과 능동적 운반(active transport)에 의해 작은창자 벽을 지나 흡수된다. 흡수된 단당류는 용모의 상피세포의 세포막을 지나 그곳에 있는 모세혈관으로 들어가게 되고, 문맥을 통해 간으로 운반된다.

간에서 포도당이 아닌 다른 단당들은 모두 포도당으로 전환되는데 이는 포도당이 신체내에서 가장 유용한 형태의 단당이기 때문이고 과당은 거의 확산에 의해 흡수되며, 포도당과 갈락토오스도 혈액의 농도보다 작은 창자내의 농도가 높을 때는 역시 확산에 의해 흡수된다.

(3) 지방과 그 작용

지방은 고기나 생선 또는 식용유를 사용한 식품 등을 통하여, 동물성지방과 식물성지방이 섭취된다. 이들 지방은 소화기관에서 글리세린과 지방산으로 분해되어 소장(小腸)에서 흡수된다.

흡수되면 다시 지방으로 합성되어, 세포를 구성하는 물질이 되거나 에너지원으로 사용된다. 지방은 탄수화물이나 단백질에 비해서 약 2배의 에너지를 가지고, 1g에 약 9cal의 열을 발생한다.

그리고, 저장에너지로서 체내에 축적될 뿐만 아니라, 열부도체(烈夫)이기 때문에 보온을 유지하는 역할을 하고, 탄력성이 있어서 신체를 보호하는 역할도 하며, 지용성(脂溶性)비타민을 축척 하는 곳이기도 하다.

지방산에는 포화지방산과 불포화지방산이 있고 불포화지방산에 있는 리노릭산(linoleic acid), 리노레인산(linolein acid) 등은 생명유지에 없어서는 안될 필수지방산이다.

최근 동맥경화를 일으키는 요인으로서 동물성지방이 부각되고 있는데, 그 이유는 콜레스테롤이 많다는 것이다. 소·돼지의 지육(脂肉), 버터 등에는 포화지방산이 많고, 혈중콜레스테롤을 증가시킨다.

이에 반해, 같은 기름이면서도 식물성지방에는 콜레스테롤을 억제시키는 작용이 있는 불포화지방산이 많이 포함되어 있다.

특히, 참기름, 사라다유, 밀기름, 콩기름, 쌀기름, 옥수수기름은 불포화지방산의 함유량이 높은 기름이다. 동맥경화의 예방이라는 관점에서 볼 때, 식물성지방과 동물성지방의비율은 2:1로 하는 것이 바람직하다.

단, 이러한 불포화지방산이 많은 기름일수록 과산화지질(過酸化脂質)이 되기 쉽다.

과산화지질은 세포막의 활성을 저하시켜 스테미너를 쇠퇴시키고, 노화를 촉진시키는 특징이 있다. 그래서 오래된 기름이나 인스턴트 라면, 기름에 탄 생선을 말린 것, 감자칩 등과 같은 튀김류에 많은 주의를 기울일 필요가 있다. 또한, 식물성지방 속에도 야자유나 낙화생유(落花生油)처럼 포화지방산이 많은 것도 있다.

지방질은 일반적으로 동물성과 식물성으로 크게 나눌 수 있으나, 물리화학적 성질에 따라 고체와 액체로 구분 지을 수 있다. 또한 지방질의 분류에 있어서 눈으로 보아 쉽게 식별할 수 있는 가시지방질과 식품 속에 포함되어 쉽게 보이거나 분리되지 않는 비가시지

표 15-3 가시지방질과 비 가시지방질의 분류

가시지방질(visible fat)	식용류, 버터, 마가린, 쇼트닝, 라드 등
비 가시지방질(invisible fat)	육류, 어패류, 우유, 달걀, 빵류, 올리브, 채소 등

방질로 분류되기도 한다.

지방 식품의 영양학적 측면은 크게 두 가지로 나눌 수 있는데, 첫째는 효과적인 열량원으로서의 기능이고, 둘째는 필수지방산으로서의 역할로 체내의 모든 막조직(membrane system) 입니다.

따라서 고등동물은 식품으로서의 에너지 섭취가 제한되는 때를 대체하여 체내에 에너지를 보다 효율적으로 저축하는 방안을 고안해 내었다고 볼 수 있다. 우리가 음식을 통해 섭취하는 지방은 대게 중성지방인 TG인데, 인지질과 콜레스테롤도 포함되어 있으며, 지방 섭취를 통해 지용성 비타민들도 공급된다.

지방질이 가장 효과적인 에너지원이라는 것은 누구나 다 알고 있을 것이다.

첫째, 당질의 경우 한 개의 수소원자와 한 개의 수산기가 탄소원자에 결합되어 있는 한편, 지방질의 경우는 두 개의 수소원자가 탄소에 결합되어 있어, 산화되어 에너지를 낼 수 있는 잠재 능력이 당질보다 많음을 알 수 있다.

둘째, 당질이 체내에서 글리코겐으로 저장될 때 물이 함께 저장되며, 따라서 전해질의 보유도 함께 필요하게 되므로 조직 1g 당 1kcal의 에너지가 저장되는 한편, 지방질의 저장에는 다량의 물이 함께 보유되지 않아도 되므로 조직 1g당 8kcal의 에너지를 보유할 수 있어 이는 효과적인 에너지의 저축형이 되는 것이다.

① 지방의 기능

a. 농축된 에너지의 급원

지방은 체내에서 농축된 에너지의 급원이 되므로 매우 중요하다.

b. 체지방 에너지 축적

체지방이 축적되면 곧 에너지가 저장된 것이므로 에너지의 섭취가 부족할때 바로 쓰이게 된다.

c. 만복감

satiety value란 식사 후에 느끼는 만복감을 말하는데 지방은 탄수화물이나 단백질보다 위장 내에 오래 남아 있으므로 만복감을 충분히 느끼도록 해준다. 고지방 식이는 오래 위에 머물기 때문에 쉽게 공복감을 느끼지 못한다.

d. 맛과 향미의 제공

e. 지용성 비타민의 흡수를 도움

비타민 A,D,E,K의 흡수를 위해서는 작은 창자에 지방이 있어야 한다.

f. 프로스타글란딘의 전구물질

g. 필수 지방산의 제공

식사로부터 지방을 꼭 먹어야 하는 이유는 바로 필수지방산인 리놀레산을 공급받기 위해서 이다.

② 지방의 소화와 흡수

a. 유화

지방은 물에 녹지 않기 때문에 신체 내에서 소화, 흡수, 운반되려면 물과 친숙한 상태로 되어야 한다.

이렇게 지방과 물 사이의 물리적 상반과정을 줄이는 길은 '유화(emulsification)' 시키는 것뿐인데 지방의 소화작용을 위한 유화제로는 레시틴과 간의 콜레스테롤로부터 생산되는 담즙산(bile acid)이 있다.

b. 소화

소화의 목표는 식사로부터 섭취한 흡수할 수 없는 큰 물질을 흡수 가능한 크기의 물질로 바꾸는 데 있다고 볼 수 있다.

지방의 소화는 이 목표를 이루기 위하여 가수분해작용 뿐 아니라 유화작용의 물리적인 변화에도 의존하고 있다.

표 15-4 소화기관 장소에 따른 생성물

소화기관장소	기질	효소	보조인자	생성물
입, 식도	기질	-	체온	따뜻하고 유동적인 지방
위	유화되지 않은 지방	-		유동적인 지방
위	유화된 지방	위장 리파제	-	디글리세리드, 모노글리세리드, 지방산, 글리세롤
소장	유화되지 않은 지방	-	담즙	유화된 지방
소장	유화된 지방	췌장리파제와 소장리파제	-	모노글리세리드와 약간의 글리세리드, 지방산

c. 흡수

소화기관으로 부터 혈액으로부터 지방이 흡수되려면 먼저 장 점막 세포를 지나 융모의 안쪽으로 가서 혈액으로 들어가야 한다. 담즙의 미셀(micelles)을 소장 중 공장의 점막세포로 운반하며 이곳에서 주로 지방이 흡수된다.

4) 단백질과 그 작용

단백질은 신체를 구성하는 세포의 주성분일 뿐 아니라, 효소를 비롯한 근육의 수축분자(收縮分子) 등 생체의 원활한 활동이나 유지를 하는데 없어서는 안 될 중요한 것이다.

인간은 동물이나 생선의 고기에서 동물성단백질을, 콩을 발효한 것이나 두부 등에서 식물성단백질을, 그 외의 식품에서 여러 종류의 단백질을 섭취하고 있으나, 모두 체내로 들어오면 우선 아미노산으로 분해되어, 소화 흡수된 후에 단백질로 합성된다.

아미노산 중에는 체내에서 다른 아미노산으로 바뀌어 결합할 수 있는 것도 있지만, 아무리해도 바뀌어 결합할 수 없는 아미노산도 있다.

필수아미노산이라는 것은 바륨(barium), 로이신(leucine), 이소로이신(isoleucine), 스레오닝(threonine), 리징(lysine), 메치오닝(methionine), 페니라라닌(phenylalanine), 토리후토황(tryptophane)의 8종류가 있다(표 15-3).

익숙하지 않은 운동이나 스포츠를 할 때라든지, 아직 훈련 중이라서 근육이 발달하지 아니한 단계에서는 충분한 단백질이 필요하다(체중 1kg당 2g).

단백질은 신체의 구성기능과 에너지를 내는 기능의 두 가지 면에서는 탄수화물이나 지방과 같다. 그러나 단백질은 탄수화물이나 지

표 15-5 인간의 필수 아미노산 필요량

필수아미노산	유아(mg/kg/日)	청소년(mg/kg/日)	성인(mg/kg/日)
트립토판(tryptophane)	22	4	3.5
스레오닌(threonine)	87	35	7
메치오닌(methionine)	45+시스틴	27[1)]	13[1)]
이소류신(isoleucine)	119	30	10
라이신(lysine)	103	60	12
바륨(barium)	105	33	10
류신(leucine)	229	45	14
페닐알라닌(phenylalanine)	90+티로신	27	14
히스티딘(histidine)	34	0	14[2)]

1) 시스틴을 포함 2) 티로신을 포함
(FAO and WHO : Energy and Protein Requirements, 1973)

방, 두 영양소와는 달리 신체에서 에너지를 내는데 쓰이지 않는다. 그 대신에 단백질은 체내에 필수적인 중요한 물질들을 만들거나 운반하고, 또는 외부로부터 이물질과 대항해 싸우기도 하며 나아가서는 뼈, 근육과 연결조직을 이루기도 한다. 또 혈액을 응고시키는 데에도 여러 가지 종류의 단백질이 필요하다.

영양 학자들이 권장하는 단백질의 섭취량은 총 섭취 열량의 15% 정도로서, 지방의 20%, 탄수화물의 65%와 비교하여 볼 때 적은 양이다.

① 단백질의 구조

단백질 분자의 가장 기본적인 조성물은 아미노산(amino acids)으로 아미노산의 구조를 보면 탄소원자 한 개에 아미노기(amino group, $-NH_2$)와 카르복실기(carboxyl group, $-COOH$)가 붙어 있으며, 여기에 수소와 R기(R group)가 붙어 있는데 R기는 단순히 수소일수도 있고 또는 복잡한 화학구조일 경우도 있다.

이 R기는 아미노산의 종류에 따라 달라지며 여기에 무엇이 붙는가에 따라 각각의 아미노산의 성질이나 기능이 달라진다.

아미노산은 몇 가지로 분류될 수 있는데 우선 기능적으로 분류해 보면, 신체 내에서 합성이 되지 않거나 소량만 합성되므로 꼭 식사로부터 먹어야 하는 아미노산을 '필수 아미노산(essential amino acids, indispensible amino acids)' 라고 하고 신체내에서 충분한 양 합성되는 아미노산을 '불필수 아미노산' 으로 분류할 수 있다.

성인에게 필요한 필수 아미노산은 이소로이신(isoleucine), 로이신(leucine), 리신(lysine), 메티오닌(methionine), 페닐알라닌(phenylalanine), 트레오닌(threonine), 트립토판(tryptophan), 발린(valine)과 히스티딘(histidine)등 이며, 이들을 제외한 나머지 아미노산들은 모두 불필수 아미노산이다.

정상적인 신체에서는 불필수 아미노산으로 분류되는 시스테인과 티로신도 어떤 특이한 체내 상황에서는 인체에 필수적인 것으로 생각될 수 있다. 정상적인 신체는 시스테인을 메티오닌으로부터, 그리고 티로신은 페닐알라닌으로부터 합성할 수 있다. 이외에도 아미노산은 중성, 산성, 염기성 아미노산으로 분류할 수 있다.

필수 아미노산이거나 불필수 아미노산이거나 아미노산은 모두 펩티드 결합(peptide linkage, 혹은 peptide bond)로 결합되어 있다. 펩티드 결합이란 한 아미노산에 카르복실기와 다른 아미노산의 아미노기가 물 1분자를 내놓으면서 결합한 것을 말한다. 대부분의단백질들은 적어도 500개 이상 수백, 수천 개의 아미노산으로 구성되어 있으므로 '폴리펩티드(polypeptide)' 라고 부른다.

폴리펩티드 사슬은 자연적으로 나선구조를 만드는데, 이 나선구조는 아주 복잡한 구조로까지 되며, 따라서 단백질의 구조를 몇 단계로 나누어 설명해 볼 수 있다.

단백질의 1차 구조(primary structure)는 아미노산이 펩티드 결합으로 배열되어 폴리펩티드 사슬을 이루는 것과 S-S결합(disulfide bonds)의 유무에 따라 결정된다.

아미노산의 배열은 각각의 단백질마다 매우 독특하다. 즉 헤모글로빈(hemoglobin), 콜라겐(collagen)및 수백 가지의 효소 등 각각의 단백질들은 모두 그 단백질의 독특하고도 고유한 아미노산 배열이 있다.

즉 15개에서 20개까지의 각종 아미노산들을 여러 가지 순서로 배열하여 단백질을 만드는데, 화학적으로 보아 단백질로서 의미가 있는 것은 아미노산 50개 이상부터이다.

② 단백질의 분류

a. 완선 단백질과 불완전 단백질

▶ 완전 단백질

완전 단백질(complete protein)은 생명체의 성장과 유지에 필요한 필수 아미노산을 모두, 그리고 충분한 양 가지고 있는 단백질로서

젤라틴(gelatin)을 제외한 대부분의 동물성단백질이 여기에 속한다.

즉, 육류, 가금류, 달걀, 우유 및 생선 등이 이에 속한다.

▶부분적 완전 단백질

부분적 완전 단백질(partially complete protein)은 필수 아미노산을 모두 가지고는 있으나 그 양이 충분치가 않거나 각 필수 아미노산들이 균형있게 들어있지 않은 단백질을 말하며, 이런 단백질로 동물을 사육할 경우 생명 유지는 되나 성장은 되지 않는다. 이 범주에 속하는 단백질로는 견과류 및 대두 단백질이 있다.

▶불완전 단백질

불완전 단백질(incomplete protein)이란 생명을 유지하거나 어린이들이 성장하기에 충분한 양의 필수 아미노산을 갖고 있지 못한 단백질을 말하며, 젤라틴이나 곡류 단백 및 대두를 제외한 두류 단백질 등이 여기에 속한다.

불완전 단백질을 섭취해서는 동물의 성장과 유지가 어렵다.

▶제한 아미노산

식품 중에 있는 필수 아미노산 중 인체에서 요구되는 양에 비해서 제일 적게 들어있는 필수 아미노산을 '제한 아미노산(limiting amino acids)'이라고 하며 단백질의 조율마다 제한 아미노산은 달라진다.

제한 아미노산 중에 가장 부족한 것을 '제1 제한 아미노산', 두 번째로 부족한 것을 '제2 제한 아미노산' 이라고 부른다.

b. 단순 단백질과 복합 단백질

단백질은 분자구조에 따라서 분류할 수 있다. 오직 아미노산만을 가지고 있는 단백질을 '단순 단백질(simple proteins)'이라고 부른다.

단순 단백질이라고 해도 단백질들이 가지고 있는 아미노산의 종류와 수는 다 다르며, 따라서 분자량도 큰 차이가 있다. 이에 비해, 많은 단백질 분자들은 아미노산 외의 다른 물질들을 함께 가지고 있다.

이를 '복합 단백질(conjugated proteins)'이라고 한다. 복합 단백질의 대표적인 예로는 핵단백질(nucleoproteins)을 들 수 있으며, 이는 핵산과 아미노산의 화합물이다.

지단백(lipoprotein)도 역시 복합 단백질이며 헤모글로빈도 복합 단백질의 일종으로 단백질과 금속을 가진 색소(heme)의 결합이다.

또 단백질에 탄수화물이 결합되어 당단백질(glycoproteins)이란 복합 단백질을 이룬다.

③ 단백질의 기능

단백질은 신체 내 모든 세포에서 발견되며 신체조직의 성장과 유지에 매우 중요하다. 식사로부터 섭취한 단백질이 충분해야만 임신이나 성장기 동안 정상적인 성장이 이루어진다.

특별히 생의 전 시기 중 단백질이 많이 요구되는 중요한 때인 임신기, 수유기 및 성장기 어린이에게 단백질의 섭취가 부족할 경우 성장이 정상 속도보다 느려지며 심하면 성장이 정지되는 수도 있다.

단백질은 머리카락이나 손톱, 발톱의 성장, 그리고 피부를 위해서도 필요하며 뼈와 결합조직, 그리고 혈액의 유지를 위해서도 필요하다.

a. 호르몬, 효소와 항체의 형성

신체는 단백질로 된 몇 가지의 조절물질들을 갖고 있다.

이들은 식사로 섭취한 단백질이 소화, 흡수되어 생긴 아미노산들로부터 새로이 합성되는 단백질로서 호르몬, 효소, 그리고 항체와 같은 것들이다.

갑상선 호르몬, 인슐린, 아드레날린과 같은 것들이 호르몬들이며, 이들은 여러 가지 기본적인 신체대사과정을 조절한다.

탄수화물이나 지방, 그리고 단백질의 소화와 대사에 필요한 효소들도 식사로부터의 단백질로 만들어진다. 항체는 병원균이나 세균성 이물질 등 여러 가지의 항원(antigens)이 체내에 들어왔을 때 이들로부터 신체를 방어해 주기 위한 목적으로 만들어지는 단백질이다.

항원에 대한 항체의 방어 작용을 면역(immunity)이라고 말하며, 식이 단백질이 부족하면 체내에서 항체가 잘 안 만들어져서 감염성 질환에 잘 걸리게 된다.

b. 체액의 균형

세포 내외의 체액은 여러 가지 요인에 의해 영향을 받는데 그중 중요한 것이 단백질입니다. 단백질은 대부분 그 분자가 매우 크므로 반투과성 세포막을 통해 확산되지 않는다.

대신에 단백질은 삼투압에 영향을 주어 세포막을 통한 액체의 이동에 관여한다.

혈액내 단백질의 농도가 정상이면 이에 따라 체액의 양도 정상이나 단백질의 섭취가 낮으면 혈장 단백질 농도가 낮아지고 혈액 내의 물은 조직액 속으로 이동한다. 그 결과 몸에는 조직에 액체가 쌓여서 일어나는 영양송 부종(nutritional edema)이 나타나게 된다.

c. 산. 염기의 균형

항상성유지(homeostasis).

단백질은 신체 내에서 산과 염기의 양쪽의 역할을 다 할 수 있는 능력이 있으므로 신체내 정상적인 약 알칼리성 상태를 유지시키는

데 공헌한다.

체액이 염기성 쪽으로 치우칠 때는 단백질이 산의 역할을 하여 염기성 반응을 중화시키고 반대로 체액이 산성으로 기울게 되면 단백질은 염기의 역할로써 신체조직 내의 산,염기 균형을 정상적으로 유지시켜 준다.

d. 영양소의 운반

단백질은 다른 영양소들과 결합하여 영양소들이 세포내 필요로 하는 곳까지 운반되도록 도와준다.

즉 지단백을 형성하여 지방이 혈액 내에서 운반될 수 있도록 해준다든가 흡수된 철분이 단백질인 트란스페린(transferrin)과 결합하여 혈액 내에서 운반 되도록 한다. 이렇게 운반을 도와주는 단백질의 기능이 없다면 위와 같은 몇몇 영양소는 세포로까지 운반되지 못한다.

e. 에너지의 급원

④ 단백질의 변성, 소화와 흡수

a. 단백질의 변성

변성(denaturation)이라 함은 자연상태의 단백질이 그의 특유한 기능적 형태를 잃고 변화하는 것을 말하는데 열, 강산, 강염기, 알코올, 자외선, 혹은 은, 수은, 납과 같은 중금속에 의해 가능하다.

단백질의 변성 결과 단백질은 그의 독특한 기능적인 능력을 잃게 되고 따라서 대부분의 경우, 사람들이 단백질로 된 효소나 호르몬을 섭취한다 해도 그것이 위 속에서 변성과 소화가 일어나므로 체내에서는 처음 상태 그래도 존재하지 않게 된다.

b. 단백질의 소화

단백질의 소화는 소화가 일어나는 소화기관조차도 단백질이므로 대단히 복잡하다. 단백질이 소화될 때는 두 가지 형태의 단백질 분해효소가 작용하는데 한 가지 형태는 프로테이나제(proteinase)로서 특별히 단백질 내부 결합을 끊어 프로테오스(proteose), 펩톤(peptones), 디펩티드 같은 짧은 사슬을 가진 물질들을 많이 만든다.

프로테이나제에는 펩신, 트립신, 키모트립신 등이 있으며, 이들은 각각 불활성 형태의 효소원인 펩시노겐, 트립시노겐, 키모트립시노겐으로부터 활성화 되고, 다른 한 가지 형태는 펩티다제 (peptidase)로 한쪽 끝의 펩티드 결합부터 끊기 시작하여 한번에 아미노산 한 개씩을 끊어낸다.

펩티다제에는 카르복시펩티다제, 아미노펩티다제, 그리고 디펩티다제 등이 있다.

c. 단백질의 흡수

펩신에 의해 위에서 분해된 아미노산은 위에서도 흡수될 수 있으나 대부분의 아미노산은 작은 창자 벽을 통하여 흡수된다.

아미노산의 흡수는 단당의 흡수와 흡사하다. 아미노산이나 난낭

표 15-6 분비장소에 따른 단백질의 변화

분비장소	효소	기질	최종산물
위	펩신	단백질	프로테오스와 펩톤
	레닌	우유의 카제인	칼슘 파라카제인네이트
췌장	트립신	단백질	작은 폴리펩티드
	키모트립신	단백질과 폴리펩티드	작은 폴리펩티드와 디펩티드
	카르복시 펩티다제	폴리펩티드	아미노산과 디펩티드
작은창자	아미노펩티다제	폴리펩티드	아미노산과 디펩티드
	디펩티다제	디펩티드	아미노산

은 모두 수용성이므로 단순 확산이나 또는 능동적 운반을 통해 작은창자의 내벽 세포막을 건너 흡수되고 흡수된 후에는 문맥을 거쳐 간으로 모이게 되며 간에서는 체내 다른 곳에서 쓰일 때까지 아미노산 풀(amino acid pool)을 형성하고 있다.

(5) 중요 비타민과 그 역할

비타민은 극히 소량으로 몸 전체의 생리기능을 조절하고, 물질대사를 완전히 달성할 수 있는 물질로서 아주 중요한 영양소이다. 비타민의 종류는 20여종이지만 물에 녹기 쉬운 수용성 비타민과 지방이나 용제(溶劑)에 녹기 쉬운 지용성(脂溶性) 비타민으로 크게 분류한다.

비타민B군이나 C군과 같은 수용성비타민은 물에 녹기 쉽기 때문에, 한 번에 대량으로 섭취해도 소변으로 배설되어 버려서 축적할 수 없으므로 매일 조금씩 섭취하는 것이 유효하다. 비타민A, D, E와 같은 지용성비타민은 지방에 녹기 때문에 간장 등에 축적될 수 있다. 표 (15-4는 주된 비타민의 생리작용과 그 결핍증 및 함유식품을 나타낸 것이다.

① 비타민A

비타민A는 자연계에서 비타민A 자체로 존재하든지 또는 비타민A 전구체로 존재한다. 비타민A는 동물성 식품에만 함유되어 있으며, 녹황색의 식물성 식품에는 카로티노이드(carotenoids)라고 하는 색소물질들이 들어 있는데, 이들은 신체 세포에 의하여 비타민 A로 전환될 수 있는 비타민A 전구체들이다.

비타민A에는 생체 활성을 갖는 세 가지 종류의 물질이 있는데 이들은 레티놀(retinol), 레티날(retinal), 레티노인산(retinoic acid)으로서 이 세 가지 형태는 단하나의 작용기(functional collagengroup)만 서로 다를 뿐 동일한 화학구조를 갖고 있다.

표 15-7 각종 비타민의 함유식품과 그 작용

비타민		함유식품	작 용	결핍증
지용성비타민	비타민A	간, 계란 노른자, 버터, 녹색야채	감염에 대한 저항력, 약한 빛에 대한 눈의 적응, 눈과 피부의 질병예방, 분비기능,생식기능	야맹증, 건성안질환, 생식불능, 성장
	비타민D	생선, 유제품	칼슘의 흡입촉진	꼽추병, CaP의 장내 흡입촉진
	비타민E	식물유, 녹색야채	필수 비타민과 지방산의 산화방지, 콜레스테롤저하, 생식기능촉진	생식기능(임신불능, 유산), 근육의 진행성 위축
	비타민K	녹색야채, 간	혈액의 응고	출혈을 수반하는 장해
수용성비타민	비타민B_1	고기,전립곡물(全粒穀物),우유,콩류	에너지대사,니코친산의 형성	각기병, 무기력, 체중감소, 의욕감소
	비타민B_2	우유,생선,계란, 고기,녹색야채	에너지대사	구각염, 구강염, 설염, 피부염
	나이아신	전립곡물,녹색야채	에너지대사, 지방산의 합성	에너지생성장해, 피부염
	비타민B_6	전립곡물,고기,바나나, 시금치,양배추	단백질대사,헤모글로빈합성,글리콘에서 에너지생성	경련, 빈혈
	엽 산	녹색야채, 간, 버섯	혈구형성	빈혈
	판토텐산	동식물식품		식욕부진, 피로하기 쉬움
	비타민$_{12}$	간	혈구형성	악성빈혈
	비타민C	녹색야채,과일	코라겐을형성	괴혈병

카로티노이드 색소물질에는 알파-카로틴, 베타-카로틴, 감마-카로틴, 크립토크산틴들이 있는데 이들은 체내에서 흡수될 때 장 점막에서 비타민A로 전환된다. 이중에서 가장 흔하게 식품 중에 존재하는 것은 베타-카로틴이다.

a. 흡수와 대사

ⓐ 흡수

식품 속에 들어있는 비타민A는 주로 레티놀과 지방산의 복합체로서 레티닐 에스테르(retinyl ester)를 이루고 있다. 이것은 소장강(Intestinal lumen)에서 췌장과 장내효소에 의해서 분해되고, 레티놀은 장점막 세포로 흡수되어 들어가서 재빨리 에스테르화하여 다시 레티닐 에스테르로 되며, 이 에스테르는 킬로미크론 내의 매우 작은 지방 입자로 들어가서 결국 림프계와 순환계를 통해 간으로 간다.

레티놀이 거의 완전히 흡수되는데 반하여 식품 중의 카로티노이드는 약 1/3밖에 흡수되지 않는다. 일단 베타-카로틴이 소장강으로부터 장점막 세포로 흡수되면 그 중의 약 1/2이 효소에 의해서 레티날을 거쳐 레티놀로 전환되며 이것도 에스테르화하여 킬로미크론을 형성한다.

비타민A와 베타-카로틴의 흡수가 잘 일어나려면 소장 강내에 지방과 담즙염이 적절하게 들어 있어야 한다. 담즙의 분비 부족 혹은 기타 다른 지방의 흡수 방해 요인들은 비타민A와 베타-카로틴의 흡수를 저하시키게 된다.

또한 장내에 비타민L과 같은 항산화제가 충분히 존재하면 이들 두 물질이 산화되어 파괴되는 것을 막음으로써 흡수율을 높일 수 있다.

ⓑ 대사

혈액에 의하여 비타민A가 간으로 운반되면 간은 비타민A를 혈액으로부터 재빨리 제거하여 저장하기도 하고, 빨리 혈액으로 방출하여 혈액 내의 비타민A 수준을 일정하게 유지시키게도 된다.

체내에 저장된 비타민A 중 약 90%는 간에 들어 있으며, 나머지가 폐, 피하지방, 신장, 부신에 들어 있고 저장형태는 레티닐 에스테르이다. 신체의 다른 부분에서 비타민A를 필요로 하게 되면 에스테르는 먼저 레티놀로 가수분해하여 두 가지의 단백질에 결합되는데, 먼저 RBP(retinol-binding protein)와 결합하고 이어스 프리-알부민(pre-albumin)에 결합된다. 이들 두 단백질은 간세포가 합성한다.

b. 기능

비타민A 활성을 갖는 물질 중에서 레티날은 정상적인 시력의 유지에 필요하며 레티놀은 젖먹이동물의 생식기능에 관계한다. 한편 레티노인산은 성장을 도우나 야맹증을 예방하지는 못한다. 이와 같이 비타민A의 종류에 따라서 생리적인 역할이 달라지기 때문에 비타민A의 기능을 확실하게 규명하는데는 어려움이 따른다.

▶ 침침한 광선 중의 시력유지

척추동물 눈의 뒤쪽에 있는 망막에는 빛에 반응하는 두 종류의 세포가 있다. 이중에서 간상세포(rods)는 낮은 강도의 빛에 예민하여 침침한 광선 중에서 볼 수 있게 하는 것이며, 원추세포(cones)는 높은 강도의 빛에 예민하여 밝은 광선 중에서 불 수 있게 하면서 동시에 색상을 구분하는 기능을 한다.

두 종류이 세포들은 모두 레티날과 옵신(opsin)이라고 하는 단백질 분자로 구성된 색소물질을 함유하고 있다.

간상세포에 들어있는 색소물질은 로돕신(rhodopsin) 또는 시홍(visual purple)이라고 하며, 원추세포에 들어있는 색소물질은 요돕신(iodopsin) 또는 시청홍소(visual violet)라고 한다.

▶ 상피조직의 건강유지

상피조직은 신체의 외부층을 말한다. 여기에는 피부의 표면층과 소화기관, 호흡기관, 생식기관, 내분비기관, 눈 등의 점막 표면층이 포함된다.

비타민A는 이들 조직을 유지하는데 필수적으로 요구될 뿐만 아니라 점막세포에 의하여 점액이 정상적으로 분비 되도록 한다.

이 점액은 박테리아나 위산과 같은 해로운 물질이 상피조직으로 침투되어 들어가는 것을 막는 기능을 한다.

따라서 비타만A가 결핍하면 부드럽고 축축했던 상피세포들은 점차 단단하고 건조한 각화성 조직으로 변하게 되며 각화가 점점 진행되면서 점액과 기타 다른 분비물들의 분비기능이 상실되어 박테리아의 침입을 받기 쉽게 된다.

▶성장의 뒷받침

비타민A가 결핍한 동물과 성장기 아동들은 제대로 성장하지 못한다. 그러나 성장을 뒷받침하는데 비타민A가 어떻게 작용하는가에 관하여는 시력과의 관계에서처럼 명확하게 알려져 있지 않는다. 다만 비타민A 결핍으로 성장이 멈추는 것은 식욕감퇴가 원인일 수 있다고 생각될 뿐이다.

성장기 아동에게서 비타민A가 결핍하면 뼈의 성장이 저하되거나 멈출 수 있으며, 이때에 중추신경계의 기계적 손상이 나타날 수 있다. 그래서 초래되는 신경 증세가 마비(paralysis)로서 신경의 정상적인 기능이 상실되어 운동능력이 소실되는 증세이다.

▶정상적인 생식기능의 유지

비타민A가 결핍하면 동물의 생식기능이 손상된다. 비타민A 결핍은 스테로이드 합성에 필요한 효소를 감소시킴으로써 프로제스테론(progesterone)을 비롯한 성호르몬의 생성을 저하시키는 기능이 있다고 보여진다.

또한 비타민A가 결핍하면 생식선(sex glands)의 세포들이 변화하여 부신조직이 쇠퇴되는 경향을 보인다.

▶생체막의 구조와 기능 유지

비타민A는 생체막(membrane)조직의 구조와 기능을 조절하는 역할을 한다.

그 예로서 세포내 리소좀의 막에 비타민A가 적절하게 함유되어 있으면 이막은 온전하게 유지 된다.

리소좀은 세포의 노폐물과 죽은 세포를 파괴시키는 가수분해 효소와 소화 효소를 함유하고 있다.

비타민A 결핍상태에서 이 효소들은 리소좀으로부터 새어나오는데 이들은 체세포들을 손상시킬 수도 있다.

c. 비타민 A 함유식품(I.U)

표 15-8 비타민 A 함유식품

달걀 1개 50g	590 I.U	열무	8,270
소간 57g	30,280	살구 3개 114g	2,890
버터 5g	170	앵두 1컵 244g	1,660
브로콜리 1컵155g	3,880	복숭아 1개 114g	1,320
당근 1개 50g	5,500	수박 1쪽	2,510
고춧가루 15g	9,750	우유 1컵 244g	350
조리된 시금치 1컵 180g	14,580	치즈 28g	370
토마토 1개 200g	1,640		

d. 결핍증

-각막 건조증 - 초기에는 야맹증, 비톳점.

-각막 연화증 - 결막의 건조, 이어서 각막의 건조, 눈의 수분이 상실되어 괴사, 궤양,

천공, 눈의 이차적 감염, 시력 상실

e. 중독증

피로, 권태, 두통, 탈모, 근육과 뼈의 통증, 뇌부종, 구토, 피부 건조, 발열, 간의 확대, 빈혈

② 비타민D

비타민D는 두 가지 점에서 다른 비타민과는 구별되는 독특한 면을 보인다.

첫째, 비타민D는 모든 사람들이 반드시 식사를 통하여 먹어야만 되는 물질이 아니라는 점이다. 일상생활 가운데 태양광선을 충분히 쬐면 그들의 피부에서 필요한 만큼의 양을 만들 수 있다. 이 점에서 비타민D는 비타민의 정의를 벗어난다고 볼 수 있다.

둘째, 이 비타민은 체내에서 호르몬처럼 작용한다. 우리가 식품을 통해 섭취하였거나 또는 피부에서 합성된 비타민D는 그대로 기능을 하는 것이 아니라 간, 또는 신장에서 활성 대사물질로 먼저 전환된 다음에야 기능을 할 수 있다.

a. 대사와 흡수

▶ 흡수

입으로 먹은 비타민D는 소장에서 흡수되어 림프계로 들어간다. 지용성 물질이므로 비타민A와 마찬가지로 흡수를 위하여 담즙이 반드시 있어야 하며, 장내에 지방이 있을 때 흡수가 용이해진다. 그러므로 지방의 흡수를 방해하는 요인들은 또한 비타민D의 흡수를 방해하게 된다.

▶ 대사

간으로 운반된 비타민D2 와 비타민D3는 여기에서 특별한 효소에

의하여 각각의 활성형태로 전환되어 25-히드록시 비타민D(25-OH-VitD)로 전환된다. 이것은 다시 특별한 운반 단백질에 의하여 혈액을 타고 운반되어 신장으로 가게 되며, 여기서 또 다른 효소에 의하여 히드록시화 반응을 다시 일으켜 1,25-디히드록시 비타민D(1,25-(OH)2-VitD)로 전환된다. 실제로 체내에서 비타민D의 기능을 행하는 물질은 이 두 물질이기 때문에 이 들을 비타민D의 활성 대사 물질이라고 한다.

b. 기능

비타민D는 골격의 석회화(calcification)가 정상적으로 이루어지기 위하여 필수적인 물질이다. 골격의 석회화가 정상적으로 일어나기 위해서는 골격을 둘러싸고 있는 체액의 칼슘 농도가 매우 높아야 하고, 비타민D는 최소한 세 가지 방법에 의하여 골격의 석회화가 일어나야 하는 특별한 부위에서 그러한 높은 칼슘 농도를 유지시킨다고 알려져 있다.

즉 첫째, 장에서 칼슘과 인산염의 흡수를 증가시킴으로써, 둘째, 이미 석회화된 골격으로부터 혈액으로 칼슘을 이동시킴으로써, 셋째, 신장에서 칼슘과 인산염의 재흡수를 증가시키는 방법이다.

▶ 칼슘과 인산염의 흡수 촉진

비타민D는 장의 상피세포에서 칼슘 이온의 운반에 필요한 단백질(calcium-binding protein, CaBP)의 생합성을 촉진 시키는 것으로 알려져 있으며, CaBP이 많이 형성될 때 칼슘의 흡수는 증가된다고 한다.

식사를 통해 섭취한 인의 흡수도 비타민D에 의하여 비슷한 양상으로 증가된다.

비타민D의 작용으로 장에서 이들 두 무기질의 흡수가 증가되면 결국 혈청의 칼슘과 인산염의 농도가 높아져서 골격의 정상적인 석회화가 이루어지도록 한다.

▶ 뼈 흡수의 촉진

비타민D는 골격 칼슘의 방출을 증가시킴으로써 혈청의 칼슘과 동시에 인산염의 농도를 적절한 수준으로 유지시킨다. 혈청의 칼슘 또한 인산염의 농도가 떨어지게 되며 부갑상선이 반응하여 부갑상선 호르몬(PTH)이 분비된다.

이 호르몬은 신장의 히드록시화 효소를 자극하여 25-OH-비타민D가 1,25-(OH)2-비타민D로 전환되도록 돕는 기능을 한다. 이러한 방법으로 체내 작용이 가장 강력한 비타민D의 활성 대사물질이 필요한 만큼 만들어짐으로써 골격으로부터 혈액으로 칼슘과 인산염이 방출되는 것을 촉진하며 동시에 장과 신장서의 대사 촉진 기능을 행하게 된다.

▶ 신장에 의한 칼슘과 인산염의 재흡수 촉진

비타민D는 신장에서 칼슘과 인산염이 재흡수되는 것을 도움으로써 이들을 체내에 보유한다. 특히 인산염이 소변으로 배설되는 것을 감소시키는 비타민D의 기능이 중요하다. 혈액 내에 칼슘과 함께 인산염의 농도가 적절하게 유지되는 일은 골격의 석회화 과정을 위하여 필수적이다.

c. 비타민D의 전구체와 태양광선

동물조직 내의 대부분의 비타민D는 체표면에 태양광선이 쪼임으로써 생성된다.

즉 사람의 피부에는 7-데히드로 콜레스테롤 이라고 하는 스테롤 물질이 함유되어 있는데, 여기에 자외선이 닿으면 비타민D3로 전환된다. 이때에 비타민D3로 전환시키는 자외선의 효과는 피부에 닿는 자외선의 강도에 따라 덜라지게 된다.

즉 계절과 거주 위치에 따라 자외선의 강도가 다르며 체모, 창문의 유리 또는 연기, 안개, 먼지 등 대기오염과 입고 있는 의복은 자외선을 흡수해 들인다. 피부색에 따라서 흑인은 백인에 비하여 자외선의 투과율이 떨어진다.

태양광선을 얼마나 쬐어야 사람이 하루에 필요로 하는 비타민D를 합성할 수 있겠는가? 1962년 이것을 실험한 게일러(Gaylor)에 의하면 양 손등을 정오에 햇볕에서 1시간 쪼이면 하루에 필요한 비타민D가 생성된다고 한다.

d. 식품 100g 중의 비타민D의 함량

표 15-9 식품 100g 중의 비타민D의 함량

식품	함량(IU)	식품	함량(mg)
우유 (여름)	2~10	우유(겨울)	0.5
달걀	10~30	간유	1~4만
간(소, 돼지)	40~50	닭간	60
버터	10~80	육류	4
버섯	6		

e. 결핍증

▶구루병(유아와 어린이) - 두개골의 연화, 긴 뼈끝의 확대, 구루성 염주, 다리, 척추, 가슴의 기형, 때때로 테타니(tetany)

▶골연화증 - 골흡수, 골질의 석회화 부실, 골절이 잘됨

f. 중독증

혈액의 칼슘농도 증가, 식욕감퇴, 구역질, 뼈와 연조직의 석회화, 신장 손상, 성장 지연

③ 비타민K

비타민K는 자연계에서 비타민K1과 K2 두 가지 형태로 나타난다. 그중에서 비타민K1은 식물에 의해서만 합성되는 것으로서 녹색잎에 함유되어 있고, 비타민K2는 박테리아에 의하여 합성되는 것으로서 박테리아와 동물에서 나타난다.

자연계에서 나타나는 이 두 형태의 비타민K보다 더 활성이 강한 것이 실험실에서 합성된 비타민K3로서, 이것은 비타민K2에 비해 2배 이상의 활성을 보인다.

동물은 체내에서 이 합성형 비타민K3에 긴 곁사슬을 결합시킴으로써 비타민K2로 전환시키며, 이때에 비로서 생체내 활성을 갖게 된다.

a. 흡수와 대사

비타민K의 흡수는 다른 지용성 비타민들과 거의 같은 양상으로 일어난다. 소장의 윗부분에서 주로 흡수되어 림프계로 들어간다.

자연식품 중에 존재하는 비타민K는 흡수될 때에 담즙을 필요로 하며 지방의 흡수를 방해하는 요인에 의하여 흡수율이 떨어지게 된다. 그러나 메나디온과 다른 합성 비타민K의 염 형태들은 수용성이기 때문에 담즙의 도움 없이 쉽게 흡수되어 직접 혈액으로 들어간다.

결국 간으로 운반된 비타민K는 여기서 β지단백과 결합되어 혈액으로 들어가서 운반된다. 간의 비타민K 함량은 다른 기관에 비하여 높다. 그러나 섭취했을때 결핍 증세가 빨리 나타난다.

소량의 비타민K는 피부, 근육, 신장과 심장 등에서 발견되며 비타민K의 대사산물은 담즙과 소변을 통해 배설된다.

b. 기능

비타민K에 관하여서는 해결되지 않은 의문점이 많은데, 그러나 한 가지 확실하게 알려져 있는 사실은 비타민K가 혈액의 응고를 위하여 필수적인 물질이라는 것이다.

비타민K는 혈장에 들어 있으면서 혈액 응고에 관여하는 여러 요인들 중에서 프로트롬빈외의 다른 네 가지 단백질이 합성될 때 필요하다. 이 특별한 단백질들은 간에서 불활성 전구체로부터 활성이 있는 혈액 응고 요인으로 전환되는데, 이 전환과정 중에 이들 단백질의 구성성분으로 들어 있는 글루탐산이 카르복실화되어 γ카르복시글루탐산으로 변화하며, 이 반응은 비타민K를 필요로 한다는 것이다.

혈액 응고과정은 조직의 상처 혹은 혈소판의 변화로 시작해서 피브린의 형성으로 끝나는 복잡한 일련의 반응이다. 혈액의 응고는 단계적으로 진행되기 때문에 여러 관련 요인들 중에 하나라도 없으면 전체 과정은 진행될 수 없게 된다.

이들 네 가지 단백질의 합성이 계속하여 이루어져 혈장의 농도가 알맞게 유지되려면 매일의 비타민K의 공급이 적절해야 한다. 비타민K의 공급이 충분하지 않으면 하루 이내에 혈장의 프로트롬빈 수준은 저하하게 되며, 이때에 혈액 응고과정이 방해를 받아 혈액응고가 지연된다.

c. 비타민K의 분포

일반적으로 식품 중에 널리 분포되어 있으며, 특히 푸른 잎, 달걀, 간에 많이 들어 있다.

d. 결핍증

신생아 출혈 - 뇌출혈, 출혈 성향 증가

e. 중독증

메나디온(menadione)은 비타민K 활성을 가진 합성물질로서 유아에게서 용혈성 빈혈과 황달을 초래함

④ 비타민C

비타민C는 괴혈병을 방지하는 물질로 많은 조직에 풍부하게 존재하는 단백질인 콜라겐의 형성에 필수적인 요소이다. 비타민C가 부족하면 정상적인 콜라겐을 유지할 수 없게 되므로 이로 인한 신체

적 변화가 생기게 된다.

오늘날 괴혈병은 거의 볼 수 없으나 이따금 편식을 한 결과, 영아, 어린이, 노인에게서 일어나기도 한다. 비타민C는 수용성이며 쉽게 산화되므로 식품의 판매, 가공, 저장 중에 손실되기 쉽다.

토마토, 감귤류, 주스와 기타 산성과일을 제외한 식품은 저장, 조리, 통조림 제조 과정 중에 비타민C가 어느 정도 손실된다.

장기간 찬 곳에 저장하거나, 장시간 조리하거나, 산소 존재하에서 고온에 식품을 방치하면 손실은 더욱 커진다. 또한 조리수를 버리면 물에 녹아 있는 비타민C의 손실을 가져오는 결과가 많다.

비타민C를 보존하려면 가능한 한 식품을 공기와 접촉하지 않은 상태로 찬 곳에 저장하며 단시간에 조리하고, 식품을 잘게 썰지 않는 것이 좋다.

a. 식품 100g 중의 비타민C의 함량

표 15-10 식품 100g 중의 비타민C의 함량

식품	함량(mg%)	식품	함량(mg%)
시금치	100	딸기	80
엽차	40~100	오렌지	40
파셀	200	레몬	50
고추	240	쇠간	30
무우	20	분유	5
무우잎	150	감	40
콩나물	25	양배추(외엽)	240
고구마	30	양배추(내엽)	50
토마토	20	파	50

b. 기능

▶ 항산화작용

아스코르브산은 쉽게 산화되는 성질이 있기 때문에 항산화제로서 작용할 수 있으며, 실제로 식품 가공시에 산패를 막기 위한 목적으로 이용되고 있다. 신체 내에서도 비타민C는 리놀레산을 비롯한 고도 불포화 지방산, 비타민E, 비타민A등이 산화되는 것을 막는 것으로 생각되어 진다.

▶ 콜라겐의 합성

비타민C는 콜라겐의 합성에 필수적으로 요구된다. 콜라겐은 조직세포를 서로 결합시키는 '시멘트' 처럼 작용하는 단백질로서 뼈, 연골, 치아, 결체조직, 피부 등에 많이 함유되어 있다.

이 단백질은 신체 단백질 중에서 히드록시프롤린(hydroxyproline)과 히드록시리진(hydroxylisine)등 두 종류의 아미노산을 많이 함유하고 있다. 콜라겐 단백질의 합성과정은 다른 단백질과 마찬가지로 특별한 순서에 따라 여러 아미노산들이 서로 결합됨으로써 이루어진다.

일단 세포의 폴리솜상에서 형성된 폴리펩티드는 구성성분으로서 프롤린과 리신을 함유하고 있는데, 이것이 세포질로 방출되어 나온 후 하이드록시화 반응에 의해서 프롤린이 히드록시프롤린으로 전환된다. 하이드록시화 반응은 하이드록시라제에 의해서 촉매 되며, 이 효소는 보조인자로서 비타민C와 ferrous iron을 필요로 한다.

하이드록시화 효소의 활성을 위하여는 효소 표면의 특별한 부위에 ferrous iron이 결합되어 있어야 하고, 비타민C는 ferrous iron을 환원형 그대로 유지시킴으로써 활성효소를 지속시키는 것으로 생각되어 진다.

▶ 아미노산 대사

비타민C는 체내에서 콜라겐 합성을 위한 하이드록시화 반응 이외에 다른 중요한 반응에도 참여한다. 특히 뇌중추 신경계에서 아미노산 티로신(tyrosine)으로부터 형성된 도파민이 하이드록시화 반응을 거쳐 노에피네프린으로 될 때 비타민C가 요구되며, 이 외에도 비타민C는 카르니틴(carnitine)이 생합성 되는 데에도 요구된다.

이것은 심장, 골격근육, 간 또는 다른 조직의 구성성분으로서 지방산이 세포질로부터 미토콘드리아 내로 운반되도록 돕는 역할을 하는 물질이다.

아미노산 대사 이외에도 비타민C는 여러 하이드록시화 효소와 함께 스테로이드 약품, 또는 지방 대사의 초기 단계에서 중요한 생화학적 기능을 행한다.

▶ 기타기능

비타민C는 무기 철분의 흡수를 높이고 폴라신의 활성 형태인 테트라히드로폴라신(THFA)을 유지시킴으로써 간접적으로 적혈구의 형성에 관계한다.

c. 결핍증

▶ 괴혈병

잇몸이 붓고, 쉽게 출혈, 치아가 느슨해짐, 손발의 민감, 근육 쇠약, 식욕감퇴, 손톱 밑출혈, 피하 출혈, 소변의 혈흔, 상처치료 지연, 늑연골 접합부위 확대, 빈혈, 숨이 고르지 못하다.

d. 중독증

구역질, 설사, 철분의 과다한 흡수(특히 남자의 경우), 임신 기간 중 과잉 섭취한 여자에게서 출생한 유아의 경우에 괴혈증

⑤ 비타민E

자연식품에 들어 있으면서 비타민E 활성을 나타내는 것으로 알려진 물질은 8가지가 있으며, 이들을 모두 묶어서 비타민E라고 부른다.

즉 여기에는 α토코페롤, β토코페롤, γ토코페롤, δ토코페롤 등 네 가지의 토코페롤과 α토코트리에놀, β토코트리에놀, γ토코트리

에놀, δ토코트리에놀 등의 네 가지의 토코트리에놀이 포함된다. 이 8가지의 물질들은 생체활성이 서로 다른데, 이들 중에서 자연계에 가장 많이 분포되어 있으면서 동시에 생체 활성이 가장 큰 물질은 α토코페롤이다. 비타민E는 화학구조상 매우 빠른 산화를 겪게 되어 있다.

그러므로 몇 개의 산화될 수 있는 물질이 함께 존재할 때 빠른 산화반응에 의하여 비타민E가 다른 물질보다 먼저 산화됨으로써 다른 물질이 산화되는 것을 막는 역할을 한다.

a. 흡수와 대사

비타민E의 흡수 과정은 다른 지용성 비타민과 매우 비슷하다. 이것은 소장에서 흡수될 때 담즙을 필요로 하며 림프계를 통하여 혈관계로 들어가게 된다.

이때에 섭취량의 50~85%가량이 흡수되지만 지방의 흡수를 방해하는 요인에 의하여, 또는 섭취량이 증가함에 따라 흡수율은 저하된다.

비타민E는 혈액에서 지단백에 의하여 운반되는데 혈액에 들어있는 비타민E의 형태는 주로 α토코페롤로서 전체 혈액 토코페롤중의 약 83%를 차지한다. 그 다음 많이 들이있는 형태는 γ토코페롤이다. 비타민F는 몸속에 많이 지징되지 않는다. 수로 지방조직에 저장되지만 약간은 간과 근육조직에도 들어 있으며, 기타 대부분의 기관에서도 발견된다.

저장되었던 비타민E는 저장 지방이 가동될 때마다 혈액 속으로 방출되어 들어오게 되며 주요 배설 경로는 대변을 통한 것이며 약간은 소변을 통해서도 배설된다.

b. 기능

비타민E가 수많은 대사과정 중에 중요한 역할을 하는 것은 확실하나 인체에서 어떠한 생리기능을 나타내는지에 관하여는 정확하게 밝혀져 있지 않는다.

인체에서 행하는 생리기능 중에 가장 잘 알려져 있는 것은 항산화제(antioxidant)로서의 기능이다.

항산화제 이론에 의하면 비타민E는 세포막과 기타 다른 세포 안의 작은 구조물, 즉 미토콘드리아, 마이크로솜, 리소좀 등을 둘러싸고 있는 막에 모여 있으면서 막의 주요 구성 물질은 인지질이나 콜레스테롤과 접촉하게 된다고 한다.

이 두 물질들은 모두 고도 불포화지방산들을 함유하고 있는데 비타민E는 이 산화되기 쉬운 고도 불포화지방산이 자유기(free radical)에 의하여 산화 파괴되는 것을 막는 역할을 한다.

식품 속에 들어 있는 성분 중에서 산화되기 쉬운 것들은 비타민E에 의하여 보존된다. 실제로 식품을 가공할 때에 지방성 식품에 대하여는 비타민E가 첨가되고 있는데, 이것은 식품 성분 중에서 비타민A, 비타민C, 고도 불포화지방산들이 산화 변질되는 것을 막는 기능을 한다.

c. 식품 100g 중의 비타민E의 함량

표 15-11 식품 100g 중의 비타민E의 함량

식품	함량(mg)	식품	함량(mg)
우유	3.3	밀씨눈	30.3
쇠간	1.6	밀씨 눈기름	52.0
달걀	1.9	올리브유	8.0
달걀노른자	3.0	땅콩기름	16.6
참기름	5.0	아마인유	23.0

d. 결핍증

적혈구의 용혈

e. 중독증

두통, 구역질, 피로, 현기증, 흐릿한 시력, 상피조직의 변화, 비타민K결핍 환자에게서 출혈의 위험이 높음.

6) 무기질(미네랄)과 그 작용

무기질(無機質)은 음식물로서 섭취할 수 있으나, 그 생리작용은 각각 다르다. 이것의 생리작용과 함유식품은 표 15-5에 나타난 바와 같다. 이들의 공통작용을 들어보면 다음의 4가지로 나눌 수 있다.

① 경조직(硬組織)의 구성

골격 및 치아를 만드는 재료가 되며, 그것의 강도, 경도, 내구성 등에 영향을 준다. 이것에는 주로 칼슘, 인 및 마그네슘이 있다.

② 연조직(軟組織)의 구성

다름 유기물과 화합하여, 근육, 피부, 장기, 혈액 등의 주성분이 된다. 예를 들면, 혈액의 헤모글로빈의 철, 갑상선호르몬의 사이로키신의 요소, 비타민B12의 코발트 외에도 칼륨, 유황, 아연, 크롬 등이 있다.

③ 생체기능의 조절작용

가용성 염류(鹽類)로서 항상 체액 중에 존재하여, 신경의 자극감수성이나 근육의 탄성유지, 소화액이나 그 외의 분비액으로서 산성이나 알칼리성을 부여하며, 혈액 및 조직액의 중성 및 침투압 유지 등과 같은 중요한 역할을 하고 있다. 이것에는 나트륨, 칼륨,칼슘, 마그네슘, 인, 크롬 등이 있다. 이것이 있기 때문에 동물의 혈징염류함유량은 일생을 통하여 변화 없이 유지시킬 수 있다.

④ 효소의 성분과 효소반응의 부활작용

효소의 성분으로는 아연, 구리, 철 등이 있고, 혈액응고와 관련이 있는 Ca^{++}, 당질, 단백질과 어떤 대사 작용을 할 때의 효소반응에 있어서 Mg^{++}, Mn^{++}, Cu^{++}, Fe^{++} 등의 작용이 있다.

무기질은 신체의 성장과 유지 및 생식에 비교적 소량이 필요한 영양소이다. 인체의 구성성분 중에서 무기질은 체중의 약 4%를 차지한다. 나머지 96%중에서 탄수화물, 지방, 단백질과 같은 대량 영양소가 30%정도이며 55~65%의 물과 매우 적은 양의 비타민이 들어 있다.

표 15-12 각 무기질의 함유식품과 주된 작용

무기질	많이 포함된 식품	주 된 작 용
칼슘	유제품, 엽록야채, 콩류	골격형성, 혈액응고, 효소반응, 신경흥분 억제 작용.
철분	리버(간), 살코기, 콩, 건조한 과일	헤모글로빈 형성, 근육의 성장과 기능촉진, 에너지 생성
횟화물	상수도, 식물·동물의 조직	이와 골격의 형성
인	육류,	에너지생성, 체세포
요소	신선한 해산물	치로키신의 생성, 갑상선호르몬 합성
칼륨	식물성·동물성 식품	체액, 근수축
나트륨과 염소	식염	체액, 위액
마그네슘	동물성 식품	에너지생성, 근수축
구리	리버(간), 쇠고기	헤모글로빈 합성, 멜라토닌색소합성
망간	식물성 식품	효소반응, 골격형성, 생식기능

▶ 무기질의 일반적 개념

a. 무기질의 분류

무기질은 신체 내에 존재하는 양을 근거로 하여 대량 무기질(macromineral)과 미량 무기질(micromineral)로 분류한다. 무기질 중에서 칼슘(Ca), 인(P), 나트륨(Na), 염소(Cl), 칼륨(K), 마그네슘(Mg), 황(S)등은 체내에서 체중의 0.05%이상의 상당량이 발견되므로 이들을 대량 무기질이라고 한다. 반면에 철(Fe), 요오드(I), 망간(Mn), 구리(Cu), 아연(Zn), 코발트(Co), 불소(F)와 같은 무기질은 체내에 소량만이 존재하므로 미량 무기질이라고 한다. 또한 대량 무기질은 식사에서 하루에 100mg이상 필요하며, 미량 무기질은 식사에서의 요구량이 적다.

b. 무기질의 기능

ⓐ 산, 염기의 균형

무기질은 식품으로부터 흡수되어 신체 내에 분포한다. 조직이나 체액 속에 들어 있는 무기질은 많은 대사반응에 필요한 산도 혹은 염기도를 정상으로 유지하도록 조절한다.

혈액, 조직, 세포들의 적절한 산도 혹은 염기도는 비록 다르지만 무기질은 체내에서 적절한 ph를 유지하도록 조절한다. 여러 종류의 무기질 중에서 어떤 무기질은 신체를 산성쪽으로, 또 어떤 무기질은 염기 쪽으로 이루도록 하는 경향이 있다.

무기질은 수용성이므로 물속에서 이온을 형성한다.

양이온(+ ion)을 형성하는 무기질은 나트륨, 칼슘, 마그네슘, 칼륨 등으로 염기도를 증진시키며, 음이온(- ion) 형성 무기질은 염소, 황, 인 등으로 산성을 띤다. 산을 형성하는 무기질은 곡류, 곡류제품, 육류, 닭고기, 계란, 생선에 비교적 풍부하며, 이와 대조적으로 체내에서 염기 반응을 하는 무기질은 과일과 야채에 풍부하다.

ⓑ 신체의 필수성분

무기질은 신체의 각 부분을 형성한다. 신체를 구성하는 많은 무기질 중에서 칼슘과 인은 뼈와 치아 같은 경조직(硬組織)을 구성하는데 중요하다.

뼈와 치아의 칼슘, 인, 불소 등의 농도는 경조직의 발달에 많은 영향을 준다. 아연, 구리, 망간 등은 연결조직의 형성에 필수적이다. 또한 신체 내에서 많은 중요한 기능을 하는 호르몬, 효소, 비타민 등은 무기질을 구성 성분으로서 함유한다.

시토크롬계는 철을 함유하는 효소로 구성되어 있으며, 그것은 구리에 의해서 활성화된다. 탄산 탈수효소나 카르복시 말단분해효소는 아연을 함유하며, 크산틴 산화효소는 몰리브덴을 함유한다. 비타민 중에서도 무기질을 성분으로 하는 것이 있다.

티아민, 비오틴은 유황을, 비타민B12는 코발트를 함유한다. 철은 헤모글로빈의 성분으로서 혈중 헤모글로빈의 기능에 중요한 역할을 하며, 염소는 위내 염산의 성분으로서 위에서 일어나는 소화 작용에 중요하다.

ⓒ 물의 균형 조절

혈관이나 세포에 들어있는 물이 한 곳으로부터 다른 곳으로 옮겨지려면 삼투현상에 의해서 반투과성 세포막을 통과해야 하다.

세포막을 투과하여 세포 내외로 이동하는 물의 방향과 양은 무기질의 농도에 해서 결정된다.

무기질의 균형이 이루어지지 않는 경우에는 체액의 축적 또는 탈수를 일으키기도 하다.

ⓓ 촉매작용

무기질은 신체 내에서 일어나는 여러 가지 반응에서 촉매의 기능을 한다. 마그네슘은 탄수화물, 단백질, 지방의 분해, 합성과정에 필요하며, 그외 구리, 칼슘, 칼륨, 망간, 아연 등 많은 종류의 무기원소들은 체내의 이화작용(catabolism)및 동화작용(anabolism)에서 촉매로서 또는 효소의 구성성분으로 필요하다.

또한 몇몇 영양소의 흡수는 무기질에 의해서 더 증가되기도 합니다 분자가 대단히 큰 비타B12가 창자벽을 통과해 가는데 칼슘의 도움이 필요하며, 분자가 아주 작은 단당류가 흡수되는 데 나트륨과 마그네슘의 도움을 받는다.

⑤ 대량무기질

a.칼슘(Calcium,Ca)

칼슘은 탄소, 수소, 산소, 질소 외에 인체에 가장 풍부한 무기원소이다.

ⓐ 체내분포

전 체중의 1.5~2%로서 60kg인 성인의 칼슘 함량은 900~1200g이다. 그 중의 99%가량은 뼈와 치아에 들어 있으며, 나머지 1%는 혈액을 포함한 세포의 액에 분포되어 있다.

혈청 내 정상적인 칼슘의 수준은 9~11mg/dl로서 비타민D, 부갑상선호르몬(parathyroid-hormone, PTH), 캘시토닌에 의해서 상당히 일정하게 유지된다.

ⓑ 기능

-골격과 치아의 형성
-혈액 응고
-근육의 수축, 이완 작용
-신경 전달 작용
-세포막 투과성 조전
-비타민B12의 흡수

ⓒ 흡수 및 대사

▶ 흡수

킬슘의 흡수는 개개인에 따라서 상당한 차이가 있으며, 요구량이 가장 큰 성장기에 최대의 흡수를 나타낸다.

* 칼슘 흡수를 증가시키는 요인들

-신체의 요구

-생활주기(life cycle)에서 성장기, 임신기, 수유기 등의 칼슘의 요구량이 늘어나는 생리적 상태에서는 신체의 필요를 충당하기 위하여 흡수율이 증가한다.

-혈장내 칼슘 이온의 농도-농도가 낮을 경우 흡수 증가한다.

-유당의 섭취량-유당은 유산균의 작용으로 젖산을 생성하여 pH를 낮춤으로써 칼슘의 흡수를 증가시킨다.

-단백질 섭취량 - 단백질 섭취가 높으면 칼슘의 흡수율이 높아진다.

-장내의 산도-장내에서 산도의 증가는 칼슘의 용해도를 좋게 하여 흡수를 증가

-비타민D와 부갑상선 호르몬-부갑상선 호르몬과 비타민D는 칼슘 흡수에 필수적이므로 부족시 칼슘의 흡수가 저하된다.

-비타민C - 비타민C가 충분할 때 칼슘 흡수가 증가된다.

-식사 내의 칼슘과 인의 비율 - 1.5:1

* 칼슘 흡수를 저하시키는 요인

-비타민D 결핍증

-과량의 지방

-섬유소와 기타 결합 요인 - 시금치 등 녹색 야채에 들어있는 수산(oxalic acid)은 칼슘과 결합하여 불용성의 수산칼슘을 형성하여 칼슘의 흡수를 저해.

-장내의 염기도 - 칼슘은 장내 염기성 매체에서 잘 녹지 않는다.

▶ 대사

-식이칼슘 - 흡수된 칼슘-혈청 칼슘-치아, 뼈, 소변, 발한

-흡수되지 않은 칼슘, 내인성 칼슘-대변

*신체 내에서 칼슘의 균형은 다음의 기전(mechanism)에 의해서 정상으로 유지된다.

-창자 내의 흡수, 배설 균형
-신장에 의한 칼슘의 배설 조절
-뼈 속에 칼슘 저장
-호르몬의 조절 작용

ⓓ 결핍 증세와 독성

혈청 내의 칼슘의 감소는 저칼슘혈증(hypocalcemia)을 일으키며, 그 증상은 경련, 근육의 수축, 신경활성화의 증가 등이다. 칼슘의 섭취가 낮으면 골연화성(osteomalacia)이라는 뼈의 장애를 일으킨다.

이 증세는 여러 차례의 임신이나 오랜 동안의 수유를 한 여자에게서 종종 나타난다. 또 다른 칼슘의 결핍 증세인 골다공증(osteoporosis)은 일반적으로 나이가 들면서 뼈의 상실로 인하여 나타난다.

ⓔ 필요량 및 급원

성인 남, 여 모두 1일 600mg의 칼슘을 섭취 하도록 권장. 칼슘 섭취 급원은 유류, 난류, 이패류, 유즙류 능의 동물성 식품과 곡류, 두류, 간자, 야체류, 해조류 등의 식물성 식품에서 섭취할 수 있다.

b.인(Phosphorus,P)

ⓐ 기능

-골격과 치아의 형성-신체 필수물질의 구성
-영양소의 흡수와 운송
-열량대사에 필수 물질
-산, 염기의 균형 조절

ⓑ 결핍증

인의 흡수를 방해하는 스프루(sprue)나 소아지방변증같은 장의 질병은 혈청 내 인의 수준을 낮춘다. 장기간 혹은 과량의 제산제를 복용하는 경우에도 저인산혈증을 일으키고 인의 부족 증상을 나타낸다. 또 항경련성 약제의 이용, 비타민D의 부족증, 어떤 대사의 비정상적인 상태, 신장의 부적절한 재흡수 등이 인의 부족 증상을 일으킬 수 있다.

ⓒ 필요량 및 급원

성장기, 임신기, 수유기에는 식사중의 칼슘과 인의 비율이 1.5:1이 이상적이다. 인은 식품 중에 널리 분포되어 있는데 우유와 유제품은 칼슘에서와 같이 인의 가장 좋은 급원이다.

C. 마그네슘(Mgnesium,M)

ⓐ 체내 분포

70%정도는 인과 결합하여 뼈 속에 들어 있고, 나머지는 연조직과 체액에 분포되어 있습니다. 혈장에 1.4~2.4mg/dl가 들어있다.

ⓑ 기능

-효소반응의 촉매
-신경의 자극 전달작용
-근육 이완

ⓒ 결핍증

1차적인 부족증은 식사내에 마그네슘이 불충분하거나 흡수 불량이 오래 지속되거나, 심한 설사, 구토 등에 의한 것이다. 2차적인 부족증은 이뇨제, 알클의 과량 섭취, 신장병, 급성 췌장염, 간경화증에 의한 것이다. 또한 근육 수축과 신경의 불안정, 떨림증이 나타나기도 한다.

ⓓ 급원

주요 급원은 견과류, 코코아, 대두, 통밀 등이다.

d. 나트륨(Sodium,Na)

ⓐ 체내 분포

세포외액의 중요한 양이온으로서 체내에 많은 무기질 중의 하나이다. 성인의 체내에 존재하는 약 90g 중에서 약 1/3은 뼈에 존재하며, 2/3은 세포외액, 특히 대부분 혈장에 있으며, 그외 신경조직과 근육에 존재한다.

ⓑ 기능

나트륨의 농도의 변화는 삼투현상에 의해서 물을 신체의 한 부분으로부터 다른 부분으로 순환시키는데 결정적인 역할을 한다. 또한 염소와 더불어 체내에서 산, 염기의 균형을 조절하며 정상적인 근육의 흥분성을 유지하는 역할을 한다. 나트륨과 칼륨은 신경을 자극하고 신경의 충격을 근육에 전달하여 근육섬유의 수축을 일으키게 한다.

ⓒ 필요량 및 급원

성인에게 하루에 적절한 나트륨의 양은 1.1~1.3g이다. 나트륨의 필요량은 육체적 활동이나 기온에 의해서 좌우되는데 높은 기온에서는 상당량이 땀으로 손실된다. 나트륨은 식품, 특히 동물성 식품에 다양하게 존재합니다. 육류, 생선, 닭고기, 유제품, 달걀에 비교적 많은 양이 들어 있으며, 곡류, 콩류, 견과류, 과일, 야채에는 적게 존재한다.

e. 칼륨(Potassium,K)

ⓐ 체내 분포

칼륨은 체내에 나트륨의 2배 가량이 존재합니다. 혈청 내의 정상적인 수준은 14~20mg/dl이다.

ⓑ 기능

칼륨은 세포내액의 양이온으로서 세포 외의 나트륨과의 정상적인 삼투압과 물의 균형을 유지하고 세포액의 보전을 유지하기 위한 기능을 한다. 또한 산, 염기 균형에 영향을 주며 신경의 흥분성과 자극, 전기 화학적 충격의 전달, 근육섬유의 수축 등을 조절한다.

ⓒ 결핍증

혈청내 칼륨의 감소는 조직의 분해, 혹은 설사, 구토, 위의 절제 등 위장관의 손실, 영양실조와 더불어 지속되는 소모성 질환에 의해서 일어난다. 계속적인 이뇨제의 복용 역시 칼륨의 배설을 증가시킨다.

ⓓ 급원

칼륨은 자연식품에 널리 포함되어 있다. 콩류, 곡류, 오렌지, 바나나 등의 과일과 녹색야채, 감자, 육류에 상당량이 들어 있다.

f. 염소(Chloride,Cl)

ⓐ 체내 분포

염소는 신체 내 총 무기질량의 3%이며 세포외액의 중요한 음이온이다. 정상적인 혈청에는 340~370mg/dl가 들어 있으며, 뇌척수액에는 많아서 440mg/dl가 들어있다. 비교적 많은 양이 위장의 분비물 중에 있으며, 특히 위내의 염산의 구성 성분으로 존재한다.

ⓑ 기능

나트륨과 함께 세포외액에서 물의 균형과 삼투압의 조절을 도우며 체액의 pH를 일정하게 하는 역할을 한다.

ⓒ 흡수 및 대사

염소는 작은창자에서 거의 모두 흡수되며 배설은 주로 신장을 통해서 일어난다. 염소 역시 오랜 설사, 구토에 의해서 비교적 많은 양이 손실된다.

g. 황(Sulfur,S)

ⓐ 체내 분포

황은 모든 세포 내에 존재하며 일반적으로 세포단백질의 구성 성분이다. 황은 체내에서 설프히드릴기(-SH)의 형태나 이 두 기가 결합해 이황화 결합(-S-S-)을 한 형태로 여러 물질을 구성하고 있다. 아미노산인 메티오닌과 시스테인, 헤파린, 인슐린, 디아민, 리포산, 비오틴, 조효소A의 성분이고 머리가락이나 피부를 이루는 케라틴 단백질의 성분이다.

ⓑ 기능

황은 조직의 호흡작용, 생물적 산화과정에 관여한다. 또한 설프히드릴기는 고에너지황결합을 형성하고, 독성물질이 활성화된 황산염과 결합하여 독성이 없는 물질로 전환되어 소변으로 배설시키므로 황은 해독작용에도 관여한다.

ⓒ 급원

식사 내에서의 황의 부족 현상이 사람에게서는 나타나지 않고 있으므로 황의 필요량은 아직 설정되어 있지 않는다.

황은 단백질 영양과 관계가 있으므로 여러 종류의 단백질을 많이 섭취하는 사람에게는 결핍증이 문제가 되지 않고, 주로 배아, 콩, 치즈, 살코기, 강남콩, 땅콩, 조개 등에 상당량이 있다.

⑥ 미량무기질

미량무기질은 신체 내에 체중 kg당 50mg이하로 존재하며 식사 속에 하루 100mg이하의 매우 적은 양이 필요하다.

여러 종류의 미량무기질 중에서 철, 요오드, 아연, 구리, 망간, 크

표 15-13 미량무기질의 종류와 기능

원소	체내분포	기능	급원	결핍증
아연 (Zn)	1.5~2.0g . 거의 모든 조직내 분포	탄수화물, 단백질 대사와 관련된 효소에 필요, DNA및 RNA합성, 콜라겐 형성, 탄산가스 제거	굴, 간, 육류, 달걀, 두류	성장지연, 식욕감퇴, 성적성숙의 지연, 우울증, 면역구조의 결핍, 상처 이표 지연
구리 (Cu)	75~150mg, 간, 뇌, 심장, 신장	헤모글로빈 합성, 뼈의 석회화, 효소기능	굴, 간, 채소류, 과일류, 종실류	빈혈, 골격형성의 이상, 성장 지연
셀레늄 (Se)	1.5mg, 간, 신장, 심장, 비장	글루타티온과산화효소의 구성, 항산화제, 세포막 유지	토양에 따라 곡류의 함유량이 다름, 내장성분	성장지연, 근육의 통증
망간 (Mn)	20mg, 뇌하수체, 신장, 간, 뼈, 췌장	열량 및 단백질 대사 관련 효소	통밀류, 견과류, 종자류	성장 지연, 생식 부전, 골격 이상
크롬 (Cr)	6mg, 피부, 뇌, 부신, 근육	포도당대사, 인슐린 호르몬과 관련	녹색잎 채소, 곡류, 효모	당질대사의 이상, 성장지연, 구토, 메스꺼움
몰리브덴 (Mo)	조직의 마른 무게당0.1~3ppm, 간, 신장, 뼈, 피부	요산대사에 관련되는 효소에 필요	내장 성분 곡류, 두류	드물다.
불소 (F)	골격, 치아	충치방지	불소 첨가 음료, 차	충치

롬, 셀레늄, 코발트, 몰리브덴과 불소 등 10가지가 일반적으로 인체에 필수적이라고 알려져 있다.

(7) 물의 생리작용

수분은 인체의 약 60%를 차지하며, 세포의 형태를 유지하는 구성요소인 동시에 여러 가지 생리기능을 담당하는 조절소(調節素)이며, 체내수분의 20%를 소실하면 생명이 위험해진다.

신체내의 수분의 역할은 대략 다음과 같다.

① 여러 가지 물질을 녹이며, 몸 성분의 용매로서 생체내의 화학반응을 하는 기지가 된다.

② 침투압의 기본적 인자로서 세포의 형태를 유지한다.

③ 혈액, 조직, 세포 및 임파액 사이를 자유롭게 왕래하여, 영양소의 흡수, 순환 혹은 체내불요물질의 배설 등과 같은 것을 나른다.

④ 체내에서 산출된 열을 혈액을 통하여 몸 표면으로 운반하거나, 증발시킴에 따라서 다량의 열을 방출한다.

일반인의 생활에서도 수분은 소변이나 땀 등으로 하루에 약 2.5ℓ가 소실되지만, 더운 날씨에서 움직일 때나 스포츠를 할 때에는 발한(發汗)에 의해 대량의 수분이 소실된다. 이러한 때에는 1시간에 5~7ℓ까지 이르고, 이것은 체내수분의 10%에 해당한다. 이러한 몸 수분의 유실은 순환기능의 장해나 침투압의 변화 등을 일으켜 운동기능을 저하시킨다.

운동 중 또는 운동 후에 적당히 수분을 취함으로서 체액을 정상적으로 되돌리고, 신체기능을 정상적으로 유지할 뿐만 아니라, 피로회복도 빠르게 해준다.

5. 성인병과 그 예방

성인병이라는 말은 제2차 세계대전 후에 일본에서 생겨난 독자적인 표현으로, 구미제국에서는 이에 해당하는 용어가 없다. 성인병은 성인예방대책위원회가 1956년에 제정한 것으로, 뇌졸중(뇌혈관질환), 암(악성신생물), 심질환 3가지와 양성(良性) 및 성질을 알지 못하는 신생물(新生物), 고혈압성질환과 당뇨병을 첨가한 것을 일반적으로 성인병이라 한다.

1) 암예방

대부분의 발암 원인은 외부의 요인에 의한 것이며, 그 중에서도 화학성 발암 물질에 기인하는 경우가 많다.

암이 발생하는 이유는 담배에 의한 폐암, 땅콩에 붙어 진균(眞菌)을 산출하는 아프라토키신B1(간장암), 고사리의 켄프롤, 소철나무의 사이카신, 버섯의 아가리징, 고기나 생선의 탄 것, 일상식품 중의 저급 아민과 아초산(亞硝酸)이 따로따로 체내로 들어가서, 위내의 약산성 환경 하에서 강력한 발암물질인 니트로소아민이 합성되는 등과 같은 위험이 항상 존재하고 있기 때문이다.

또한, 식사습관으로서는 쌀밥을 많이 섭취하는 사람, 짠 식품을 항상 먹는 사람, 식사가 불규칙한 사람 등에서 위암이 많다.

이에 반해, 서구형 식사를 습관으로 하는 경우, 즉 동물성 지방의 다량 섭취, 섬유성이 적은 식사에 의한 숙변 등으로 인하여 대장암이 발생하는 경우가 많다. 그리고 술과 담배를 모두 하는 사람에게서는 구강·후두·식도암이 발생하기 쉬운 경향이 있다.

현재로서는 완전한 암의 예방이 어렵지만, ① 균형 있는 영양 섭취, ② 동일한 식품의 반복적인 섭취를 피하고, ③ 지방을 삼가고 과식을 피하며, ④ 술은 적당히 하고, ⑤ 비타민A, C, E와 섬유질을 섭취하며, ⑥ 소금은 적게 섭취하고, ⑦ 뜨거운 것은 식히고 나서 먹으며, ⑧ 심하게 탄 부분은 먹지 않고, ⑨ 곰팡이가 발생한 식품은 먹지 않는다 등과 같은 식생활에서의 유의할 점 외에, ⑩ 금연, ⑪ 과도한 자외선을 피하고, ⑫ 과로는 피하며, ⑬ 신체는 항상 청결하게 유지하는 것 등이 중요하다.

그리고 조기발견과 조기치료가 무엇보다도 중요하다. 증상의 유무와 관계없이 적어도 1년에 한번의 검진을 받는 것도 중요하다.

특히, 암이 발생하기 쉬운 연령층이라고 불리는 중년 이후부터는 위험하다고 생각되는 장기에 대해서 연 2회의 검진을 받을 것을 권하고 싶다.

2) 고혈압과 그 예방

고혈압 증세는 크게 2가지로 나눌 수 있다. 그 하나는 신질환(腎疾患), 내분비질환, 신경질환 등과 같은 원인에 의해 발병하는 고혈압으로서, 이차성(二次性) 또는 연속성 고혈압 증세라고 칭하며, 다른 하나는 원인이 확실하지 않는 고혈압증세로서, 일시성이나 본태성(本態性)고혈압이라 칭한다.

이차성 고혈압은 원인질환을 고치면 혈압도 정상화된다.

본태성고혈압은 원인이 되는 장기(臟器)질환이 발견되지 않고, 유전적 요소와 환경적 인자와 관계가 있다.

고혈압 예방에는 ① 식염(食鹽)을 피하고, ② 한랭(寒冷) 스트레스를 피하며, ③ 육체적·정신적 스트레스를 피하고, ④ 적당한 운동을 하는 것 등이 중요하며, 고혈압 증세를 가진 가문의 사람은 특히 많은 주의가 요구된다.

3) 동맥경화

유연하고 신축성이 좋은 혈관도 나이가 들어감에 따라 굳어져 간다. 보통 동맥경화의 징조는 10세경부터 볼 수 있으며, 그 후 조금씩 진행된다.

그 진행에는 개인차가 있으며, 그 정도가 어떤 한계를 넘으면 질환이라고 한다. 병리학적으로 동맥경화는 3종류로 분류할 수 있다. 그 하나는 아테롬경화라 불리는 것으로 동맥의 내막(內膜)이 선유성(線維性)으로 인하여 두터워진 심부(深部)에 지방이 침착히는 것으로 아테롬이 생겨서 석회화가 되는 것이 특징이다. 그리고 이것은 그 진행에 따라 혈관의 내강(內腔)이 협착되어 혈류가 장해를 받아서, 그곳이 괴사하여 궤양을 일으키며 가끔 혈전(血栓)을 만들기도 한다. 뇌의 동맥이나 심장의 관상동맥에 발생하면 위험하다.

중막경화(中膜硬化)는 근육이 발달한 중등대(中等大)의 동맥의 중막(中膜)에 석회의 침착이 일어난다. 그리고 세동맥(細動脈)경화는 동맥의 외막이 벗겨져서 혈관내의 협착이 일어나는 것으로 고혈압이 있으면 그 진행이 빠르다.

뇌나 신장(腎臟)의 세동맥에서 발생하기 쉽다. 동맥경화의 위험인자로서는

① 고혈압과 상관관계가 높으며, 정상적인 혈압을 유지하는 사람과 비교하면 약 10년 빠르게 대동맥에서 석회화 현상이 나타난다.

② 고지혈증(高脂血症)은 동맥경화의 원인물질로 볼 수 있는 콜레스테롤(CHOL), 톨리크로세라이드(TG) 등을 혈청지질(血清脂質) 중에 많이 포함하고 있다. CHOL의 정상치는 120~220mg/dℓ이고, TG는 50~150mg/dℓ로서, 이들 중 어느 한쪽이 정상치를 초과하면 고지혈증으로 진단된다. 혈청지질은 섭취하는 음식물과 관계가 있으며, 동맥경화와 깊은 인과관계가 있다.

③ 흡연은 일산화탄소에 의해 혈관벽내막(內膜)장해, 혈장판응집성의 항진(亢進)을 나타내며 농맥경화를 촉진시킨다.

④ 비만과 동맥경화와의 관계는 불명확한 점도 많으나, 비만과 혈중 LDL, CHOL, TG, 혈중 인슐린 농도나 혈압, 체중 등과는 정의 상관관계가 있다.

⑤ 그 외에도 A형 행동패턴, 알코올과음 등을 들 수 있다. 병적인 비만이 아니면, 적당한 식사와 운동이 비만조절을 할 수 있는 기본이 된다.

4) 허혈성 심질환과 그 위험인자와 운동

많은 심질환 중에서 성인병으로 문제시되는 것은 협심증(狹心症) 및 심근경색(心筋梗塞) 등 관상동맥증에 의한 허혈성(虛血性)심질환이다.

협심증은 일과성(一過性)으로 그 대부분은 20분 이내의 흉통(胸痛)이 주된 증상으로 나타난다. 통증이 흉부중앙에서 시작되는 경우가 많고, 일반적으로 신체 각 부분으로 퍼져 나간다. 통증이 진정되면 아무 일도 없었던 것처럼 증상이 없어지는 경우가 적지 않다.

심근경색은 관상동맥의 내강이 막혀서, 말초의 심근세포군이 허혈로 되어 돌이킬 수 없는 상해나 괴사에 빠진 병의 상태를 말한다.

증상으로서는 일반적으로 협심증에 의한 통증은 강하게 오래 지속되어, 격심한 흉부 동통(疼痛)이 가슴에서 왼쪽 어깨, 왼쪽 손으로 이어지는 경우가 많다. 통증이 가라앉은 후에도 무력감, 권태감이 수일동안 계속되며, 식욕도 없고 발병한 후 1~2일간은 37~38도의 열이 2~3일 계속된다. 이것은 심근이 괴사했기 때문이며 그 정도를 보고서 병의 경중을 결정한다.

허혈성 심질환을 유발시키는 위험인자로서는

① 고지혈증(高指血症), 고혈압, 흡연을 3대 원인으로 들 수 있고, 이것들이 중복될수록 위험이 증가한다.

② 당뇨병, 비만, 심비대(心肥大), 통풍(痛風)이나 가족의 유전에 대해서도 주의할 필
요가 있다.

③ A형 행동 패턴의 사람은 특히 많은 주의가 필요하다·이런

패턴의 사람은 항상 침착하지 못하고, 계획에 쫓기어 언제나 절박감을 느끼고 있다. 그리고 모든 일에 정열적이며, 쉬는 것을 좋아하지 않고, 경쟁심이 강하여 주위사람들과 자주 경쟁한다.

이 세 가지의 요소를 갖춘 사람은 그렇지 않은 사람과 비교해 볼 때, 확실히 허혈성 심질환에 걸리기 쉬울 뿐만 아니라, 재발하기도 쉽다라고 보고되고 있다.

④ 운동 부족이나 포식이 상승효과를 준다.

5) 뇌졸중의 위험인자와 운동

뇌출혈, 뇌경색, 지주막하출혈(蜘蛛膜下出血), 일과성 뇌허혈 발작을 일반적으로 뇌졸중이라 총칭한다. 뇌졸중의 위험인자는 암을 제외한 성인병과 공통점이 많다. 즉, 고혈압, 동맥경화, 고지혈증, 당뇨병, 비만, 저단백 영양, 흡연, 운동부족, 스트레스, A형 행동 패턴, 유전 등이다. 일본에서는 주로 동일본에서 그 발생률이 높다.

뇌졸중은 뇌혈관이 터지거나 막혀서 결과적으로 국소 뇌조직의 기능 이상을 가져오는 뇌혈관 질환의 일종으로 일반적으로는 흔히 중풍으로 알려져 있다. 크게는 혈관이 좁아지거나 막혀서 뇌에 피가 모자라서 뇌경색이 되는 허혈성 뇌졸중과 혈관이 터져서 피가 나오는 출혈성 뇌졸중의 두 가지가 있다.

발작을 촉진시키는 원인으로는 뇌출혈의 경우 음주, 과로, 정신긴장, 흥분, 목욕 등이 꼽힌다. 겨울 아침에 많이 발병한다. 뇌색전은 과로, 과음 등이 촉발 원인이다. 지주막출혈은 고혈압, 격렬한 운동, 흥분 등이 원인으로 작용한다.

뇌졸중은 갑자기 발병하며 때로는 생명을 위협하는 경우가 있으므로 즉시 의사의 진찰을 받아야 한다. 뇌졸중으로부터의 회복 여부는 얼마나 빨리 환자를 신경과 의사에게 보일 수 있느냐에 달려 있다.

일반인이 유념해야 할 뇌졸중의 발생을 의심하게 하는 몇 가지 위험한 징후들은 다음과 같다.

a. 갑자기 한쪽 얼굴이나 팔, 다리 등에 힘이 빠지거나 저린 느낌이 온다.
b. 갑자기 말을 못하거나 말귀를 못 알아듣거나 혹은 발음이 어눌해진다.
c. 갑자기 한쪽 눈이 침침해지거나 시야의 한쪽 부분이 잘 안 보인다.
d. 갑자기 어지럽거나 한쪽으로 자꾸 쓰러진다.
e. 평소 두통이 없던 사람이 갑작스러운 두통을 호소하거나 혹은 평소의 두통과는 다른 양상의 두통을 보인다.

뇌출혈의 경우는 대개 고혈압으로 인해 오는데, 심한 두통과 메슥거림, 구토, 현기증, 의식장애, 편마비가 일어난다. 눈은 병이 있는 쪽을 향한다. 출혈이 뇌실까지 이르면 양쪽 마비가 일어나며 목덜미가 경직된다. 호흡곤란, 혈압저하, 폐울혈을 초래하며 몇 시간에서 며칠 안에 사망한다. 사망률은 80~90%에 이르며 우리나라의 경우 뇌졸중 환자의 대부분이 뇌출혈이다.

뇌혈전의 경우 선구증상으로 일시적 인 의식장애와 마비가 나타나는 경우가 많다. 뇌색전에서는 현기증이 전구증상으로 나타날 수 있다. 발작은 갑작스러운 마비로 시작된다. 뇌에 경색이 나타나면 기억상실이나 정신적 혼미, 바보같이 되기도 한다. 사망률은 30~40%쯤 된다. 지주막하출혈의 경우 심한 구토, 두통과 함께 발작이 시작된다. 의식장애는 몇 분간 발작과 동시에 나타났다가 그치기도 하고 며칠 계속 의식이 혼미한 경우도 있다.

출혈에는 지혈제, 경색에는 항응고제를 투여한다. 의식장애가 심할 때에는 기관지 삽관을 통해 질식을 막고 산소마스크를 씌운다. 뇌동맥류, 뇌동맥정맥기형이 원인으로 지주막 출혈이 일어난 경우는 재출혈 방지를 위해 수술한다. 고혈압으로 일어난 뇌졸중은 뇌혈종에 걸리는 수가 있으므로 경우에 따라 혈종 제거수술을 하기도 한다.

응급처치로는 다음과 같은 사항에 유의한다.

a. 큰 소리로 이름을 부르거나 몸을 흔들지 말 것
b. 화장실이나 목욕탕에서 쓰러졌을 경우 두 사람 이상이 흔들리지 않게 옮긴다. 혼자 옮길 때는 뒤에서 껴안는다.
c. 베개를 받치지 말고 머리는 낮게 하며 턱을 들어 호흡이 편하도록 한다.
d. 토한 오물이 기관으로 들어가지 않도록 한쪽 등에 방석을 대어 몸을 약간 기울인다.
e. 넥타이와 벨트를 푼다. 옷을 벗기기 어려우면 가위로 잘라서 풀어헤친다.
f. 환자를 눕힌 방은 약간 어둡게 한다.

뇌졸중의 예방에 힘쓰는 것이 중요하다. 고혈압, 당뇨병, 고지혈증, 흡연, 심장병, 비만증 등의 위험요소를 없애면 예방에 도움이 된다. 식사를 할 때는 염분섭취량을 줄이고 동물성 지방도 가급적 피한다. 보온에 유의하고 목욕할 때는 미지근한 물로 한다.

① 운동의 필요성

뇌졸중 환자는 내과적 또는 외과적 치료와 뇌부종에 대한 치료 외에도 소실된 기능을 회복하는데 운동요법이 필요하다.

② 운동의 선택

뇌졸중 발생 후의 시기를 몇 단계로 나누어 단계 단계마다 필요한 운동요법을 실시한다.

- 제 1단계 -

뇌졸중의 발생 직후 약물치료 중인 초기를 말한다.

마비된 팔 또는 다리를 적절한 위치에 유지하도록 하고 수동적 운동을 할 수 있는데 이때 수동적 운동은 통증을 유발하지 않는 정도로 하는 것이 좋다. 이외에 능동적 운동으로는 주먹을 쥔다든지 사지를 구부렸다 하는 정도 이상은 삼가한다.

- 제 2단계 -

약물치료가 끝난 후를 말하며 이 시기에는 환자 자신이 스스로 앉아 간단한 행동을 하게 되는 것이 주목적이다.

환자 스스로 자신의 마비된 손을 쥐게 하거나 건강한 팔로 마비된 쪽을 주무른다든지 또는 환자 혼자서 식사를 하는 것도 좋다. 될 수 있으면 평소에 자주하는 움직임을 하도록 하는 것이 힘이 덜 들고 쉽게 할 수 있다.

- 제 3단계 -

앞의 두 단계를 어려움 없이 수행할 수 있으면 그 다음으로 서서 운동하거나 따뜻한 물로 된 수조에서 운동을 하면 좋다. 이때 따뜻한 물은 경직된 근육을 이완시키는 효과와 중력의 힘을 줄여 육체적 운동을 수월하게 하는 효과가 있다.

- 제 4단계 -

실내에서 보행운동을 하는 단계이다. 환자 스스로 혹은 보호자에 의지하여 운동을 할 수 있고, 좀 더 미세한 손가락운동과 간단한 물건을 집는다든지 옮겨 놓는 다소 복합적인운동도 시작하는 것이 좋다.

- 제 5단계 -

좀 더 미세하고 복합적인 움직임을 연습하도록 한다. 이때 마비된 부분은 건강한 부분에 비해 매우 느리기 때문에 가능하면 마비된 부위의 운동에 맞추어서 조절하는 것이 좋다.

③ 주의사항

대부분의 환자들은 전과 같이 운동이 잘 되지 않으므로 겁이 나서 움직이지 않으려는 경향이 있으므로 안전한 지팡이를 짚고 반복운동을 하도록 해 자신감을 심어 주고 공포감을 없애 주어야 한다. 환자의 상태에 따라 운동의 강도나 종류를 적절히 선택하여 실시하도록 한다.

6) 당뇨병과 운동

당뇨병은 유아에서 고령자에 걸쳐서 폭넓게 발생하는 병이다. 특히, 40세 이후에 많고, 다른 성인병을 촉진하는 인자가 된다. 당뇨병이 일단 발병하면, 일생동안 이 병을 잘 관리하지 않으면 안 된다. 증상으로는 입이 마르고, 물을 많이 마시며, 소변의 양이 많아지고, 수족 끝부분이 저리며, 전신권태, 성욕감퇴, 월경 이상 등이 서서히 때로는 급격하게 나타난다. 장기적으로는 당단백(糖蛋白), 지질(脂質)의 대사 이상을 일으켜, 체중감소, 신장(腎臟)이나 망막 등의 세소혈관(細小血管)의 경화, 반복되는 피부의 감염증, 말초신경의 장해 등을 일으키기 쉽다.

당뇨병의 원인은 인슐린의 분비가 부족하거나, 인슐린 작용이 활발하지 못한 구조가 유전에 의해서 발병한다. 내적인 인자로서는 내분비의 이상, 정신적 인자, 동맥경화증이라 할 수 있고, 외적인 인자로서는 감염증, 췌장(膵臟)의 종양, 비만 등이다. 당뇨병의 예방은 식이요법을 중심으로 과식과 편식을 없애고, 균형 있는 식사와 술을 줄이는 것도 중요하다.

다시 말하면 당뇨병은 우리 몸에서 에너지원인 포도당(당)을 적절하게 이용하지 못하는 상태를 말한다. 이용되지 못한 당이 혈액

내에 넘쳐흐르고 더 심해지면 소변으로 빠져 나오게 된다. 따라서 신체의 세포들은 에너지 결핍상태에 빠지게 되고, 세포가 힘을 내지 못하기 때문에 전신무력 상태에 빠지게 된다.

당뇨병은 생활수준의 향상과 함께 폭발적으로 증가하고 있으며, 머지않아 전 인구의 10%까지 도달할 것이라는 비관적인 견해도 있다. 치료를 게을리 하면 여러 가지 시력장애, 심장병, 소화 및 배변장애, 배뇨장애, 신장병, 신경통 또는 신경마비 등의 여러 합병증이 생기게 된다.

당뇨병의 원인은 췌장의 베타세포에서 만들어지는 인슐린이 부족하거나, 인슐린의 분비가 정상적인 경우에도 제대로 작용을 못하기 때문에 생긴다고 볼 수 있다. 그밖에 유전적요인, 바이러스, 비만, 노화, 식사, 스트레스, 약물 등의 원인이 있다.

인슐린은 혈중 포도당을 핏속에서 처리하여 조직과 간으로 이동시켜 에너지원으로 저장하거나 사용하게 하는 물질이다. 만일 인슐린이 생산되지 못하면 혈중 포도당이 혈액 속에 그대로 남아 당뇨의 원인이 된다.

과음, 과식, 운동부족이나 이에 따라 일어나는 비만과 특히 부신피질호르몬의 사용, 임신, 부상, 감염증, 수술, 스트레스 등은 당뇨병을 촉발하는 원인으로 알려져 있다. 특히 당뇨병의 확산은 음식의 섭취량과 종류가 달리진 데서 그 원인을 찾을 수 있다. 생활이 윤택해지면서 음식의 섭취량이 월등하게 증가되고, 인스턴트식품 등 과거 우리의 식생활과는 전혀 다른 음식을 주식으로 삼게 된 까닭에 우리 몸속에는 포도당이 넘쳐 포도당 대사에도 심각한 이상이 생기는 것이다.

당뇨병의 증상은 매우 다양하다. 실제로 잘 모르고 있다가 우연히 혈당검사를 해보고 발견하기도 하고, 잇몸이 붓고 치아가 흔들려서 치과에 갔다가 발견되기도 하고, 눈이 흐릿해서 병원에 갔다가 당뇨병 진단을 받기도 한다. 당뇨병의 증상들 중에서 가장 전형적인 소견은 삼다(三多)라고 할 수 있다. 즉 다뇨(多尿), 다음(多飮),

다식(多食)이다.

물을 많이 먹게 되며, 소변 량이나 소변보는 횟수가 증가하고, 또한 소변으로 당과 함께 필요한 영양소들도 함께 빠져 나가 늘 허기가 지고, 체중이 빠지며 자꾸 음식을 찾게 된다.

당뇨병의 치료는 당뇨병 그 자체를 고치는 것이 아니라 당뇨병으로 인해 일어나는 대사이상을 정상상태로 조절하는 것이다. 따라서 당뇨병 치료의 제1원칙은 식이요법이다. 음식을 많이 먹으면 인슐린 분비능력이 쇠퇴하여 당뇨병이 악화된다.

이를 막기 위해 소량의 음식을 여러 번 나누어 먹는 식습관을 들여야 한다. 또한 살이 찌면 체중을 유지하기 위해 식사량이 늘고 따라서 인슐린 필요량이 증가하므로 체중을 줄여 인슐린 소모량을 줄여야 한다.

무리한 식사 감량요법은 영양실조나 영양의 불균형으로 보다 심각한 질병을 유발하므로 의사의 지시에 따라 열량이나 영양, 중량을 지키면서 소량의 음식을 천천히 잘 씹어 식사 시간을 길게 하고 조금씩 자주 먹도록 한다.

같은 영양가를 가진 식품이라면 위에 머물러 있는 시간이 비교적 긴 식품을 선택하는 것이 좋다.

평소에 발관리를 잘 하도록 한다. 아주 사소한 상처가 진행되어서 발을 절단하게 되는 경우도 있으므로 매일 뜨겁지 않은 물에 잘 씻고 상처가 없는지 살피며 발에 잘 맞는 신발을 신고 면양말을 신도록 한다.

저혈당 증상에 대해 잘 알아두고, 이에 대비해서 사탕 등을 가지고 다니도록 한다. 당뇨병의 종류나 환자의 상태, 기호 등에 따라 적당한 운동을 꾸준히 해야 하지만 너무 오래 식사를 거르거나 빈속에 오랜 시간 운동하는 것은 피한다.

또 과로를 피하고 적절한 휴식을 취하는 것도 당뇨병의 예방이나 치료에 큰 도움을 준다. 주의할 것은 근거가 없는 엉뚱한 처방이나 비법에 현혹되어 고생을 하고 경제적 손실을 보기도 한다는 것이다. 모든 성인병이 그러하듯이 당뇨병 또한 꾸준히 생활관리를 해 나가야 하는 병임을 명심해야 한다.

① 운동의 이점과 위험성

당뇨병이 있는 환자들에게 있어 규칙적인 운동 특히 온몸을 움직여서 하는 유산소운동은 대체로 좋은 효과를 나타내는 것으로 알려져 있다.

당뇨병 환자의 운동은 인슐린 감수성을 향상시켜 혈당조절에 도움을 주며, 심혈관계의기능을 증진시키고, 혈중지질을 정상화시켜 동맥경화증 등의 합병증 발생 위험을 감소시킨다. 그러나 운동 전후의 저혈당 증세, 당뇨병성 만성합병증의 악화 등 위험성도 있으므로 당뇨병이 있는 환자들이 규칙적인 운동을 시작하기 전에 반드시 당뇨병 전문의를 찾아, 협심증과 같은 심장질환, 망막증과 같은 만성합병증 등에 대한 검진을 받은 후에 적절한 운동을 시작해야 한다.

대부분 당뇨병의 합병증은 운동에 의하여 악화될 수 있으므로, 합병증이 발견되면 그 합병증을 악화시킬 위험성이 없는 운동을 선택해야 한다.

② 운동의 선택

특별한 금기사항이 없다면 당뇨병이 있는 환자들이 수행할 운동의 종류는 환자 개인의 기호에 따라 선택할 수 있지만, 일반적으로 20분 이상 지속할 수 있는 너무 약하지 않은 강도의 유산소성 운동을 아침저녁으로 하루 2번 하는 것도 좋다.

예를 들어 빨리 걷기, 조깅, 수영, 자전거타기, 계단 오르기 등이 해당되며, 무거운 중량들기와 같은 운동은 혈압을 악화시키거나 근육, 뼈 등에 손상을 입힐 위험이 높기 때문에

피하는 것이 좋다.

운동시간은 가급적 식후 1~2시간이 지난 뒤 실시하는 것이 좋으며, 하루 운동시간은 40~60 분 정도면 충분하다.

만일 운동전 혈당이 300mg/dl 이상이면 운동을 연기하는 것이 좋고 운동전 혈당치가 100mg/dl 이하일 경우 운동전에 약간의 간식을 먹고 하는 것이 저혈당을 막을 수가 있다. 그리고 당뇨인들에게 알맞은 운동강도는 최대심박수의 60~75% 정도이다.

③ 주의사항

운동 후에는 매일 발을 살펴야 하는데, 절개부위가 있는지, 물집이나 세균감염의 흔적이 있는 지 등을 염두에 두고 매일 한차례는 관찰하도록 한다.

혈중 케톤체가 많이 나타나는 경우에는 운동을 금해야 하며, 또한 너무 덥거나 추운환경에서는 운동을 피하도록 하고, 혈당조절이 잘 안 되는 기간 등에는 운동을 삼가도록 한다.

운동은 서서히 강도를 높여가는 것이 좋고, 과도하거나 무리한 운동 목표는 세우지 않는 것이 바람직하겠다.

표 15-14 당뇨병의 유형별 운동 구성

	인슐린 비의존성	인슐린 의존성
운동형태	걷기, 조깅, 수영, 자전거타기, 계단오르기, 수중걷기, 에어로빅 등	동 일
운동강도	최대심박수의 60~75%	최대심박수의 60~75%
운동빈도	주당 5일	매 일
운동시간	40~60분/일	20~30분/일

7) 비만과 운동

(1) 비만의 정의

우리 몸을 구성하고 있는 많은 것들이 있지만, 성인이 된 후 그 양이 큰 폭으로 변화할수 있는 것은 수분, 근육, 지방뿐이다. 뇌나 심장, 뼈의 크기가 더 커지지는 않는다.

그러나 수분이나 근육은 많은 변화가 있음에도 개인에 따른 그 일정양이 유지되는 경향이 강하다.

어떤 사람이 20kg의 체중증가가 있어도 수분과 근육의 양은 변화가 적다. 생활에 필요한 일정량을 유지하려는 효과적인 생리작용이 치열하게 작동하고 있기 때문이다. 따라서 체중변화의 주원인은 지방의 증가에 의한 것이다.

지방의 양도 어느 정도 조절되지만 여러 가지 이유들로 칼로리가 누적된다면 지속적인 증가가 기능한다. 지방의 증가는 단순히 지방을 많이 먹어서가 아니고, 들어오는 칼로리와 나가는 칼로리의 차이에 따라 우리 몸에서 생성되거나 연소되는 것이다.

즉, 칼로리를 지방으로 이해해도 무리가 없다. 그리고 다른 성분의 증가는 일시적이고 소폭이므로 그리 문제되지 않는다.

몸매를 망가트리고 건강을 해하는 성분은 과도한 지방이고, 이 지방의 증가만을 비만이라 정의한다.

그러므로 비만의 조절이라는 것 또한 체중의 감소가 아니라 효과적인 지방의 감소여야 한다.

굶기나 땀 빼기, 비전문가들의 조잡한 시술들이 장기적으로 성공적이지 못하는 이유는 이로 인한 체중감소가 지방이 아닌 수분이나 근육량의 일시적인 감소에 의한 것이기 때문이다. 실제 지방을 줄이는 과학적인 비만관리는 우리 몸의 생리를 이해한 상황에서 몸에 들고 나는 칼로리의 요령 있는 조절에 의해야 한다.

이 과정은 비전문가들에 기대할 수 없는 것이다. 전문가와 함께 하거나 전문가가 제시하는 올바른 정보를 기본으로 할 때만 가능한 것이다.

* 비만을 분류하면

a. 사과형 비만(복부비만, 남성형 비만)
- 지방이 주로 복부에 많이 분포.
- 성인병의 발병 위험이 훨씬 높다.

b. 서양배형 비만(하체비만, 여성형 비만)
- 지방이 엉덩이와 허벅지에 지방이 분포.

남자들은 여자들에 비해 여분의 지방을 복부에 저장하려는 경향이 특히 강하므로 살이 찌면 아랫배부터 나오는 경향이 있다. 반면 여자들은 특징적으로 지방을 엉덩이와 허벅지 위주로 저장한다.

이러한 차이는 지방의 체내 분포가 호르몬의 영향을 받기 때문이다. 여성의 경우 폐경 이전에는 여성호르몬의 영향으로 여분의 지방이 주로 둔부와 허벅지, 아랫배, 유방에 위

치하다가 폐경 이후 여성 호르몬의 보호 효과가 사라지면서 남성과 마찬가지로 지방이주로 복부에 위치하게 된다. 중년 여성들에게 복부 비만이 많은 것은 이런 이유 때문이다.

* 다른 분류법으로 보면

1. 피하지방형
- 지방이 주로 피하에 저장
- 같은 양으로 외양에서의 차이를 많이 나타낸다.
- 서양배형이 많다.

2. 내장지방형
- 지방이 복강 안쪽 내장 사이사이에 존재

- 건강상의 문제가 더 많다.
- 사과형이 많다.

(2) 비만의 원인

비만은 다음과 같은 원인들이 복합적으로 작용한다.

① 유전적 요인

비만이 유전되는 것은 여러 연구들에서 입증되었다.

비만한 아이들에게 적게 먹게 하자 지방세포가 더 이상 새로 만들어지지 않았지만, 다시 마음껏 먹게 하자 또래의 아이들보다 지방세포가 더 빨리 만들어지는 것이 관찰되었다. 따라서 지방세포가 만들어지는

속도는 유전적인 영향을 받을 가능성이 많다.

쌍둥이 연구에서는 일란성 쌍둥이에서 이란성 쌍둥이에서보다 비만도의 일치율이 두배나 높았다.

지방의 분포형태(복부비만형 또는 피하지방 밀집형), 신체활동의 정도, 생명유지에 필요한 에너지를 만드는 기초대사율, 과식 후 에너지 소비 정도, 지질이 분해되는 속도, 식품에 대한 선호도와 같은 요인들도 30-50%정도는 유전적 요인과 관련이 있다고 한다.

특히 어릴 때 시작된 비만은 성인이 되어 비만해진 경우보다 유전적 요인과 관련성이 더 많다.

유전적인 원인을 규명하고자 많은 연구들이 시도되고 있다.

뚱뚱해진 쥐의 염색체연구에서 '렙틴'이라는 물질이 부족한 것이 발견되었고, 이들에게 렙틴을 보충하자 비만과 당뇨상태가 좋아졌나. 이 발견은 놀라운 것이어서 비만치료가 가능하리라 기대되었지만, 안타깝게도 인간의 경우는 상황이 완전히 달랐고, 이보다 훨씬 복잡한 기전이 작용하고 있음이 발견되었다.

유전자적인 해결이 유일한 치료법이 되주겠지만, 아직은 더 많은

연구가 필요한 상태다.

② 환경적 요인

비만의 유병률은 유전인자의 변형 때문만으로 생각하기에는 훨씬 빠른 속도로 증가중이고, 선진국으로 이민을 간 사람들에서 비만의 유병률이 본토에서보다 높다고 알려졌다.

즉 식생활 습관이나 문화적, 사회경제적 상태와 연관된 다양한 환경적 요인이 비만에 중요한 역할을 한다. 이들 요인들은 음식 섭취나 신체 활동에 영향을 미쳐 비만을 유발하는데 중요한 역할을 한다.

현대 사회는 엄청난 칼로리의 식품에 쉽게 노출되는 환경을 제공하고 있으며, 생활 양식은 주로 좌식생활을 하므로 비만이 더욱 유발되는 것으로 보고된다. 그러나 이러한 환경적 요인이 유전적소인과 상관없이 비만을 유발하는지는 명확하지 않다.

사회경제적 지위가 낮을수록 비만의 유병률이 높다는 것은 지위에 따른 음식의 선택 취향이나 음식의 질 등과 연관된 환경적 요인의 더욱 명확한 증거가 될 수 있다. 그러나 저개발 국가에서는 사회적 지위가 높을수록 열량 섭취가 많아 비만의 발생률이 높은 현상을 보인다.

③ 심리적 요인

음식 섭취 행위나 신체적 활동은 정신 역동학적으로 영향을 많이 받게 된다.

심리적인 스트레스를 해결하기 위한 가장 원시적인 형태가 음식 섭취인 것은 잘 알려진 사실이다.

스트레스가 많을수록 또 이를 해결하기 위한 다른 대책이 없는 사람일수록 살찌기가 쉬워진다.

그러나 정신역동이 비만에 미치는 많은 연구들을 살펴보면 비만과 관련된 심리적인 문제는 비만의 원인으로 작용하는 것보다 비만으로 발생되는 결과인 경우도 많다. 이러한 이유로 악순환이 가능해진다.

④ 에너지 대사의 불균형

에너지 균형은 에너지 섭취와 에너지 소비의 관계로 이루어진다. 이 둘의 차이는 늘 존재하지만 우리의 몸은 이를 효과적으로 조절하여 대충 일정한 체중을 유지하는 능력을 가진다.

그러나 시간의 개념이 포함되어 칼로리 차이가 누적된다면 조금씩 그 변화가 발생하게 된다. 더불어 어떠한 이벤트로도 이러한 균형이 깨질 수 있으며 질병이 대표적인 원인이 된다.

즉 적은 분량의 양의 에너지 불균형은 우리 몸의 조절작용을 거쳐 체중 증가를 일으키지 않지만, 장기적이거나 특수한 상황에서는 이 조절력이 힘을 잃게 되어 결국은 체중의증가가 유발된다.

⑤ 이차성(증후성) 비만

비만에 관련된 또 다른 원인으로 이차성(증후성) 비만을 분류할 수 있다. 이차성 비만이란 비만을 일으키는 원인 질환이나 약물이 있는 경우를 말한다.

비만을 일으키는 질환으로는 갑상선기능저하증, 부신피질호르몬의 과다로 인한 쿠싱증후군, 다낭성난소증후군 등이 있으며, 이들 질환에서는 여러 가지 증상들이 복합적으로 나타나고 여기에 비만이 동반되어 나타나는 것이다.

이 경우에는 원인 질환을 치료해야만 비만이 교정될 수 있다. 때문에 체중이 너무나 심각하기나 잘 조절되지 않는다거나 다른 동반 증상이 있을 경우는 이러한 원인들에 대한검사가 반드시 필요하다.

또한 다른 질환의 치료를 위해 복용하는 약물로 비만을 유발할 수 있는 대표적인 예로는 부신피질호르몬, 여성호르몬, 항우울제, 신경안정제가 있다.

(3) 관련 질환

비만은 다른 질환들의 안내자 역할을 하여 여러 가지 다른 질환을 유발하고, 종국에는 생명과 관계되는 심각한 위험을 나타낸다. 비만과 관련된 대표적인 질환들이 당뇨병, 고혈압, 고지혈증, 동맥경화, 뇌졸중, 심장병, 관절염, 암 등이다.

특히 비만과 이로 인해 당뇨병, 고혈압, 고지혈증이 함께 나타나는 현상을 Metabolic syndrome(대사신드롬)이라고 일컬으며, 이 질환의 치료를 위해서 가장 중요한 것이 바로 체중관리이다.

여기서는 비만에 의해 유발되는 여러 가지 질환에 대해 살펴본다.

① 심혈관계 질환

체중이 늘면 필요로 하는 혈액 공급량도 많아지게 되므로 비만한 사람의 심장은 항상 과로하게 된다. 또한 심장의 혈액 공급 능력에 여유가 별로 없기 때문에 조금만 무리해도 금방 숨이 차고 피로해진다.

비만이 일으킬 수 있는 심혈관계 질환으로는 고혈압, 고지혈증, 협심증, 심근경색, 동맥경화 등이 있으며, 흔히 여러 가지 증세가 동반되어 나타난다.

a. 고혈압

연구에 의하면 비만한 사람들에게 고혈압이 5배 이상 잘 생기고 심장도 정상인들보다 커져 있으나, 체중 감량만으로 혈압이 정상으로 돌아오고 심장 크기도 줄어드는 경우가 많았다고 한다.

b. 고지혈증

고지혈증이란 혈액내의 콜레스테롤이나 중성지방 등의 지방 성분이 많은 경우를 말하며, 고지혈증이 있으면 협심증, 심근경색, 뇌졸중 등 동맥경화성 질환의 발생 위험이 증가하기 때문에 문제가 된다.

비만 환자는 몸 전체에 지방량이 많은 상태이므로 여분의 지방이 혈액 속에도 많이 흐르게 된다. 따라서 체중을 줄이면 혈액내의 콜레스테롤이나 중성지방도 조절이 가능하다.

c. 심장병(협심증, 심근경색증)

심장은 관상동맥이라고 불리는 동맥에 의해 영양을 공급받고 있다. 동맥경화로 인해 이 혈관이 좁아져서 심장 근육으로 가는 혈액공급이 부족하게 되면 가슴이 뻐근한 증상이 나타나는데 이를 협심증이라고 한다.

혈액 공급이 부족한 상태가 계속되면 심장 근육의 일부가 죽어버리는 심근경색증이 발생하여 환자의 반 수 이상이 사망에 이르게 된다.

연구에 의하면 비만이 직접 협심증이나 심근경색증을 일으키지는 않지만 고혈압, 고지혈증, 당뇨병 등을 촉진시켜 이차적으로 협심증과 심근경색증을 일으킬 수 있으므로 이러한 심장병의 예방을 위해서는 체중 조절이 필수적이라 할 수 있다.

d. 동맥경화

동맥경화란 동맥내의 노폐물이 쌓여 혈관벽이 두꺼워지고 탄력을 잃는 현상을 말한다. 동맥경화가 진행되면 혈액의 흐름을 방해하고 혈전(핏덩어리)이 잘 생긴다.

이 혈전이 좁아진 혈관을 막으면 심각한 문제를 일으킬 수 있는데, 대표적인 질병이 뇌졸중과 심근경색증이다.

② 당뇨병

비만한 사람은 정상 체중인 사람에 비해 당뇨병에 걸릴 위험이 3배 이상 높은 것으로 알려져 있다. 물론 비만하다고 모두가 당뇨병이 생기는 것은 아니지만 유적적인 소인이 있는 사람이 비만해지면 그 위험은 훨씬 높아진다.

40세 이상인 사람들에게 주로 생기는 성인형 당뇨병은 혈당은 조절하는 인슐린이 부족해서 생기는 것이 아니라 인슐린이 충분히 있는 데에도 제대로 작용을 못해 생기는 것이다. 특히 복부 비만인 경우 당뇨병이 생길 위험이 높으며, 당뇨병 환자가 비만하다면 체중을 조절하는 것만으로도 혈당 조절이 가능하다.

③ 소화기 질환

a. 지방간

비만 환자들 상당수에서 지방간이 발견되는데, 이는 비만으로 인해 인슐린 작용 효과가 떨어지므로 이를 만회하기 위해 늘어난 인슐린이 남아도는 열량을 간에 중성지방의 형태로 저장시키기 때문이다.

간에 지방이 과다하게 축적되면 간기능이 나빠지고 피로감이나 복부 불쾌감 같은 증상이 나타날 수 있다. 비만으로 간기능이 저하된 지방간 환자라면 체중 조절을 해야 근본적인 치료가 된다.

b. 기능성 위장장애

비만 환자들 중에는 소화불량, 만성 변비 등을 호소하는 경우가 많다. 이는 대부분 식사를 잘 거르거나, 과식 혹은 폭식을 하는 나쁜 식습관 때문인데, 체중 조절과 식습관 개선으로 고칠 수 있다.

c. 담석

비만한 사람들은 담석 발생률이 2~3배 높은 것으로 알려져 있으며, 특히 여자에게 더 잘 나타난다.

또한 담석으로 인한 담낭염도 잘 생기고 수술에 따른 합병증이나 사망률도 높다. 일단 담석이 생긴 후에는 체중 조절을 해도 없어지지 않으며, 급격하게 체중을 줄이면 담석이 악화되는 수도 있으므로 주의해야 한다.

④ 그 밖의 질환

a. 퇴행성관절염

우리 몸의 모든 관절은 무리 없이 지탱할 수 있는 체중의 한계가 있다.

비만은 체중을 지탱하는 관절, 특히 허리와 무릎 관절에 지속적으로 무리를 주게 되므로 뚱뚱한 사람들에게는 관절염이 빨리 찾아온다.

b. 월경 이상

비만한 여성은 체내 여성 호르몬의 균형이 깨지면서 생리량과 주기가 불규칙하게 되며, 심할 경우 생리가 없어지거나 불임이 올 수 있다. 살이 찌면서 생리의 이상이 시작되었다면 비만이 일차적인 원인인 경우가 많으므로 치료에 앞서 체중 감량을 먼저 시도해 보는 것도 한 방법이다.

c. 암

미국 암협회에 의하면 비만한 사람들에게서 남자는 대장암과 전립선암, 여자는 자궁내막암, 난소암, 유방암과 담낭암이 더 잘 생긴다고 한다.

d. 호흡기 질환

비만 환자들은 과다한 지방 축적으로 흉벽이나 횡격막의 운동이 제한되기 때문에 호흡장애가 잘 나타난다. 코를 심하게 고는 경우가 많고 잠을 자다가 갑자기 호흡을 잠깐씩 멈추는 '수면 무호흡 증후군'도 보일 수 있다. 이 경우 만성적인 저산소증을 초래하여 낮시간에 피로감, 두통, 집중력 저하 등이 나타난다.

e. 심리적 질환

비만한 사람들, 특히 젊은 여성들은 뚱뚱한 것은 부끄럽게 여겨 심리적으로 위축되어 있는 경우가 많다. 그러다 보면 일이나 학업에 의욕을 잃게 되고 불안, 우울 등 정신과적인 문제가 생기기 쉽다. 또한 지나친 다이어트나 체형에 대한 집착으로 신경성 식욕부진이나 대식증 같은 섭식장애가 나타나기도 한다.

(4) 비만 진단

비만의 진단을 위해서 다양한 기준들이 사용되고 있으며, 여기서는 효과적인 방법들을 소개한다.

소아의 경우는 비만 바로 앞기쪽의 소아비만에서 자세히 설명하였다.

① 체지방량 측정

비만은 남자의 경우 체지방량이 체중의 25% 이상, 여성의 경우 30% 이상인 경우로 정의되고 있다. 따라서 비만의 진단은 체지방량을 측정해야 가능해진다. 이것이 비만을 판단하는 가장 정확한 방법이다.

체지방을 측정하는 방법은 여러 가지가 있으나 방법이 복잡하고 특수한 장비를 필요로 하기 때문에 임상적으로 사용하기에 어려움이 많았다.

하지만 최근 측정이 간편하고 정확도가 높은 체지방측정기가 개발되고 있다. 이 기기들이 의사들에 의해 그 정확성과 신뢰성만 검정된다면 임상적인 유용성이 크다. 지방량의 측정이 가능하므로 감량과정에서 지방의 변화를 실제로 추적할 수 있다. 체중만을 추적하는 비과학적인 방법은 이제 버려야 한다.

② 체질량지수의 이용

체질량지수(Body mass index)는 체중을 m단위로 측정한 키의 제곱으로 나눈 값으로 계산이 간편하다. 또 서양인의 경우는 체지방량을 비교적 정확하게 반영하며, 측정값이 수명 등의 예후와 연관성을 가진다는 장점이 있어 임상 연구에 널리 이용되고 있다.

세계보건기구(WHO)에서는 25이상을 과체중, 30이상을 비만으로 정하고 있으나, 서구에 비해 체격이 상대적으로 적은 우리나라의 경우 23이상을 과체중, 25이상을 비만으로 정하는 것이 타당해 보인다.

가장 이상적인 체질량지수는 20~22정도이므로 자신의 신장을 제곱하여 21을 곱하면 표준 체중을 구할 수 있다.

하지만 신장과 체중만으로 비만 정도를 보는 방법이기 때문에 일부에서는 심각한 제한점을 가지고, 우리나라 사람에의 적용에도 한계가 많은 것으로 보인다.

③ 복부비만의 판정

복부비만을 간단하게 진단하는 방법으로는 허리둘레를 엉덩이 둘레로 나눈 값인 허리-엉덩이 둘레비를 이용할 수 있다. 남성은 0.9, 여성은 0.85 이상이면 복부비만으로 판정을 내린다.

최근에는 허리둘레가 허리-엉덩이 둘레에 비해 복부 지방량을 더 잘 반영한다고 하여 허리 둘레만으로 복부비만을 진단하기도 한다. 여성의 경우 78~80cm, 남성의 경우 90~94cm 이상이면 복부 비만으로 판정한다.

그러나 허리둘레를 측정할 경우 피하지방과 내장지방이 함께 포함되므로 합병증 발생을 보다 예민하게 반영하는 내장지방형 복부비만을 진단하기 위해 체지방 전산화단층촬영(CT)을 이용하기도 한다.

(5) 비만 관리

① 우리의 비만관리 현실:비참한 성공율

현 상황의 우리나라의 다이어트 성공률이 5% 라고 한다. 95%가 실패하는 방법은 도전할 가치가 없는 일이다.

이러한 이유로 우리나라에서는 '다이어트 무용론'이 대두되기도 했었다. 실제 전문가의 관리가 없는 기존의 방법으로는 성공을 기대할 수 없는 것이다.

우리나라의 비만관리 현실이 낙후되어 있는 것은 몇 가지 이유가 있겠다.

어려운 시절을 살아온 부모님들이 자식들의 비만을 중요치 않게 여겨 어린 시절의 교육이 부족했고, 마땅한 약물이나 치료방안을 가지지 못했던 의사들도 적극적인 진료를 할 수 없었다.

이런 와중에 상업주의에 물든 잘못된 비만상식들이 난무하고, 비전문가들의 조잡한 시술들이 만연하고 있다.

대부분이 실패하는 일정기간 굶기를 안 해 본 사람이 없고, 효과도 없는 다이어트 식품들이 엄청나게 팔려나가고, 거리에는 비만관리실이 즐비하다. 참으로 안타까운 형편인 것이다.

② 변화하는 비만관리:과학적인 접근법

다행히도, 최근에는 사정이 변화하고 있다. 경험있는 비만전문의들이 많아지고, 어느 정도 효과적인 약물과 치료프로그램이 소개되고 있으며, 관련 전문인들도 배출되고 있다.

이제는 현명한 판단만 할 수 있다면 건강하고 효과적인 체중조절이 가능한 것이다. 자, 조금 복잡할지도 모르나 반드시 알아야 할

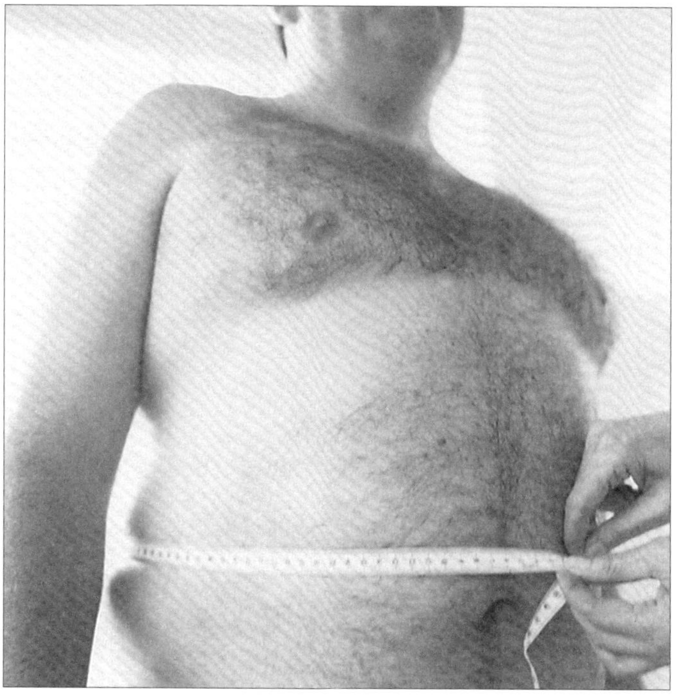

그림 15-8 우리의 비만관리 현실은 굉장히 낮은 편이다.

기본개념이므로 다음의 내용을 알아보자.

a. 올바른 비만관리는 지방량의 감소
b. 지방감량의 적절한 속도
c. 감량한 후 유지할 수 있는 대책세우기

③ 올바른 비만관리는 지방량의 감소

실제 비만관리는 지방의 감소를 만들어야 한다고 비만 바로알기에서도 이야기 했었다. 우리 몸에서 그 양이 크게 변화하는 수분, 근육, 지방이 있으며, 이중에서 수분이나 근육량은 상당히 엄격하게 그 양이 조절되어 임시적인 변화가 있었어도 다시 원상태에 가깝게 복귀한다. 그러나 지방량은 칼로리의 축적과 더불어 꾸준히 증가할 수 있으며, 이 때문에 건강이 나빠지고 몸매가 망가지게 된다.

따라서 올바른 체중감량은 지방의 감소여야 한다. 사우나, 굶기 등은 수분이나 근육의 양만을 감소시키는 임시적인 숫자놀이에 불과하기 때문이다. 몸만 상하고 체중은 다시 불어난다.

지방의 감소는 들어오고 나가는 칼로리의 이익이 있는 만큼 발생하는 것이다. 이를 조절하기 위해서는 많은 연구에서 검증된 올바른 식이, 운동, 생활습관의 변화로만 가능하다.

④ 지방감량의 적절한 속도

지방량의 변화는 단순히 지방을 먹어서 생기는 것이 아니고, 칼로리의 들어오고 나가는 차이에 의해 생성되고 연소한다. 즉 칼로리를 지방으로 이해해도 된다.

지방 1kg은 7700칼로리이다. 원래의 생활에 비교할 때, 적당한 식이조절로 400-500칼로리를 덜 먹을 수 있고, 적절한 운동으로 300칼로리를 더 내보낼 수 있다. 이정도가 적당한 변화이다. 이것이 어떤 정도인지는 각 요법에서 자세히 다룰 것이다.

하루에 이정도 칼로리의 차이를 내면 계산상 한 달에 3kg의 지방이 감소되어야 한다.

하지만 우리 몸은 이런 변화에도 변화를 막으려는 적응을 하게 된다. 즉 칼로리 조절기능이 작동되어 실제로는 1-2kg의 지방만이 감소되는 것이다.

즉 하루 400-500칼로리 적게 먹기, 300칼로리 더 활동해서 한 달에 1-2kg을 줄일 수 있고, 이것이 혼자 할 수 있는 최고의 감량 속도로 이해해야 한다. 그리고 이정도의 변화는 꾸준히 평생을 할 수 있는 것이다.

이보다 먹는 것을 더 줄이거나, 운동량을 더 늘이는 것은 바람직하지 못하다. 여러 번 언급한 대로 몸만 상하고 유지하기가 힘들기 때문이다. 이정도 차이를 보다 힘들지 않게 실천하는 요령을 배우는 것이 현명하다.

이정도 감량속도를 목표로 하자. 이정도의 감량도 시간이 쌓이면 결국은 큰 변화를 보여줄 수 있다. 건강하면서도 보다 빠른 감량을 원한다면, 전문시스템에서 보다 적극적인 관리를 받아야 한다.

⑤ 감량한 후 유지할 수 있는 대책세우기

여기서는 아래 그림을 설명하는 것이 이해가 쉽겠다.

1. 보통 체형:검은선처럼 나이가 들어갈수록 체중이 조금씩 증가할 수 있다.
2. 비만한 체형:보다 빠른 속도로 체중이 증가한다. 교정이 필요한 것이다.
3. 체중감량:체중을 감소시키는 과정이다. 지방위주의 좋은 감량도 또는 나쁜 감량도 있을 것이다.
4. 나쁜 살빼기:체중이 빠르게 증가하여 거의 원상태로 복귀한다.

* 좋은 감량이라고 할지라도 살찌는 성향자체를 변화시킬 수는 없다. 후에 유전자적인 치료법이 나와 줘야만 이러한 치료도 가능할 것이다. 체질개선이라 광고되는 것은 가짜다. 아직은 이것을 치료할 수는 없다.

5. 날씬한 생활:올바른 식이, 운동, 생활습관을 익혀서 날씬한. 생활을 하면 증가속도 를 낮출 수는 있다.

* 즉, 좋은 비만관리는 좋은 체중감량과 더불어 날씬하게 사는 생활요령을 배우고 평생을 실천하는 것이다. 이 두 과정모두에서 전문가가 권하는 과학적이고 올바른 정보를 기본으로 해야 한다.

⑥ 실질적인 관리 방안 세우기

체중감량을 하려고 한다면, 몇 가지 방법이 있겠다.

a. 혼자서 한다.
b. 비전문시설을 이용한다.
c. 소극적인 형태의 의사의 도움(간단한 약물처방을 위주로 하는

비만진료)을 받는다.

d. 전문크리닉을 이용한다.

비전문시설의 이용은 배제해야 한다. 현명하지 못한 것이다.

혼자할 때는 이 홈피가 많은 도움이 될 것이다. 여기 기록된 식이, 운동, 행동요법에 관한 과학적이고 효과적인 정보들을 꼼꼼히 읽고 생활에 적용시키기 바란다. 더불어 의사에게서 간단한 약물의 처방(소극적인 의사의 도움)을 더한다면 더 좋을 것이다.

체중감량의 속도에만 욕심을 내지 않는다면 이정도로 건강하고 좋은 감량이 가능하다. 전문클리닉은 식이, 운동, 행동요법을 전문가와 함께 익히고, 더불어 개인의 상황에 맞는 적극적인 약물의 처방과 기타 도움이 되는 시술이 이루어지고 있다. 물론 관련 의사들이 인정해주는 올바른 시스템이어야 한다. 건강하면서도 좀 더 빠른 감량이 가능하고 후에도 날씬하게 사는 법을 확실히 배우게 되지만 비용의 문제가 있을 수 있겠다. 중요한 것은 올바른 기본이 있어야 한다는 것이다.

현란한 광고나 비법이란 것에 현혹되지 말고 과학적인 정보와 의사의 도움을 받는 것이 현명한 것이다.

제 16 장 약의 사용과 오용 및 남용

이 장에서 우리는 여러 가지 약의 사용법을 탐구하고 약이 인체에 어떻게 영향을 미치는가를 자세히 볼 것이다. 덧붙여서 우리는 사람이 좋은 결과를 얻으려고 시도한다면 어떤 방법을 선택해야 하는가를 조사할 것이다.

현재의 바른 지식과 가치와 필요에 대한 자각 안에서 당신의 일은 약을 쓸 것인지 아닌지 또는 어떻게 써야 할 것인지를 결정하는 것이다.

1. 약과 사람의 상호작용

1) 약의 오용과 남용

지난 10년간 어떤 약을 복용하였는지 기억할 수 있는 것을 한 장의 종이위에 기록해 보시오.

십중팔구 당신의 목록에는 아팠을 때 내과의사의 처방에 따랐거나 또는 의사의 처방 없이 살 수 있는 약을 썼을 경우도 있을 것이다. 즉 지난 수요일 두통이 났을 때 아스피린을 먹은 것과 또는 성병에 대하여 주치의의 처방에 따라서 약간의 항생제를 복용한 것 같은 것을 깨닫게 된다.

약을 사용하는 데는 위와 같은 종류가 있을 것이다. 올바르게 약을 사용한다면 약은 도움이 될 수 있다. 실제로 어떤 경우에는 약이 바르게 사용되지 않는다면 신체상의 해를 입는 결과를 초래할 수 있다.

하지만, 어떤 약들은 유용한 목적을 갖고 있지만 종종 잘못 사용되어진 약들도 있다. 아스피린이 이런 것들 중의 하나이다.

어떤 사람들은 약간의 두통, 근육 긴장, 동통, 또는 불쾌감을 느낄 때마다 아스피린을 복용한다.

아직도 아스피린이 이러한 증상을 경감해 주지만, 위장출혈 같은 부작용을 초래할 수도 있다. 잘못 사용되어지는 또 다른 약의 종류는 암페타민이다. 과거에 암페타민은 살 빼는데 자주 사용되어 왔다. 그렇지만 오늘날 대부분의 의사들은 부작용이 주요 효과보다 더 크다는 것을 알게 되었다.

암페타민의 사용 결과 육체적, 심리학적으로 해로운 점은 더욱 증대하여서 지금은 이 약을 선택된 환자들만을 위하여 사용하도록 규정하고 있으며, 이 약의 오용은 의사들에 의하여 대부분 사라지고 있다. 우리는 이러한 관계를 약의 오용이라고 부른다.

약의 사용에 기인한 약의 남용은 육체적, 정신적 건강을 증진시키는 것이 아니라 그들이 처음부터 창조해 낸 정신적 상태와 육체적 기쁨을 증진시키는데 있다. 헤로인, 코카인, LSD(환각제) 등은 약의 오용의 한 본보기라 하겠다.

당신은 약의 사용과 오용, 그리고 남용을 다르게 정의할 수 있는가? 만약 당신의 가치 있는 판단이 우리의 생각과 일치하다든지, 안하든지 약이 육체적 또는 정신적 건강을 위해서 정확하게 사용되어질 수 있는 가능성은 명백하다.

반면, 이러한 약들이 또한 잘못 사용되어질 수도 있으며 그들의 정신적, 육체적 색다른 효과를 얻기 위하여 남용되어 질 수 있다. 이런 약들에는 벨리움, 알코올, 마리화나, 메사돈(Methadone), 바르비투르산염(Barbiturates) 등이 있다. 벨리움(Valium)은 사용하는 사람 누구에게나 걱정되고 또는 긴장이 되는 것을 완화시키는데 어떤

그림 16-1 약이 바르게 사용되지 않는다면 신체상의 해를 입는 결과를 초래할 수 있다.

도움을 줄 수 있을 것이다. 알코올은 사교적인 음주를 위하여 사용될 수 있으나, 반면 그들 자신과 남들을 위험한 주정꾼으로 만드는 관점에서 잘못 사용되어지고 있다.

메사돈은 헤로인 중독자들에게 더욱 건실한 삶을 살아갈 수 있도록 도움이 되게 사용될 수 있으며, 기분전환 시키는 약으로 거리에서 팔릴 수도 있다.

바르비투르산염은 간질에 있어서 경련을 막아 주고 암페타민의 기분 좋음이 풀리도록 사용되어진다고 의사들에 의해서 규명되고 있다.

다시, 약을 사용하는 목적과 사용하는 사람이 중요하다는 것을 생각해야 한다. 지금, 당신이 취급하고 있는 약의 품목을 다시 돌이켜

보고, 올바르게 사용하고 있는지 살펴보자.

2) 약의 영향

사람들은 약에 의존하게 되었다. 약들은 신체에 여러 가지 방법으로 영향을 미친다. 이러한 영향을 미치는 것의 일부가 의도적이며, 소위 부작용이라고 하는 다른 영향은 그렇지 않다.

예를 들면, 의사들은 종종 불안정한 환자에게 졸음을 오게 하는 바르비투르산염을 처방하나, 이 약은 동시에 불합리한 행동을 유발할 수 있다.

의사들은 바람직하지 못한 부작용을 비록 제거하지 못하지만, 제한하면서 가장 유익한 용량의 약을 처방하는 것을 훈련 받는다.

어떤 약들은 육체적으로 의존하게 되는 원인이 된다. 중독이라고도 하는 육체적인 의존은 결과적으로 육체가 약을 필요로 하는 생리학적인 변화와 관계가 있다. 이것으로는 만족되어질 수 없으며, 육체는 금단증상이라고 불리는 경련, 그리고 구역질, 고통, 불편함의 복잡한 징후를 포함하고 있는 것을 아마 경험할 것이다. 가끔 이러한 징후는 죽음의 결과가 되기도 한다.

예를 들면, 바르비투르산염의 금단 증상은 매우 위험하며 의사의 경고를 무시하고 그것을 남용하는 사람은 매우 위험한 국면을 맞게 될 것이다.

다른 약들은 육체적인 의존이 아니라 정신적인 의존을 일으킨다. 정신적인 의존은 습관과 관계가 있으며 비록 육체적인 징후는 나타나지 않는다 할지라도 약이 없어서 사용할 수 없는 것을 서운하게 생각한다.

예를 들면, 한번 주사한 적이 있는 헤로인 중독자에게 같은 양의 헤로인을 공급한다 해도 똑같이 기분 좋은 감정을 얻지 못한다는 것을 의미할 것이다. 더 많은 양의 헤로인이 필요로 되는 것이다.

하지만, 어떤 약들은 정반대의 작용을 한다고 생각되며, 그리고 사용하는 사람에게 역내성이 생긴다고 한다. 마리화나가 이러한 것들 중의 하나라고 생각한다. 점점 더 많은 마리화나가 각 개인에 의하여 피워지고 있지만, 그 사람들의 기분 좋은 감정을 얻기 위해서는 마리화나를 덜 필요로 한다는 것이다.

그러나 알코올은 중독후기단계에 역내성이 생긴다. 즉, 알코올중독의 초기보다 후기단계에서 알코올 중독자가 취하는데 적은 양의 알코올이 필요하다.

3) 약의 작용

신체에 상반되는 효과를 지닌 두 가지 약을 사용했을 때 그 약들은 길항제라고 한다. 기분 좋은 상태가 풀어지도록 바르비투르산염을 복용하는 암페타민 남용자는 길항제를 사용하는 것이다. 그러나 사람은 종종 몸에 비슷한 효과를 내는 두 약을 먹는다.

그때 생리학적인 효과는 상승작용이라 부르는 과정 때문에 쉽게 예언할 수 없다. 상승작용은 두 약을 함께 먹은 몸에서의 효과가 두 약을 각각 먹은 경우 효과의 합보다 더 크다는 사실을 나타낸다.

예를 들면, 바르비투르산염과 알코올을 각기 분량으로 먹으면 치명적이지 않지만, 바르비투르산염을 알코올과 같이 먹으면 혼수와 사망을 초래한다.

2. 약의 안전한 복용

1) 약의 중추신경계통에 미치는 효과

약을 분류하는 기본적인 방법은 그 약이 중추신경계통에 영향을 미치는 방법에 따라 분류한다. 일반적으로 말하자면 마취약은 중추신경제통을 저하시키고, 진정제는 평온하게 하는 효과가 있고, 흥분제는 자극하는 효과가 있고, 환각제는 시간과 공간의 인식을 어렵게 한다.

2) 약의 안전한 투약

사람이 자신의 건강 걱정을 대비한다는 것은 당연하다. 몇 가지 기본적인 준비로 자신을 돌볼 수 있다. 그러나 자신이 투약하기 전에 다음 안내를 살펴야 한다.

① 의사나 약사의 자문 없이 둘 이상의 약물을 섞지 말라.
② 특별한 병을 위해 의사가 특별히 처방한 약이 아니면 처방약을 먹지 말라.
③ 처방한 약을 의사의 자문 없이 다른 사람에게 먹이면 안 된다.
④ 알레르기를 일으키는 약을 아는지 확인하고 그런 약은 멀리하라.
⑤ 약의 복용 중에는 알코올 음료를 마시지 말라.
⑥ 모든 약을 어린이의 손이 닿지 않게 하라.
⑦ 적당한 투약을 알고 그것을 고수하라. 이것은 부정적인 부작용을 제한하게 될 것이다.
⑧ 당신이 임신 중이거나 임신 중인 사람을 알고 있다면 의사가 말해줄 때까지 모든 약을 사용하지 말 것을 기억하라. 대개의 약은 태반을 통하여 태아에게까지 투과된다. 이것은 때로는 태아의 정상적인 성장, 발달에 영향을 미칠 것이다.

3) 가정상비약

비상시를 위해서 가정에서는 기본적인 상비약을 갖추어야 한다. 언제라도 쓸 수 있도록 깨끗한 약상자에 넣고 관리한다. 모든 의약품은 어린이들의 손이 닿지 않는 곳에 보관해야 한다. 가정상비약으로 필요한 증세는 다음과 같다.

• 알레르기 • 감기와 기침 •변비
• 설사 • 눈병 • 통증
• 높은 체온 • 화상 • 염좌
• 경미한 상처

3. 약의 문제점

1) 약의 오용과 일시적 유행

1950년대에는 마리화나와 헤로인이 유행했다. 1960대에는 LSD(환각을 일으키는 투명한 결정체)가 유행했다. 그리고 좀 더 최근에는 거리의 약품으로 들어서게 되었다. 약의 남용에 대한 국가연구소 감독관인 Robert Dupont씨는 1977년 미국에 있는 8,003명의 사람들이 적어도 한번은 코카인을 사용했다고 기록했다.

코카인은 마약에 의한 도취감, 자극, 피로감소, 소화감소, 그리고 수다가 결과로서 알려졌다. 덧붙이면 코카인 사용자들은 불안과 걱정을 이야기 한다.

코카인은 중독뿐 아니라 생활도 위협하고 생명도 위협한다. 코카인은 자주 정신적 의지로 이끌어 가기 때문이다.

2) 마리화나의 유해성

마리화나를 피우고 먹는 것이 해로운 것인지 안전한 것인지 여전히 알지 못한다. 이 혼돈에는 여러 가지 이유가 있다.

첫째, 마리화나는 여러 가지 다르고 다양성을 가진 식물이기 때문에 마리화나 그 자체가 생리학적, 심리학적 효과에 일반적으로 연관되는 것은 불가능하다.

둘째, 마리화나에 따른 정신적 활동의 잠재력은 물과 태양처럼 성장상태에 따라 변화한다. 마리화나로서 정신적 활동의 물질인 THC의 양은 마리화나 효과의 어떠한 연구보다도 중요한 과학자들에 의해 결정되었음이 틀림없다.

다르게 변화할 수 있는 것은 흡연자의 경험이다. 마리화나 효과의 짧은 기간은 긴 기간과 다른가? 마리화나를 경험했던 사용자들의 심리상태는 그것을 경험하지 않은 사람과 다른가?

마리화나에 관련된 연구는 실행하기가 어렵고 체계적으로 평가하기가 어렵다. 연구가들은 비공식적인 많은 문헌연구를 실행했지만 그들의 결과는 수많은 이들의 방법론의 결점 때문에 의존할 수가 없다.

이러한 이해하기 어려운 것들, 마리화나의 사용에 관해 규제하는 법들은 딜레마에 직면한 집행자들이 더 잘 이해할 수 없다. 마리화나는 해로운 약이라고 증명되지 않았다. 아직 마리화나의 효과에 대해서 알지 못하기 매문에 오랜 시일을 통해서 사용되어지고 있다.

3) 마리화나의 효과

(1) 기분전환

① 자극을 줄이는 전신 운동이나 행위 또는 근육 운동, 예컨대 군상하는 것이 속하고 자극상실, 홀로 유폐 또는 초자연적이나 초월적인 상태, 부동의 심사숙고, 물 위에 떠오른 것, 최후의 맥박이완, 알파생산, 델타상태, 그리고 진정제를 포함한다.

② 자극을 늘이는 전신 운동이나 근육운동, 예컨대 가제전향, 회복 모임, 완전히 마음이 팔린 무아지경은 조심을 한다. 독서, 집필 또는 문제풀이 또는 어떤 감각이 짜릿짜릿하거나 자극적인 약처럼 강한 심적인 골똘함을 길게 하고, 불면증을 길게 한다.

③ 어떤 인체 심리학 요소나 신체의 번경, 예컨대 수면상실, 탈수, 마취제의 투약, 황홀경의 약이나 자극적인 약 또는 진정제 같은 것이다.

그럼에도 불구하고 분명한 차이가 상태를 변경한다. 공통적으로 나타나는 특성이 있다.

- 집중, 주의, 기억의 방해
- 원인과 결과 사이의 구별을 흐리게 한다.
- 자제 상실의 감정이나 억압의 감정
- 비인격화의 감정

(2) 자신감 결여

낮은 자존심에 관계된 자신의 결여는 약의 오용에 하나의 원인이 된다. 모든 모임에서 그들은 높은 것을 얻은 것처럼 보인다. 그런 다음 파티생활을 하게 된다. 대항하기 위해 약을 오용함으로써, 자신을 위해 약을 사용함으로써 단지 일시적인 해결을 한다.

(3) 약 상용자의 치료방법

가장 효과적인 약 남용 치료방법을 결정하기는 매우 어렵다. 그 상황은 각 사람에 따라서 다르다. 약간은 상당량의 가족 원조를 받는 행운이 있다. 그리고 다른 사람들에게 전혀 아무 도움도 없다.

여러 가지 약물중독치료 프로그램에 유용한 재원은 각기 다르고, 지역사회 원조는 풍부한 것에서 전혀 없는 것까지 다양하다.

(4) 치료적 공동체

이 공동체는 재활하려는 약물 중독자를 수용하도록 계획되었다. 그들은 모두가 약 상용자의 필요에 요구를 맞추고, 상담을 제공하고, 의학적인 치료를 하고, 이익이 되는 일을 제공한다.

그들은 공동사회에서 개인적이고 사회적인 책임감을 스며들게 하기 위해 노력한다. 전적인 마약상용자는 그들이 쉽게 사회로 돌아올 수 있도록 준비되어질 때까지 이런 단체 안에 존재한다.

(5) 정신요법

여유가 있거나 건강보험으로 비용을 감당할만한 사람들로서 약물

습관성을 버리기 원하는 사람들에게 의학적 치료가 동반된 심리적 상담이 유용하다.

외래 상담활동은 많은 병원에서 이용할 수 있고, 환자가 가족, 친구와 함께 있을 수 있는 장점이 있다. 물론 가족이나 친구에게서 부정적인 영향을 받는 중독자에게는 외래상담이나 치료적 공동체에 참여하는 것이 추천된다.

(6) 약리적 지지요법

약물 중독을 치료하는 또 다른 방법은 그들이 중독된 약을 주거나, 중독된 약의 기분 좋은 효과를 차단하는 교체약물을 주는 것이다. 중독자에게 약물을 제공하는 이면의 이론적 근거는 그렇게 하면 중독 상태를 유지하기 위한 돈을 구하기 위해 범죄를 저지르지 않을 것이라는 것이다.

메사돈 금단 프로그램은 중독자를 헤로인에서 메사돈으로 이유시키기 위해 계획된 것이다. 2차 대전 중 개발된 합성 약물인 메사돈은 헤로인보다 덜 어렵게 끊을 수 있다. 적어도 이런 생각은 기초적인 생각이다.

그러나 최근 약물 연구가 메사돈의 가치에 의문을 갖고 비슷한 작용이 있고 좀 더 지속적인 효과가 있는 다른 약물을 찾기 시작했다. 그런 가망 있는 약 중 하나가 시클라조신(cyclazocine)이다.

제17장 술과 건강

어느 민족이나 문화 수준의 높고 낮음을 막론하고 전 세계가 널리 술을 마시고 있다. 많은 사람들은 술을 알맞게 마실 수도 있고, 어렵지 않게 끊을 수도 있다. 그러나 만성 알코올중독자는 안 마시고는 못 견딜 만큼 술 마시기를 갈망하게 된다. 알코올 중독자는 한번 시작하면 되풀이해서 마시게 되고, 유혹을 물리치지도 못하며 억누르지도 못한다.

중독자가 아니고 사교적으로 술을 마시는 사람들은 마시는 이유가 다르다. 어떤 이는 세상의 관습이나 유행이 되고 있으므로, 또는 자기가 자라난 가정에서 손님에게 대접했기 때문에 자기도 지연히 마시게 됐다고 한다.

대부분의 사람들은 세상 사람이 마시고 있으니 자기도 마신다는 것이다. 이렇게 해서 음주는 번져가고 있다. '남이마시는 것을 보니 기운이 회복되는 것 같은데 왜 마셔 보지 않을쏘나' 하는 생각은 술을 마시게 하는 데 참으로 큰 동기가 되고 있다.

더러는 고난과 피로를 일시나마 잊어버리게 해주므로 음주를 배운다고 한다. 또 어떤 이들은 정신적으로 불안하고 타인과 잘 어울리지 않으므로 술을 마시게 되며 이런 형의 음주자가 흔히 술중독자가 된다.

극소수는 술의 맛을 즐기기 위해서 마시고 있는데, 이들은 술을 마시게 된다. 현대 생활은 분명히 모순에 직면하고 있다. 신문, 잡지, 라디오, TV는 힘이 자라는 대로 술 광고를 하고 있다. 그 때문에 음주하기 전과 음주 도중 또 그 후에도 과음으로 오는 해독을 예방하고 치료해 준다는 약 광고까지 나돌게 되었다.

술 판매에 있어서도 우리나라에는 어느 곳에서나 가게에 가면 시간제한 없이 술을 살 수 있다. 그러나 미국에서는 24시간이 지나면 가게에서는 술을 팔지 못하게 법으로 제정되어 있다. 그러나 술집에서는 시간 제한 없이 마실 수 있다.

아무에게나 술 판매권을 주지 않고, 규정에 몇 년 이상 그 주에 거주를 한 사람만이 술 판매 할 수 있다. 이것은 술이 인체와 사회에 미치는 영향이 크기 때문이라는 것을 보여주는 것이다.

1. 음주와 질병

알코올 자체는 특수한 병을 발생시키지는 않으나, 많은 질병의 경과를 악화시키는데 막대한 영향을 끼친다. 다량의 음주는 많은 질병을 가져다준다.

① 간경화증:식품중의 불충분한 비타민 및 단백질이 알코올과 결합하여 많은 수의 간세포를 파괴시키고, 간에 넓은 반흔 조직을 만든다. 결과적으로 간경화증 환자는 황달, 무기력, 복부 팽배감, 쇠약 등이 생겨 사망하게 된다.

② 위염이 생기는 외에 식욕감퇴, 변비 등이 오는 위증상:만성 음주자의 1/3에서 볼 수 있으며, 식욕이 불규칙하고 변비증이 생긴다.

③ 신경과민:손과 허가 떨리고 건망증, 오한, 도덕관념 상실, 정신박약, 간질과 신경염이 생기기도 한다.

④ 콜사코프씨 증후군(Korsakoff's Syndrome):사고를 관장하는 대뇌 피질의 세포가 파괴되고, 기억력과 복귀력이 소실, 어린아이 같은 상태로 된다.

그림 17-1 알코올 자체는 특수한 병을 발생시키지는 않으나, 많은 질병의 경과를 악화시키는데 막대한 영향을 끼친다.

⑤ 산소 결핍증:알코올은 현관에서 산소를 운반하는 적혈구 세포에 해를 주기 때문에 뇌에 공급하는 산소가 부족하게 되어 산소 결핍증을 초래하며, 많은 뇌세포를 파괴한다.

⑥ 신장, 심장, 동맥 등에 퇴행성 변화를 줄 수 있다.

2. 알코올이 인체에 미치는 영향

알코올은 위나 소장벽에서 흡수되어 혈액에 들어가며, 소화할 필요가 없이 곧 흡수된다. 위안에 먹은 음식이 있으면 알코올의 흡수도 늦어지며 음식물 자체도 그 소화가 늦어져서 위에 오래 남아있게 된다.

위에서 흡수가 다 못된 알코올은 소장에서 빨리 거의 흡수되어

버린다. 알코올은 위장에서 간으로 간에서 다시 심장으로 혈액에 묻어가며, 심장에서는 전신의 각 조직으로 퍼져 나간다.

알코올은 물에 용해되므로 각 조직과 체액의 수분에 녹게 되어 혈액에는 알코올 농도가 높아진다. 수분이 적은 뼈에서는 그 농도가 낮게 마련이다.

알코올은 인체의 각 계통, 특히 신경계통에 대한 작용이 가장 크다. 알코올을 마시면 뇌하수체 후엽에서 분비되는 항이뇨 호르몬의 작용을 억제하여 소변을 많이 보게 한다. 알코올의 소량은 위액의 분비를 증가시키나 대량으로는 억제시킨다. 근육작용에 대해서는 자극도 억제도 하지 않으나 피로를 지연시킨다는 잘못된 인상을 주고 있다.

대량의 알코올은 체수분의 균형을 깨뜨리며 수분을 조직에서 세포 밖으로 끌어내므로 갈증을 느끼게 하고, 특히 숙취에서는 심한 갈증을 초래한다.

체내에 흡수된 알코올은 대부분이 조직에서 산화된다. 그러나 산화하는 작용은 느리고 일정한 속도를 가지고 있으므로 일정한 시간 내에 산화되는 알코올량은 극히 제한되어 있다. 이 한도를 넘었을 때에는 산화되지 못한 알코올이 축적되어 중독을 일으킨다. 근육운동은 일반이 생각하듯이 알코올의 신진대사를 증가시키지 못한다. 알코올의 일부분(2~10%)은 산화되지 않고 신장과 폐를 통해서 소변으로 또는 호기로 체외에 배출된다. 알코올이 산화할 때에는 CO2가 노폐물로 생산된다.

알코올 1mg(1cc)은 7칼로리의 열량을 낸다. 그러나 영양가로 볼 때에는 무기질, 단백질, 비타민이 없으므로 식품으로서는 안전한 것이 된다. 근육 운동 시에 빨리 에너지를 공급해 주기는 하나 좋은 음식이 되지 못한다. 다른 식품은 먹지 않고 알코올만 마시면 영양불량, 특히 종합 비타민 B의 부족을 초래하기 쉽다.

술을 마시면 체온이 오른다고들 하나 실상 알코올은 체온을 오르게 하는 데 조금도 도움을 주지 못한다. 추운 겨울에 추위를 잊고

자 술을 마시는 사람도 있으나 이처럼 무모한 짓도 없다.

술을 마시는 경우 알코올은 피부혈관을 자극하여 화끈거리는 듯한 착각을 일으키나 사실상 체열은 소실되고 체온은 저하하는 것이다.

주정꾼이 추위에 노출되어 동사하는 것이 주취에서 깨어나는 것보다 시간적으로 빠르다. 극지 탐험가들이 술을 마시지 않는 이유도 바로 여기에 있는 것이다.

알코올은 의약품의 용매로 쓰이나 알코올로서의 효과가 있는 것은 아니다. 독사에 물렸을 때 알코올을 마시면 혈액순환을 좋게 해서 오히려 피해를 입는다. 알코올은 흔히 관상혈관을 범하고 있는 심장병에 쓰이고 있으나, 관상동맥을 확대시켜서 심장에 더 많은 혈액을 보낸다는 증거는 없다. 실제로 알코올 중독으로 인해 영양 불량이 되어 손상을 입을 가능성이 있다.

어떤 음주자는 얼마든지 마셔도 취하지 않는 사람이 있다. 이런 대음가나 만성 음주자는 조직이 알코올에 대해서 내성을 가졌다고 말하며, 중독을 일으키려면 혈액중의 알코올 농도는 신뢰할 수가 없다고도 말하는 사람이 있다.

전술한 바와 같이 알코올은 마취작용이 있으며, 이 작용은 직접, 간접적으로 또는 즉각적으로 그 작용이 나타난다. 신경세포에 내해서는 억제작용을 하며 이 작용이 나른 세포보다 6배가 강하다. 알코올은 임산부 혈루를 따라 태반을 통해서 태아의 신경계통에 손상을 입힌다.

급성 알코올 중독자는 뇌에 과량의 액체가 모여 산소를 감소시켜서 중대한 결과를 빚어낸다. 활동하고 있는 조직, 특히 신경세포는 산소(O_2)·를 끊임없이 공급해 주어야 하므로 O_2가 부족할 때에는 신경세포가 파괴되어 마침내는 뇌조직의 영구적인 손상을 초래한다.

3. 알코올중독의 원인

알코올 중독의 원인은 일반적으로 다음과 같이 분류할 수 있다. 일반적으로 욕구 불만, 열등감, 근심 걱정, 공포감, 자존심이 약한 사람, 늘 우울한 사람 등 성격 이상자들이 알코올을 정신 안정제 대신 습관성으로 자주 마신다.

일반적으로 여러 나라의 집계에 의하면 알코올 중독자 치료병원 입원자의 1/3은 정신적으로 비정상적인 자이다.

1) 알코올 중독의 예방

무엇보다도 중요한 것은 알코올중독을 이해시켜 각종 음주를 상가하도록 하는 것이 중요한 예방책이라 할 수 있다. 아울러 중독에 대한 초기 치료가 심한 중독을 예방하는 최선의 방법으로 알려져 있다.

- 빈속에 음주하지 말 것.
- 음주 속도를 천천히 한다.
- 정신적 육체적 불쾌감을 해소하기 위한 음주를 하지 말 것.
- 알코올 함량이 높은 것은 얼음을 넣어 희석해서 마실 것.
- 술을 병째 마시지 말고 작은 잔에 따라 재면서 마실 것.
- 숙취나 위가 쓰릴 때 아침 해장술을 마시지 말 것.

4. 혈액 중의 알코올 농도와 사고발생

혈액 중의 알코올 농도와 사고발생과의 관계를 보면 운전능력에 지장을 일으키는 최소한의 혈액 중의 알코올 농도는 0.035~0.04%라고 한다.

그림 17-2 우리나라의 빨리먹고 망가지는 폭탄주 음주문화

혈액의 알코올 농도가 0.05~0.15%일 때에는 안전한 운전을 기대하기가 어려우며, 0.05% 이하일 때에는 운동능력에 지장을 받는 최소한의 농도가 아닐까 생각한다고 한다. 그러나 일단 0.05%에 달하면 음주로 인한 최소한의 안전율을 벗어나서 위험선에 넘어선 것이 될 것이다. 술에 취한 운전수는 음주 안 했을 때에 비해서 약 3배의 사고를 낸다.

대학생들 간에는 음주가 성행되고 있으며, 더러는 신입생 환영회 때 갑자기 많은 음주로 사망하는 사건도 발생한다.

대학생의 음주에 있어서 가장 염려되는 것은 연소한 대학생들이 감당해야 할 정신적인 중압감이다. 신입생이 대학생활에 잘 적응해 나가기 위해서는 그에 앞서 크나 큰 정신적 부담을 겪어야 하는 것이다.

남녀 간에 모든 신입생들은 공부도 잘하고 운동도 잘하고 사교도 잘하고 모든 것을 잘 하겠다는 욕심이 너무 크다. 이런 학생은 음주 문제에 있어서도 딜레마에 빠진다. 타인의 권리와 선택권을 서로 존중해야 하듯이 음주에 있어서도 타인에게 간섭을 하거나 강요를 해서는 안 된다.

제 18 장 담배와 건강

담배는 콜롬부스의 탐험 이후 서부 유럽에서 들어왔다. 19세기에 사회가 기계화되어감에 따라 제조기계가 발명되었고, 20세기에는 매년 전 세계의 담배소비량은 늘어가고 있다.

그러나 최근에 들어서며 흡연자가 줄어들고 있는 실정이다. 그 이유 중의 하나는 모든 사람이 담배가 인체에 해롭다는 것과 회사의 직원을 채용할 때 담배를 피우는 사람을 채용하지 않는 사례가 늘고 있다.

오늘날의 법에서는 미성년자에게 담배 판매를 금하도록 되어있지만 많은 청소년들이 흡연을 하고 있어 흡연은 많은 나라에서 문제가 되고있다.

1. 담배의 유해성분

담배 연기 속에 들어 있는 가장 중요한 유해 성분은 니코틴이다. 그 외에도 일산화탄소(CO), 탄산가스(CO_2), 유화수소, 시안화수소산, 퀴놀린(Quinoline), 암모니아, 석탄산 등 많은 유해물질이 함유되어 있다.

1) 니코틴

원래 니코틴은 무색의 유성이며 독성이 강한 독물로 알려졌다. 교감신경 및 부교감신경을 처음에는 흥분시키는 정도이나 나중에는 마비시키는 경우도 있다.

한 방울(70mg)의 니코틴을 토끼의 피부나 모르모트의 혀에 떨어뜨리면 죽기까지 한다. 한 개비의 담배에 함유된 nicotinE은 일반적으로 0.2~2.2mg에 이른다.

2) 타르

타르라는 화학물질은 암을 일으키지 않으나 다른 화합물질과 더불어 암을 성장시키는 역할을 한다.

타르는 폐포 내에 들어가면 그 곳에 침착해서 화학, 물리적 자극을 주게 된다. 담배를 피우는 사람의 폐가 검게 변색되어 보이는 것은 담배 연기, 타르 등이 원인이 되는 것이다.

3) 일산화탄소

흡연에 의한 일산화탄소 영향은 대기오염에 따르는 일산화탄소 보다 훨씬 농도가 짙다. 또한 산소 보다 혈색소와의 결합력이 약 300배나 강하므로 폐포(肺胞)에서의 가스 교환 작용을 방해한다.

헤모글로빈과 결합하여 일산화 헤모글로빈을 형성하며 헤모글로빈이 갖고 있는 산소 운반능력을 빼앗아 버리고 내부 조직에 가벼운 질식을 일으키게 한다.

4) 석탄산

이것을 호흡기관에 있는 섬모의 방어작용을 중지시키고 파괴시킨다. 담배를 피우면 기침의 원인이 되고 폐조직을 파괴한다.

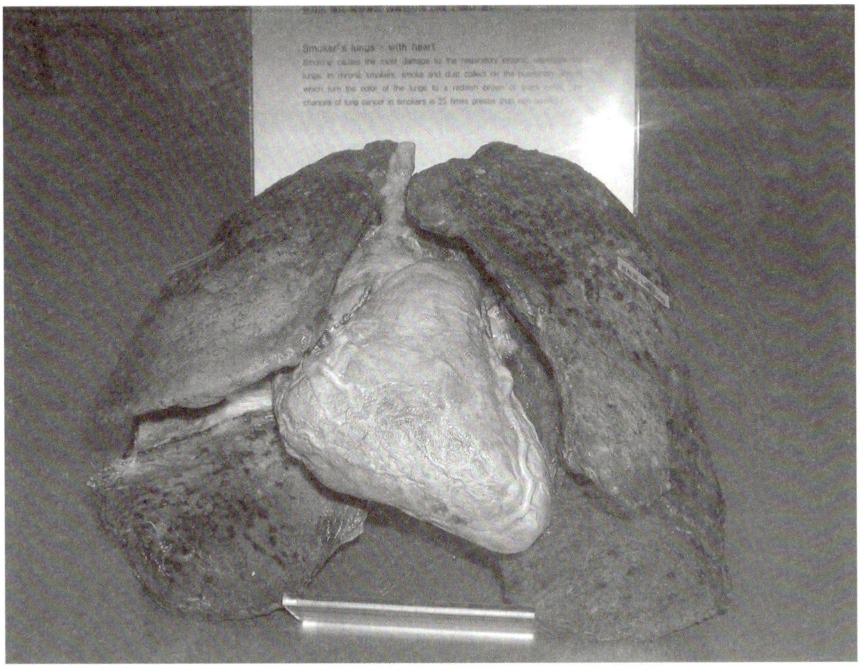

그림 18-1 흡연으로 손상된 폐

2. 흡연과 신체건강

흡연하는 사람들의 건강에 대해서 최근 10년 이상 동안 연구되어 오고 있다. 흡연으로 인한 질병을 알아보도록 하자.

1) 폐암

몇몇 나라의 조사 결과에 의하면, 흡연은 현대 유행성 폐암을 유발시킨다고 한다.

조사자들은 흡연 빈도와 흡연의 햇수(smoking year)가 폐암 발병률과 관계가 깊다는 것을 명백히 입증하고 있다.

과도한 흡연은 폐의 부담을 가중시켜, 암으로 인한 죽음의 위험을 증가시킨다. 담배 연기와 일반적인 공기오염은 폐암을 유발한다.

폐암의 위험은 필터 담배를 피움으로서 약간 경감시킬 수 있다.

그러나 일산화탄소를 없앨 수 있는 완전한 담배는 없다. 또한 모든 흡연자들이 모두 폐암에 걸리지는 않는데 이것은 가계, 환경, 유전적 차이와 흡연 양상의 차이에 기인한다고 볼 수 있다.

성인 흡연가의 비율이 과거 10년 동안 줄어들고 있지만 실질적인 담배량은 매년 증가되고 있는 실정이다. 심지어 청소년 흡연과 여성 흡연도 늘고있는 실정이다.

흡연은 건강을 위협하며 폐암과 다른 신체기관에 병을 유발시키고 수많은 건강문제를 야기시켜, 수명을 단축시킨다.

흡연을 절제하지 못하면 질병에서 벗어나 삶을 보장받지 못할 것이다. 위험에서 벗어나는 해결책은 담배를 끊는 것이다.

2) 구강 문제

대부분의 흡연자들은 담배를 피움으로써 호흡을 나쁘게 하고 치아를 손상시킨다는 것을 알고 있다. 담배를 피움으로써 발생하는 구강문제를 나열해보자.

① 무치증이나 치아의 손열.
② 입 안의 점액질 막에 얼룩의 형성.
④ 입술과 설암과 구강, 인두, 후두 그리고 식도의 암.
⑤ 잇몸의 출혈, 통증, 악취가 나는 잇몸의 염증인 치은염.
⑥ 치아를 지탱하는 구조물을 파괴하는 잇몸의 병.

흡연은 만성 기관지염 및 기종에 걸리기 쉬운 가장 중요한 원인이다. 특히 아침에 일어나자 시작되는 끝없는 기침과 가래는 만성 기관염의 일반적인 징후이다. 또 다른 원인이 되는 요인이 존재할지도 모르는 반면에 흡연은 기관지와 그 세부기관지의 염증을 일으키고 지나친 점액질을 생산하는 가장 일반적인 원인이 된다.

담배 연기의 자극물은 산화기관으로서의 허파의 효력을 감소시키며, 병이 잘 감염되게 만든다. 바이러스, 박테리아, 먼지, 곰팡이(사

그림 18-2 직접 흡연보다 간접흡연이 큰 문제이다.

상균), 유해한 연기, 그리고 오염된 공기 등도 또한 원인이 된다. 흡연을 중지하면 비록 허파의 심한 손상은 회복될 수 없을지라도 흡연을 중지함으로써 가벼운 기관지염은 호전될 것이다.

3) 임신 중의 합병증과 건강한 아이

흡연은 일산화탄소의 흡수를 초래하고 모체와 태아에게 산소의 공급을 감소시킨다. 날마다 한 갑의 담배를 피우면 20%나 그 이상까지 태아의 산소공급을 감소시키며, 태아의 심장박동 속도와 혈압이 올라가고 혈관은 수축되고 호흡에 지장을 준다. 어떤 직접적인 원인과 효과의 관련은 밝혀지지 않았지만, 통계상으로 임신 중에 흡연하는 부인은 더 많은 사산과 자연유산이 된다는 것은 사실이다. 여러 연구결과로 보아 산모는 하지 않아야 한다.

4) 그 밖의 건강에 관한 문제들

담배는 사실상 신체의 모든 조직과 체계에 해를 끼칠 수 있다. 방광, 식도, 췌장암 등은 흡연으로 인한 것이다. 또한 십이지장, 궤양, 폐결핵, 체중의 감소와 증가는 담배 흡연과 아주 많은 관련이 있다.

(1) 흡연과 작업 능력

다음 조사는 흡연시 나타나는 현상을 보여준다.

① 일산화탄소의 흡수로 인한 혈액의 산소 운반 능력의 감소.
② 폐의 산소 수용 및 사용 능력 50% 감소.
③ 30~40분 동안 혈압 상승.
④ 혈관 수축.
⑤ 산화를 위해 폐 표면까지 혈액을 운반하는 소동맥의 손상.
⑥ 복잡한 근육 운동 기술의 동작에 악영향을 준다.
⑦ 높은 곳에서 사람에게 호흡 고통을 준다.

간단히 말하면 이것이 의미하는 것은 참는 형태의 활동이나 팀에서의 역할 및 개인적인 운동에서는 흡연을 함으로써 감소된다.

산소는 폐 속으로 들어가 운동하는 근육에 분배 돼야 하며 일산화탄소는 운동하는 동안에 가능한 한 효과적으로 배출되어야 한다. 육체는 정비하지 않은 차처럼 움직이고 있으며 효과적으로 연료를 사용할 수 없다.

빠른 심장은 박동사이에 혈액을 채울 충분한 시간이 없으므로 능률이 떨어지고 더 높은 혈압은 심장이 더 큰 저항으로 펌프질하게 하고, 혈관의 수축은 전신에 혈액공급을 감소시킨다.

(2) 담배와 운동능력

운동선수는 훈련 기간 중 코치로부터 흡연하지 않도록 주의를 받고 있는데, 그 이유는 담배가 운동을 하는데 지장을 주기 때문이라고 한다. 실제로 담배가 운동능력에 지장을 초래하는가는 다음 안 구결과로 미루어 보아 알 수가 있다.

Texas에서 네 사람의 과학자가 흡연자 14명과 비흡연자 14명에 대해서 연구한바 폐기능에 있어서 현저한 변화가 나타났다. 하루에 20개 이상의 궐련을 장기간 피운 사람은 정상적인 폐기능을 하지 못하고 있었다.

호기량·폐활량·최대 호흡량을 측정한 결과 흡연자는 미흡연자보다 좋지 못하였다. 연구자들은 흡연이 폐조직을 손상시키며, 폐기능을 억제하는 증가라고 말하였다.

영국군의 체력 훈련소가 있는 Aldershot에서는 7년간에 걸쳐 2,000명의 흡연자에 관해 조사한 기록을 갖고 있다. 이들은 매년 3mile의 크로스컨트리를 해 왔다. 1일 20개 이상의 흡연자(고도 흡연자), 1일 20개 미만의 흡연자(중도 흡연자), 비흡연자의 3종류로 분류해서 그 성적을 비교해 보았는데 비흡연자는 고도 흡연자 보다 3배나 우승자가 많았다.

T.K Cureton 박사는 Illinois대학에서 275명의 수영자를 연구 대상으로 인내력 시험을 해 보았다.

비흡연자는 흡연자보다 평균 21%나 더 오랫동안 호흡하지 않고 참을 수 있었고, 100야드 수영에서 18%나 속력이 더 빨랐다.

흡연은 운동을 함에 있어서 선수들의 인내력을 어떻게 손상시키는가? 담배는 심장박동을 불필요한데도 빠르게 하여 최대 능력으로 혈액을 내뿜는 힘을 약화시킨다. 그 결과 운동에 참여하고 있는 근육에 산소(O_2)를 충분히 공급할 수가 없게 된다.

운동에 있어서는 운동 중에 강한 힘을 발휘함으로써 운동을 계속할 수 있다는 것은 선수자신이나 코치가 잘 알고 있는 사실이다.

(3) 담배와 성적 충동과 성적 행위

담배와 성적 행위가 관련이 있다는 사실이 굉장한 관심을 끌었다. 일산화탄소는 혈액산소량을 격감시키고 니코틴이 함유되어 있는 혈관으로 인해 호르몬 생산에 큰 타격을 주고 성적 흥분과 완전 발기를 위한 생리적인 능력을 악화시킨다. 흡연은 정력과 충분한 시간 동안 성교를 계속하려는 능력을 격감시킴이 틀림없다. 그리고 흡연은 치아를 더럽힐 뿐만 아니라 성적으로 매혹되는 마음이 없이 상대를 단지 파트너라는 생각을 갖도록 만든다.

(4) 금연방법

미국인들의 암협회에 의하면, 미합중국 안에서 21만 명의 사람이 습관적인 흡연을 끊었으며 성공률은 가벼운 흡연가들(하루 한 갑 이하)이 더 높다. 흡연을 중지하는 과정은 니코틴에 의존하는 행위의 변화에 기초하고 있다. 연구에 의하면 니코틴이 정맥으로, 입으로, 혹은 흡입에 의해서 공급되어진다는 연구에서 담배를 피움으로써 나타나는 주된 부산물은 니코틴이다. 이 부산물은 약 한 달 가량의 규칙적인 흡연에 의해 축적된다.

니코틴 부산물에 의한 증후군은 의기소침증, 공격증, 현기증, 단 것에 대한 갈망, 헛기침. 졸림증, 그리고 혈압, 맥박, 코티손의 혈장률의 저하 등을 수반한다. 그 증후군은 3일 후에 매우 격심하며 보통 2주일 후에는 점차 소멸한다.

강렬한 증후군 증세에 의해 담배를 끊는다는 것은 담배에 대한 의존도의 상태가 약할 때도 아마 어려울 것이다.

심한 흡연을 중지하는 것은 금단 증상 강도를 생각하지 않더라도 어려운 것이다. 그러나 금연은 담배를 얼마나 많이 피어왔는지간에 가능한 일이다. 흡연에 대한 의존 상태를 깨뜨리는데는 흡연자의 행동을 변화시키거나 강화시키는 사회적 심리적 척도나 약리적 접근 방법은 이용해야 한다.

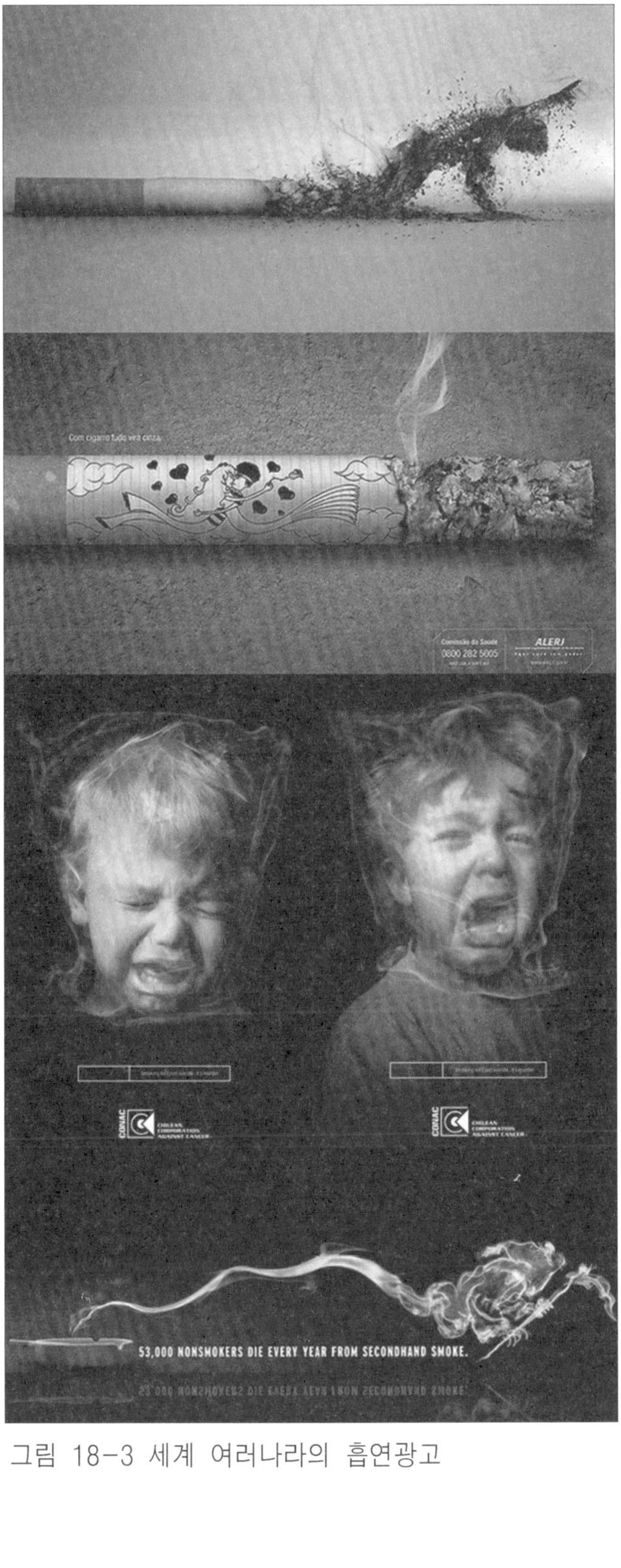

그림 18-3 세계 여러나라의 흡연광고

그림 18-4 세계 여러나라의 흡연광고

① 건강교육 계획

각 개인이 항상 자기 앞에 지시된 사실에 대해서 합리적인 결정만 한다는 가정은 그릇된 것이다. 건강에 관한 단순한 정보의 취득은 행동이나 태도에 거의 영향을 미치지 못한다.

흡연자들은 제시된 의학적 사실 앞에서 자신의 흡연 행동을 다시 평가하고, 변화시킨다는 것이 논리적일 수도 있다.

전통적 건강교육 프로그램의 높은 실패율은 다음에 의해서 설명된다.

1. 니코틴 의존 욕망은 매우 강렬하여 금연에 대한 욕망과 갈등을 일으킨다.
2. 위와 같은 강박관념이 교육적 노력을 부인한다.
3. 보고서(해로운 요인, 금연의 이익)와 흡연자와 행복과의 관계가 성립되어야 한다. 흡연자들은 그 정보를 건강과 생활에 관련시킨다. 16세 소년에게 금연이 수명을 65세에서 72세로 연장시킨다는 식의 개념은 무의미한 것이다.
4. 몇 주간의 절제에 의한 결과로 초래된 물리적, 사회적, 감정적, 심리학적 변화의 발견은 단순히 청각적으로 반복되어, 습득된 유사한 것보다 훨씬 유효하다.

② 약리학적 계획

초기의 니코틴 대용물(비습관성)인 아트로핀과 유사한 효과를 점막에 주는 알약, 심리적 침체 문제를 조정하는 진정제, 흡연시 불유쾌한 맛을 생성하는 금속성 식염의 효과는 상대적으로 약해졌다.

이후에 등장한 니코틴 대용물의 결합 프로그램(경구용, 정맥용 통칭), 진정제, 그룹 용법,(적극적 암시 요법 포함)과 혐오감·주입요법이 더 높은 성공률을 보였다.

니코틴 껌과 니코틴을 함유한 물질은 25%의 성공률과 니코틴 공급을 끊은 후에 높은 재발률을 보였다.

이러한 물질은 어린이들에게 사용이 금지되었는데, 그 이유는 담배를 피우지 않은 어린이들에게 니코틴 의존성이 생기는 것과 나중에 또 그렇게 되는 것을 방지하기 위한 것이다.

담배 껌이나 코담배, 씹는담배 등으로 대체시키려는 계획은 커다란 제약이 있다. 그러므로 니코틴 의존문제는 미결인 채로 남아있다.

③ 담배의 유독성분 감소

담배 유해효과에 대한 공공 인식의 결과로, 담배산업은 저타르, 저니코틴 상품의 급속한 생산 촉진을 가져왔다. 담배 생산자들은 유해성분이 감소된 낮은 위험성의 담배가 건강을 해치지 않거나, 적어도 유해하지 않다고 주장한다. 불행하게도 조사 자료는 이 진술을 전적으로 지지하지는 않는다.

몇 번의 신중한 연구실험 결과 담배 속의 니코틴이 흡연정도와 담배 소비에 직접적으로 영향을 미친다는 사실이 밝혀졌다. 어떤 제품을 피우고 있는지 전혀 모르는 상태에서 피실현자는 니코틴 함량이 적은 제품을 피울 때는 소비자가 자동적으로 증가한다. 반대로 니코틴 함량이 높은 제품일 경우엔 소비가 감소된다. 니코틴이 전혀 들어있지 않은 제품을 피우게 되면 쉽게 그것을 알아차리고 자기가 평소 피우던 담배로 바꾼다.

발암인자가 적게 함유된 인조 담배 대용품은 일산화탄소 량이 많고 맛이 아주 나쁘며 잘 팔리지도 않는다. 사실 해독 물질이 적은 담배는 그렇게 활발한 광고 캠페인에도 불구하고 판매가 5%미만에 불과하다. 게다가 중요한 것은 어떤 종류는 담배를 피울 경우 니코틴 소비는 흡연 정도에 따른 100가지 요소에 의하여 달라진다는 사실을 알아야 할 것이다.

흡연 깊이를 서서히 늘리게 되면 담배속의 니코틴 양이 감소된다. 또한 많은 사람들이 그들이 흡연을 하고 있는지 조차 알고 있지 않으므로 담배를 피우고 있는 사람에게 흡연을 하지 말라고 하는 것은 아무 소용없는 것임이 증거에 의해서 입증되었다. 해독 물질이 적게 함유된 담배를 피운다든지 흡연을 줄인다든지 담배를 반만 피우는 것과 같은 조치는 옳은 방법이긴 하지만 결코 폐암으로부터 보호를 보장할 수는 없다.

모든 폐암 환자의 20%가 10년 이상 동안 매일 1~20개의 담배를 피워 온 가벼운 흡연가들이었음이 입증되었다. 건강을 향상시키고 폐암의 위험을 줄이기 위한 유일한 해답은 담배를 피우지 않는 것이다.

④ 냉 터키욕

냉목을 하든가 단지 이를 갈며 담배를 피우는 것을 당장에 그만두는 것은 혹자에게는 효과가 있을 것이고 또 그 나머지 사람들에게 그렇지 않을 것이다. 서서히 담배를 끊는 것이 덜 고통스럽고 일반 중독자에게 더 효과가 있는 반면에 전자의 것은 심한 중독자를 위한 최상의 방법이 될 것이다.

⑤ 5일 계획

예수 재림교 의사들과 성직자들은 5일 계획을 통해 담배 피우는 것을 포기하도록 도와주는데 성공했다. 니코틴에 대한 상습적인 갈망을 극복하도록 이미 입증된 이론을 사용하면서 2시간씩 계속 다섯 번을 금하도록 계획되어 있다. 이 계획은 안식일 예수 재림교 의학 연구소나 충분한 규모의 그 교회가 있는 곳이면 어느 곳에서나 행해진다. 이 계획은 이제까지 성공적이어서 아직까지 85%의 흡연가들이 5일 동안 완전히 습관을 깨뜨리고 있다.

⑥ 그 외에 몇 가지 일상적인 방법들

입과 손가락에다 연소되지 않는 플라스틱 담배를 계속 들고 있다가 손에 가벼운 전기쇼크를 줘서 부정적인 현상을 일으킨다든가 또

최면술을 이용한다든가 그의 여러 가지 습관을 고쳐주는 프로그램물이 시도되고 있다. 그러나 성공률은 저조한 편이다.

⑦ 담배 끊는 날 준비계획

혹자에게는 흡연 습관을 고치기 위해서 의지력만으로도 충분할 것이다. 또 혹자들에게는 목표나 담배 끊는 날을 위한 신중한 준비가 갖추어진 복합적 계획 속에서 만이 성공할 수 있을 것이다. 어떤 사람들에겐 단순한 결정으로 담배를 끊을 수가 있고 또 어떤 이들은 환자들의 새로운 행동을 재학습하고 스스로 판단해서 계획을 세우는 것이 필요하다.

많은 사람들이 성공을 하기 전에 첫 번째, 두 번째, 심지어는 세 번째 시도에서조차 실패를 하고 만다. 당신이 스스로 거절해서 흡연을 방관할 수 있다면 도움이 될 것이다. 즉 결국 당신은 가치 있는 어떤 것도 포기하지 않으려 할 것이다.

당신 스스로에게 더 긍적적이며 더 조직적이며 가치 있는 행동을 가르칠 것이다. 그러한 것은 당신의 건강을 해치지도 수명을 단축시키지도 않을 것이다.

미국 암협회에서는 담배 끊는 날을 착수하는 데에 성취할 수 있게 몇 가지 기초적인 방안을 제시하고 있다.

1. 담배 끊는 날을 위하여 정확히 날짜를 정할 것(1~4주 앞당겨). 그날 당신은 담배를 완벽하게 끊을 것이다.
2. 담배 끊는 날 착수로부터 매일 내지는 주를 단위로 해서 담배 피우는 수를 차차 감소시켜 나간다.
3. 아래에 제시된 것을 이용하라.
   a) 1시간에 1개비의 담배만을 피울 것.
   b) 오전 9~10시, 오후 11~12시(또는 3~4) 사이에는 담배 피우는 것을 삼가할 것. 담배 피우지 않는 시간을 30분, 1시간, 2시간씩 연장할 것.

c) 첫 주 동안은 담배의 양을 반으로 줄이고 담배 끊는 날에 이르기까지 각각 주마다 그 양이 반으로 되게 하라.
d) 조금만 빨아들이고 활력을 없앤 뒤, 깊은 호흡은 삼가할 것.
e) 반 정도만 피우고 버릴 것.
f) 몇 모금만 피우고 끌 것.
g) 천천히 피울 것.
h) 니코틴과 타르의 함량이 낮은 품질의 담배를 피울 것.
i) 집을 떠나면서 담배를 찾으려 하지 말고, 당신의 주머니에 잔돈이 있다는 것을 망각하라.
j) 담배를 피우고 싶은 충동이 생길 때 당신의 입에 불을 붙이지 않은 담배를 무시오.
k) 품질을 자꾸 바꾸지 말라.

4. 당신의 담배 피우는 습관을 기록한 일지를 이용하여 아래와 같은 간만한 차트에 친근해지도록 해라. 서서히 제한할 때는 담배를 처음엔 하나, 다음엔 둘, 셋의 단계로 줄이도록 하거나 혹은 반대로 최소한의 필요한 담배들을 먼저 없애버리는 방법을 취할 것. 자신에 대한 데이터를 보여주는 기록표를 사용할 것.

 당신이 대체로 사회적인 흡연가일 때에는(파티석상이나 그룹에 속해 있을 때 등) 습관적인 흡연가는 자신이 담배를 피우고 있는지조차 알지 못하며, 긍정적 의미의 흡연가는 자극, 쾌감, 휴식 등을 위해서 식사가 끝날 무렵 라이터를 켠다.

 흡연 중독자는 손에 담배가 없어서 피우지 못하고 있음을 항상 인지하고 있으며 이것이 욕구, 갈망, 혹은 불편함을 야기시킨다.

5. 담배 끊는 날 이후 당신이 담배를 피우고 싶은 충동이 들 때 다음과 같은 제시를 하도록 하라.
a) 물을 많이 마시고, 과일을 조금씩 먹고, 음식, 캔디를 빨아먹고, 껌을 씹어라.

b) 신선한 생강 몇 조각을 씹고 향기를 즐겨라.

c) 조깅, 사이클, 산보 또는 즐거움을 느낀다.

d) 금연 장소인 도서관이나 극장가 등에서 시간을 보낼 것.

e) 담배 끊는 날 이후 처음 얼마간은 담배 피우는 친구들을 피할 것.

f) 고기나 커피를 들고 난 뒤에는 담배를 피우고 싶은 충동이 가중되므로 상쾌한 미각의 것으로 입안을 씻어내게 할 것. 저녁 식사 후 행동 방식을 바꾸어 볼 것.

g) 상쾌한 음식과, 술과 담배에 대해 담배를 끊는 동안 스스로 벌할 것.

h) 자기 스스로가 왜 담배를 피워야 하는가 하는 생각이 자주 떠오르게 할 것.

i) 담배를 피우고 싶은 충동이 매우 클 때에는 껌이나 사탕 등의 종류를 이용할 것.

모든 조건이 모든 사람에게 도움이 되지는 않을 것이다. 다수의 제안에 노력하고 그러한 것들을 이용하는 것이 당신을 위한 일이다. 담배를 끊는 심한 고통과 짜증 등은 식이요법과 매우 흡사하다.

그것은 처음의 3~4일 후부터는 빨리 지나갈 것이다. 불행하게도, 대부분의 식이요법을 하는 사람과 애연가들은 처음의 기간 동안에 포기한다.

제 19 장
의료보험

1. 의의

의료보험제도는 생활상의 사고와 분만 또는 사망이라고 하는 가계지출상의 기복으로 인하여 통상적 가계지출 외에 일시에 많은 가계지출을 하게 된다. 따라서 가계에 부담을 주게 되는 것을 방지하기 위하여, 보험이라는 조직기술을 이용하여 가계 지출을 분산시킴으로써 국민생활의 안정을 도모하기 위한 제도이다.

의료보험은 사회보험으로서 보장의 방법은 보험의 원리에 의하되 사보험과는 다른 특성이 있다.

2. 의료보험의 기초조건

의료보험의 형태를 제도면에서 살펴보면 대부분의 공산국가에서 실시하는 국영 의료제도를 택하고 있고, 의료 보장제도를 채택하고 있는 영국·뉴질랜드·스웨덴·일본 등에서는 국민 의료보험, 서독·프랑스·이탈리아 등에서는 부분적 상제보험, 그리고 덴마크·스위스·호주·미국 등에서는 비강제 임의보험을 실시하고 있다. 그러나 우리나라의 국민의료보험의 궁극적인 목표는 전 국민 의료 보험을 이룩하는데 있다.

이러한 국민의료 보험제도를 효율적으로 운영하기 위해서는,

첫째로 각 지역사회마다 병원이나 요양소가 있어야 함을 물론이고, 시·읍·면 단위나 직장 단위의 의료기관이 있어서 각 분야의 전문의들이 배치되어야 한다. 또한 말단 조직으로서 적어도 인구 2,000~3,000명당 1인의 전문의가 배치되어야 한다. 선진 국가에서는 인구 10,000명당 적어도 의사 10명이 배치되어 있고, 평균 병상수는 인구 10만 명당 500병상을 가지고 있다. 즉, 의료 보험을 실시하는데 있어서는 충분한 의료요원과 의료보건 시설이 각 지역마다 조직적으로 분포되어 있어야 한다. 현재 우리나라에서의 평균 병상수는 인구 100,000명당 50병상, 그리고 의사 수는 인구 10만 명당 5명에 지나지 않는 형편이다.

둘째로, 국민 의료 보험을 실시하기에 앞서 정비하여야 할 일은 의료제도의 개선이다. 즉, 저질의 의료를 방지하고 제한된 의료의 인적·물적 자원을 고도로 활용하는데 있어서는 의약분업, 일반의와 전문의, 그리고 의원과 병원의 기능 분화 등의 조직화가 실현되어야 한다. 만약 현 의료제도를 개선하지 않고 의료보험 제도만을 채택하는 경우에는 의료의 저질화를 초래하거나, 그렇지 않으면 무질서와 혼란으로 보험기능의 마비와 좌절을 가져오게 될 것이다. 그러므로 의료요원과 시설 및 의약자재를 어떻게 활용할 것인가 하는 것은 국민 의료보험 사업의 성패를 좌우하는 요인이 된다.

셋째로, 국민 의료 보험 제도는 그 국가 사회의 실정과 이 제도가 가지는 장단점을 깊이 연구하여 채택하여야 한다. 의료보수의 문제는 올바른 의료의 자세를 그르치게 하므로 선진 여러 나라에서 야기된 의사회와 정부 간의 분쟁을 충분히 고려하여야 한다. 원래 자유경제 체제하에서 전체주의 국가에서 채택하고 있는 국영 의료제도를 실시한다는 것은 무거운 부당

을 지니게 되는 것이다. 복지사회 건설이란 사회주의 체제가 아닌 개인적 문제해결이라는 특징으로써 의료를 보험주의적 사회화라는 형태로 발전시켜 국민개개 보험의 방향으로 나가는 것이다.

넷째로, 의사는 사회적 지위가 높으며, 일의 성질이 병든 환자를 대상으로 하므로 보수적이며 권위주의적이어서, 의료를 조직화하고 규제화하는 사회화를 좋아하지 않는 수가 많다. 물론 보험제도하에서 진료를 하면 환자가 많아지며 각 의사의 진료 환자수도 평균화되어 진료보수에 대하여 정신을 쓸 필요가 없어지므로 의사 전체로서는 바람직한 것이지만 자주성을 가져 온 의사가 보험기구의 지시를 받아야 하므로 보험에 대한 인식의 향상 등 국민 의료보험을 실시하기에 앞서 환자나 의사가 모든 보험제도를 받아들일 수 있는 정신자세의 전환이 필요하며 앞서 설명한 바와 같이 의료기구의 기능 분화에 따른 의료요원의 적정 배치, 의료비의 타당한 산정, 기금지불의 사무 합리화 등 충분한 대비를 갖추어야 한다.

3. 의료보험의 기본형태와 보험금의 지불방법

의료보험으로 국민 의료를 완전히 보장하지 못하며, 또한 보험의 운영방법에 따라 각기 장단점이 있다.

의료보험의 형태에는 배상보험과 봉사보험의 두 가지가 있다. 배상보험은 각각의 상병에 대하여 규정에 따라 일정한 금액의 보험금을 지급하는 것을 말한다. 봉사보험은 정해진 진료범위 내에서 치료비의 과다에 관계없이 치료비 전액을 지급받는 것을 말한다.

의료비의 지불방법은 의사의 능률을 최대한으로 올리게 하며 의료 인력의 낭비를 막고, 국민에게 양질의 의료를 제공하는 데 그 의의가 있다.

의료비의 지불방법으로는 진료 행위별로 지급하는 점수제, 의사에게 등록된 인구수에 따라 일정한 액수를 지급하는 균일률제(均一率制), 그리고 봉급제(俸給制)의 3가지가 있다.

1) 점수제

이 점수제는 우리에게 가장 잘 알려진 현행 산업재해 보상보험법과 자동차보험에서 채용하고 있는 방법이며, 보험기구로부터 의사에 대한 진료비의 지불을 진료한 항목·회수·내용과 수가 기준에 따라 점수로 계산하여 지불하는 방법인데, 수가기준·통용규칙·청구방법·심사 등 지급 절차가 복잡하다.

점수제는 과거의 자유진료 방식에 의하여 진료보수를 받아온 의사들에게 전통적으로 잘 받아들여지는 방법이며 노력에 비례하여 보수를 받게 되므로 의사와 환자 사이의 유대도 강화된다. 그러나 반면에 의사는 진료의 질보다는 점수를 올리는 양(회수)에 편중하게 되고 건강의 증진이나 질병예방보다는 치료에 치중하며, 조기 또는 적기에 환자를 전문의 또는 병원에 이송하려 하지 않고 필요 이상의 검사나 치료를 하게 된다.

심지어는 환자에게 친절 아닌 비위를 맞추는 폐단과 복잡한 청구서류를 작성하는 데 많은 시간과 정력을 소모하며, 보험 당국으로서도 지불에 정확을 기하기 힘들어 의료비의 지출이 예산을 초과할 때에는 일률적으로 삭감하거나 수가 기준을 싸게 정하여 의사와 보험기구 사이의 반목과 불신을 사게 되는 등 많은 폐단이 있다.

그밖에도 수시로 변동하는 질병발생률, 치료 경향의 변화, 그리고 의사의 진료 내용의 자유선택 등으로 지불기관의 재정 부담을 예측하기 어렵고, 또한 진료 내용을 자세하게 기입하여 보험금의 지급을 청구하게 되므로 진료 내용의 비밀유지에 대한 법적 보호가 지불기관 관계자에게 누설되기 쉬운 애로점이 있다.

(1) 제3자불제(직접 지급제)

진료비를 환자가 지불하지 않고 제3자인 보험기관에서 직접 행하는 제도이며, 이미 설명한 바와 같이 환자 측으로 보나 의사 측으로 보나 진료의 과잉 내지는 남용문제가 따른다. 이러한 진료의 남용을 막기 위하여 환자 또는 의사에 대하여 여러 가지 규제가 가해지는 예가 있으며, 또한 환자에게 진료비의 일부를 부담시키는 경우도 있다.

치료비의 일부를 환자가 자담하는 방법에도 여러 가지가 있다. 노르웨이에서와 같이 환자 부담금만은 환자에게서 직접 받고, 나머지는 보험기관에 청구하여 받는 방법도 있고, 스위스에서는 환자 부담금까지 포함된 진료비 전액을 일단 보험기관이 의사에게 지불하고 보험기관은 환자로부터 환자 부담금을 별도 징수하는 방법도 있다.

요컨대 환자 부담금을 지불시키는 목적은 진료의 남용을 방지하는데 큰 목적이 있으나 한편으로는 보험재정을 직접적으로 보완하는데에도 목적이 있다.

(2) 상환제(償還制)

프랑스·노르웨이·스웨덴에서 행하는 지불방식이며 환자와 의사 사이의 관계는 현재 우리나라의 일반 개업의 경우와 똑같으며, 환자는 자유로이 의사를 선택할 수 있고, 사비로 치료받을 때와 마찬가지로 의사의 청구에 대하여 직접 지불한다.

환자는 의사로부터 진료 받을 내용을 일정한 서식에 따라 증명을 받아 보험기관에 제시하면 보험기관은 일정한 보험 요금표에 의하여 진료비의 전액 또는 일부를 환자에게 상환하는 방법이다.

상환식 방법에 있어서의 공정 요금표 작성에는 현재 2가지 방법이 채택되고 있다. 프랑스와 같이 보험 환자에게 적용하기 위하여 얼마간의 예외 조항을 두고 보험기관에서 공정요금표를 작성하는 방법과 스웨덴·노르웨이와 같이 의사회와 보험기관 사이의 신사협정에 의하여 일반 사비 수가와 보험기관에서의 공정 요금표 사이의 격차를 줄이는 방법이 있다.

이 상환제도의 성패는 보험기관의 공정 요금표를 일반 개업의 수가에 접근시키도록 노력할 것과 물가 또는 임금 변동에 다라 적시에 요금표를 조정하는 성의에 달려 있다.

이 상환제의 또 한 가지 문제점은 적은 의료비조차 큰 부담이 되는 저소득 환자나 장기치료 환자의 진료비 지불 문제이며, 이들에 대하여는 연불방법이 규정되든가, 보험 기관에서 전액 부담한다든가, 또는 의사가 옛부터 전해 내려오는 인술 정신에 의하여 진료비를 면제한다든가 공공 부조기관에서 부담하는 방법 등이 여러 나라에서 강구되고 있다.

상환액은 보통 공정 요금표의 3/4정도(스웨덴 75%, 노르웨이 80%)이다. 그리고 진료의 남용을 방지하기 위하여 최초의 진료 또는 왕진에 대한 상환률은 아주 적으며, 3회 이후의 진료 또는 왕진, 그밖의 과잉 치료의 가능성이 적은 진료항목에 대하여는 전액 상환하는 등, 그 상환률에 차이를 두고 있다.

이 상환제는 진료의 남용 내지는 과잉 치료를 어느 정도 억제할 뿐 아니라, 의사로 하여금 보험진료의 각종 제한 내에서 타성적으로 일률적인 치료를 하던 것을 환자에 따라 경제적인 면에서나 치료 기술면에 있어서나 좀 더 연구적이며 성의 있는 치료를 하게 된다. 그리고 의료의 본질상 의사와 환자 사이의 인간관계를 유지하며 제3자가 필요 이상 의료에 개입하는 폐단이 없다. 그밖에도 사무적으로 퍽 간편한 것도 이 제도의 장점이다.

2) 균일률제

소정의 보험료를 피보험자가, 고용인인 경우에는 고용주가 일부 또는 전액 납부하고 소요된 의료비 총액에 부족이 있을 때에는 정부 또는 지방 행정 기관에서 보조한다. 지역사회 주민들의 개인소득, 경제상태, 국가 재정의 규모에 따라 피보험자·고용주·국가 부담의 정도에 많은 차이가 있다. 근로자 및 저소득층 피보험자로부터는 보험료를 받지 않는 나라도 많다.

영국에서와 같이 국민 전체가 각자의 소득에 따라 응분의 의료보장제(사회보장제)를 지불하는 나라에서는 모든 국민은 병이 발생하였을 때 무료로 진료를 받도록 되어 있다.

4. 우리나라의 의료보험

1) 발전 과정

우리나라의 의료보험은 1963년 12월 16일 제정 공포되었고 1964년 5월 동법 시행령이 제정되었으나 강제가입이 아닌 임의 가입제를 채택하였기 때문에 보험 효과를 거둘 수 없어 시범사업에 그치는 결과가 되고 있다.

1970년 8월 의료보험법이 전면 개정되어 가입대상을 확장하고 강제 가입제를 도입하여 사회 보험의 성격을 한층 강화하였다. 1976년 12월 개정된 법에 의하여 1977년 7월부터 500인 이상 사업장과 공업 단지 내 사업장 근로자는 당연히 가입토록 하였다.

1977년 1월부터 몇 개의 제도로써 공무원 및 사립학교 교직원 의료보험이 실시되었다. 1981년부터 목포·홍천·강화 등 6개 지역에서 지역의료보험 시범사업을 실시하였고 1988년 1월부터 전 농촌지역을 대상으로 농어촌 의료보험을 실시하게 되었다.

1988년 말에는 전 국민의 78.7%가 의료보장의 적용 대상이 되었다. 1989년 7월부터는 도시지역에 대한 지역의 의료보험을 확대 실시하여 전 국민 의료보장 시대의 장이 열렸다.

2) 의료보험제도 운용

우리나라의 의료보험 운용체계는 보험료 부담과 급여의 형평을 기하기 위하여 소득파악이 용이하고 보험료의 소득비례 부과 및 원천징수가 가능한 임금근로자 계층과 소득파악이 어렵고 보험료의 원천징수가 곤란한 비자금 소득자(농·어민, 도시자영자)로 구분하여 보험자(조합·공단)를 구성하고 각 보험자별 독립채산방식에 의하여 자치운영토록 하는 다보험자 방식으로 운영되고 있다.

3) 의료보험의 재정

우리나라의 의료보험은 사회보험 방식에 의하여 재원을 조달함을 원칙으로 하고 있다. 보험료 부과체계에 있어서 임금노동자를 대상으로 하는 공·교 의료보험과 직장의료보험의 경우에는 소득비례 정률제가 적용되고 있으며, 농·어민과 도시 자영자의 경우 대상범위가 포괄적이고 소득 원천이 다양하여 정확한 소득파악이 사실상 불가능하여 소득비례 정률제 대신 등급별 정액제(소득, 재산에 다른 3~30급)를 실시하고 있다.

보험료를 부담함에 있어 직장의료보험의 경우에는 근로자 표준보수월액의 3~8% 범위 내에서 조합이 자율적으로 결정하도록 하고 근로자와 사용자가 각각 50%씩 부담하며, 공·교 의료보험의 경우에는 표준보수월액의 4.6%로 하고 본인과 각각 50%를 부담하며, 사립학교 교직원에 대하여는 본인 50%, 재단 30%, 정부 20%를 각각 부담하며, 농·어민 등 지역주민에 대하여는 보험료 부담을 경감시켜 주기 위하여 보험료의 일부와 보험사업 운영에 소요되는 관리운용비 전액을 국고에서 부담하고 있다. 현재 지역의료보험에 대한 국고지급액은 보험 총재정의 50% 수준이다.

4) 보험급여

보험급여의 수준은 피보험자의 보험료 부담능력, 보험재정 상태 등을 감안하여 보험료부담수준과 균형을 이루는 수준에서 결정되어야 할 것이다.

의료보험의 급여형태는 의료비의 상환제도인 현금급여와 의료 그 자체를 보장하는 현물급여의 두 가지 형태가 있으며, 우리나라에서는 현물급여를 원칙으로 하고 있다.

보험급여의 종류는 법정급여와 부가급여가 있으며, 법정급여로는 피보험자 및 피부양자의 질병, 부담 등의 보험사고에 대하여 급여하는 요양급여, 요양비, 분만급여, 분만비가 있고, 부가급여는 장제비, 분만수당, 본인부담금 보상금으로서 보험자의 재정 상태에 따라 탄력적으로 운영되고 있다.

피보험자 또는 피부양자가 요양급여나 분만급여를 받는 때에는 대통령령이 정하는 바에 의하여 그 진료비용의 일부를 본인이 부담하여야 하며, 그 내용은 입원의 경우에는 진료비 총액의 100분의 20이고 외래의 경우에는 요양취급기관 종별에 따라 차등 적용하고 있다.

참고문헌

강두희(1998). 생리학. 신광출판사.

국민건강체력 상담 지침서. 서울 : 한국체육과학연구원.

권육상(2001). 노인생활건강. 유풍출판사

김재호(1999). 체력과 건강 단국대학교 출판부

김재호·곽정구·구해모,·김기진·김영수·김은희·김용식·이명천·조성숙, (1994).

김진해·허진영·전태준·이상봉·문재민(1998), 최신알파인 스키. 도서출판 두남

노완섭·전은자·안병철·반기봉(1994) 운동과 건강, 서울: 태근문화사

대한적십자사(1995). 공동 심폐소생법

박건영 (2007). 암을 이기는 한국인의 음식 54가지. 서울: 연합뉴스

성동진(1997). 스포츠영양학. 서울 : 도서출판 홍경.

안병철, 반기봉(1994) 운동과 건강, 서울: 태근 문화사.

안의수. 외 6인 (2001). 운동과 건강관리. 현문사.

안횡균·윤성원·윤재량(1994). 운동이 성인병을 다스린다. 한국체육과학연구원

이남표·최명구(1998). 정신건강과 심리치료. 학지사

이원락(2000). 건강과 달리기. 예림기획

이준남(2007). 당신은 인생 후반기의 계획을 갖고 계십니까? 서울 : 도서출판 세흥.

인체의 구조와 기능, 대한임상의학연구, 도서출판 의학문화사, 1997.

전재완, 당신의 건강관리는 이렇게, 도서출판 금광, 2002.

정찬모(2000). 체력과 건강의 이론과 실제. 서울 : 도서출판 혜민 기획.

차형수(2001). 건강증진 가이드. 도서출판 한국의학.

최상배, 고성경 (2001). 여성건강과 운동. 도서출판 홍경.
통계청(2005). 2004 사망원인 통계 연보. 대전 : 문전사.
한국의학연구소(2002). 건강검진의 모든 것. 홍경출판사.
한영실(2001). 쉽게 찾는 칼로리 북. 서울 : 현암사.
황수관, 전세열(1996). 현대인의 평생건강관리, 서울: 태근 문화사.
횡병스포츠과학연구소, 건강과학과 운동실천, 학술도서출판사, 1999.

그 외

찾아보기

저자약력

이 선 기

학 력

- 1981. 2 충남대학교 이과대학 체육교육과(체육학사)
- 1987. 2 고려대학교 대학원 체육학과(체육학석사)
- 2007. 2 한국체육대학교 대학원 체육학과(이학박사)

경 력

- 1981. 2.~1983. 6. 육군 헌병 중위
- 1983. 7.~2008. 2. 대통령경호실 경호과장, 전직경호과장, 교리발전담당관, 경호부장, 교육부장, 교리부장 등 역임
- 2006. 8.~2008. 2. 한국체육대학교 안전관리학과 강사
- 2005. 9.~현 재 한국스포츠학회 이사
- 2008. 3.~현 재 대불대학교 경호무도학부 교수
- 2008. 9.~2010. 1. 대불대학교 학생지원처장 겸 인력자원개발처장
- 2009. 3.~현 재 한국비서학회 상임이사
- 2010. 2.~현 재 대불대학교 경호무도학부 학과장

논문 및 저서 등

- 경호사례연구(백산출판사, 2007. 8)
- 경기종목별 상해요인분석에 관한 연구(체육학 석사학위 논문, 1987. 2)
- 다자간 국제회의 안전활동의 효율성 제고에 관한 연구(이학박사 논문, 2007. 2)
- 태권도 수련활동에 있어서 예절의식 및 사회성 발달과의 관계(한국여가레크리에이션학회지 제30권 제2호, 2006. 6)

- W.T.F와 I.T.F 돌려차기 동작의 운동학적 비교분석(한국사회체육학회지 제28호, 2006. 11)
- 국제회의 행사의 안전활동 발전방향에 관한 연구(한국공안행정학회지통권 제36호, 2007. 4)
- 다자간 국제회의 안전활동에 있어서 공안기관간의 인식차이(한국스포츠리서치지 제18권 2호, 2007. 4)
- RFID 시스템의 스포츠활동에의 적용방안에 관한 연구(한국스포츠리서치지 제18권 2호, 2007. 4)
- 다자간 국제회의 안전활동에 있어서 사전준비단계의 역할과 중요성에 관한 연구(한국스포츠리서치지 제18권 3호, 2007. 6)
- 국제회의 안전활동에 있어서 공안기관과 광역지자체간의 문제인식차이 및 제고방안(한국경호경비학회지 제14권, 2007. 8)
- 유도도장의 서비스 품질과 소비자 만족의 관계(한국스포츠리서치지 제18권 4호, 2007. 8)
- 경호장비의 경호업무에의 적용확대 방안(한국스포츠리서치지 제18권 4호, 2007. 8)
- 뉴테러리즘의 위협에 대한 정책적 대응방안(한국스포츠리서치지 제18권 4호, 2007. 8)
- 문화행사 공연장의 압사사고 예방방안에 관한 연구(한국스포츠리서치지 제18권 5호, 2007. 10)
- 태권도 앞 돌려차기의 운동학적 분석(한국사회체육학회지 제35호, 2009. 3)
- 다자간 국제회의 안전활동에 있어서 현장활동단계의 역할과 중요성에 관한 연구(한국경호경비학회지 제18권, 2009. 6)

상벌 사항

- 대통령표창(제99044호, 1995. 12. 30)
- 근정포장(제62420호, 2000. 12. 17)
- 홍조근정훈장(제10439호, 2007. 12. 30)

박 동 수

경남대학교 사범대학 체육교육학과 졸업
동아대학교 일반대학원 체육학석사
동아대학교 대학원 박사과정수료

현 대불대학교 태권도학과 교수
현 전남체육진흥자문위원회 위원
현 전남야구협회이사
현 한국체육교육학회 이사
현 카바디협회이사
대한적십자사 응급처치법 강사
사단법인 한국운동재활협회이사
보건스포츠의과학 재단 상임이사
경남대학교 스포츠의학 부회장
경상남도 사체해부학 부회장
한국체육교육학회 이사

저 서

건강관리 외 다수

논 문

유산소성운동과 홍삼투여가 당뇨환자의 호흡순환기능에 미치는 영향에 관한 연구 외 다수

김 명 일

경남대학교 체육교육학과 학사
경희대학교 체육과학대학원 석사
경남대학교 일반대학원 체육학 박사
경희대학교 의학과(예방의학) 의학박사
中國 張仲景 國立醫大 졸업(국제중의사)
미국 글렌포드대학교 보건사회대학
스포츠 마사지학과 주임교수(2002~2003)
경남대학교 체육교육과 조교수(2003~2006)
LG스포츠단 팀닥터(91~2)
스포츠의학,한국선수트레이너 연수연구원 원장(영남지부92~)
국립창원대학교 평생교육원 스포츠마사지 주임교수(95~2002)
진주 K.B.S주부대학 공개강좌 전임강사(96~2001)
현 경남 사체해부학 단장(95~)
현 세명한방 제약주식회사 임상실험 위원장(97~)
현 보건스포츠의과학재단 이사장(2003~)
현 경남대학교 법정대학 경호비서학과 교수(초빙)2007~)
현 충청남도 장애인지도자 태권도 협의회 의무분과 위원장
한국체육교육학회 이사

저 서

스포츠의학외 다수

논 문

-Organization of basic theory system of sport chiropractic. 외 다수